生物技术制药
实验指南

程玉鹏　高　宁　主编

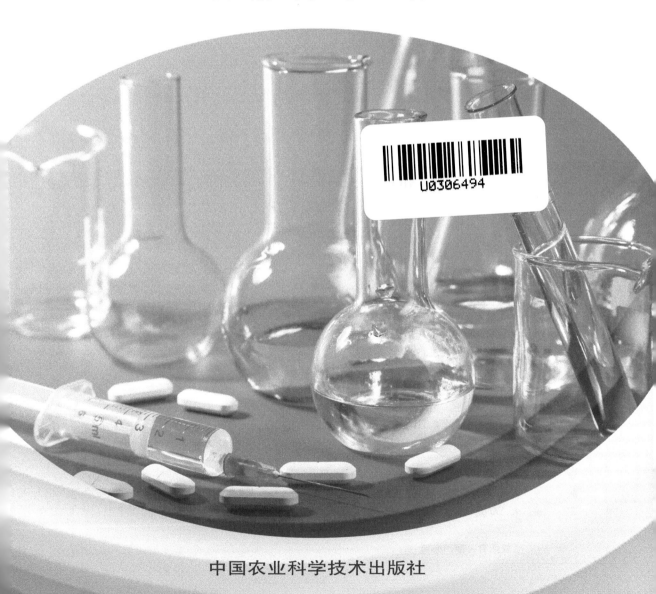

中国农业科学技术出版社

图书在版编目（CIP）数据

生物技术制药实验指南/程玉鹏，高宁主编 . —北京：中国农业科学技术出版社，2014.9（2024.7 重印）
ISBN 978 - 7 - 5116 - 1790 - 3

Ⅰ.①生… Ⅱ.①程… ②高… Ⅲ.①生物工程-应用-药物-生产-实验-指南 Ⅳ.①TQ464 - 33

中国版本图书馆 CIP 数据核字（2014）第 187578 号

责任编辑 李冠桥
责任校对 贾晓红

出 版 者 中国农业科学技术出版社
         北京市中关村南大街 12 号 邮编：100081
电 话 （010）82106625（编辑室）（010）82109702（发行部）
         （010）82109703（读者服务部）
传 真 （010）82106625
网 址 http://www.castp.cn
经 销 者 各地新华书店
印 刷 者 北京建宏印刷有限公司
开 本 787mm x1 092mm 1/16
印 张 15.75
字 数 375 千字
版 次 2014 年 9 月第 1 版 2024 年 7 月第 4 次印刷
定 价 45.00 元

《生物技术制药实验指南》
编委会

主　编：程玉鹏　高　宁

副主编：刘　博　刘莉莉　蒋倩倩　李慧玲　陈红艳　陈惠杰

编写人员：（按姓氏笔画排序）

李慧玲（黑龙江中医药大学）

李天聪（黑龙江中医药大学）

刘　博（黑龙江农垦职业学院）

刘丹丹（黑龙江中医药大学）

刘莉莉（黑龙江中医药大学）

陈红艳（哈尔滨师范大学）

陈　琦（黑龙江中医药大学）

陈惠杰（吉林农业科技学院）

林进华（黑龙江中医药大学）

高　宁（黑龙江中医药大学）

程玉鹏（黑龙江中医药大学）

蒋倩倩（黑龙江中医药大学）

内容简介

随着生物医药研究的迅猛发展，生物技术药物在新药开发中占有越来越重要的位置，也是当今各大医药企业重点关注的药物研究领域。本书主要介绍了生物技术制药实验的基本仪器特点与使用、基本实验操作方法及注意事项，并在最后设计了综合性实验，以供读者全面掌握生物技术药物实验研究的方法及应用。全书共分十二章，分别介绍了生物技术制药实验室准则、常用仪器及操作规范、显微观察技术、灭菌技术、核酸分析技术、组织与细胞培养技术、微生物培养技术、转基因技术、诱变育种技术、生物活性物质的分离检测技术和综合性实验。

本书可供生物技术制药专业本科实验教学，也可作为生物制药相关研究人员的参考书。

第一作者简介

程玉鹏，博士，副教授，黑龙江中医药大学药学院生物技术教研室主任。曾在加拿大蒙特利尔 Bio S & T Inc 中心实验室工作，主要从事基因突变，基因合成，蛋白表达等相关研究。现研究方向主要集中在药用植物内生真菌对其宿主次生代谢产物调控的分子机制、微生物生物活性次生代谢产物的分离与药理药效分析。

前　　言

　　生物技术制药是将生物技术与药物研发紧密联系的一门新兴技术。如其他的新兴技术一样，在近40年的发展历程中，生物技术制药不断地创新，取得了突破性的进展，新方法和新产品正不断涌现，弥补了传统制药的不足，缓解了制药业的环境和资源压力，极大地改善了人们的生活和健康水平。利用动物、植物和微生物等为起始材料，运用生物技术制药的上、下游技术已制造出许多新的生物药品，如单克隆抗体、人生长激素、各种疫苗、组织纤溶酶原激活剂、凝血因子、白介素、集落细胞刺激因子、干扰素、促红细胞生成素、生长因子、SOD、重组可溶性受体等。作为药物研究开发和应用中最活跃、进展最快的领域，生物技术制药被公认为21世纪最有前途的产业之一。目前，生物药品已经扩展到保健品和日化产品等领域，尤其在新药研究、开发和传统制药工艺改造中得到日益广泛的应用。随着分子生物学的不断发展，利用基因组学、转录组学、蛋白组学、代谢组学和生物信息学等方面的研究成果，生物技术制药必将在靶向药物开发、药学基因组学、基因治疗、药物设计等前沿性的医学领域发挥重要的作用。从医药产业发展趋势来看，由于产业规模化的不断扩大，生物技术制药正逐步快速发展成为国民经济的主导产业。因此，生物技术制药有着广泛的应用前景，是未来医药工业的发展方向。

　　生物技术制药是以实验为主的综合性学科。因此，不论是科学研究还是工业化生产，以实验室为基础的实验技能学习和训练尤为重要，错误的实验设计和操作会产生严重的不良后果。本书试图架一座桥梁，引导读者逐步了解和掌握生物技术制药的实验技能和操作流程。本书在内容安排上，本着由浅入深、先易后难、循序渐进的原则，先介绍实验室基本行为规范，其次是常规实验仪器设备的使用方法和常用试剂的配制要领，然后是具体的实验操作。全书共分十二章，第一至第四章介绍实验室的常规操作，包括实验室的管理、仪器的应用和各种试剂、显微观察技术和缓冲液的配制；第五至第十一章按实验具体内容分为核酸分析技术、蛋白分析技术、组织与细胞培养技术、微生物培养技术、转基因技术、诱变育种技术和生物活性物质分析与检测技术；第十二章以差异表达为考察指标的综合性实验。为防止理论和实验的脱节，每章的前半部分都对该章实验所涉及的相关理论和原理进行了介绍，使读者能够理性地进行实验，从而避免因盲目机械地按各实验步骤操作而产生的偏差。所以，本书不仅可以作为高等学校本科生和研究生的实验教材，也可作为专业基础知识比较薄弱的初学者的实验指导手册，还可以作为相关领域专业人员的参考书。

本书第一章由程玉鹏、高宁编写；第二章、第七章由刘博编写；第三章、第九章由高宁编写；第四章由李慧玲、陈红艳、李天聪编写；第五章、第六章、第八章由程玉鹏编写；第十章由程玉鹏、李慧玲编写；第十一章由程玉鹏、刘莉莉、林进华、陈惠杰编写；第十二章由高宁、刘博、蒋倩倩、陈惠杰编写；附录部分由刘博、陈红艳、陈琦、刘丹丹、陈惠杰编写。

本书的内容既有编者在教学和科研中的实践，同时也参考了大量国内外的文献，在此对那些原文的作者致以深深的敬意和诚挚的感谢！

由于编者水平有限，书中疏漏不当之处在所难免，敬请各位读者不吝赐教，提出宝贵意见。

程玉鹏

2014 年 7 月 25 日

目　　录

第一章 实验室管理和安全准则

一、实验室一般要求

（1）实验室应准备观察记录本。记录本由实验室人员保存并及时更新。对于实验中发生的错误进行特殊的标记。

（2）索引。记录本应附有目录索引，包括每个实验的名称和页码。

（3）观察记录本应根据实验内容排序，新实验另起新页，每页顶部的抬头含有实验名称、日期和页码。

（4）每项实验包括如下内容。

①每个实验都应有实验题目和实验目的。

②背景信息：实验相关信息和原理。

③实验材料：包括使用材料和仪器，如果不是特殊的试剂盒，生物试剂应详细说明其来源，如菌株的基因型等。

④步骤：在实验前要准确地写下每个实验步骤。

有些步骤可能多达几页。然而，为了更好地管理实验室，详细的实验方法应该记录在另外的实验记录本中。

如果是重复实验，不必写出每个实验步骤，只需写出修改的步骤和改进的原因。

可以用表格记录每组反应和相关变量。

⑤实验结果。这一部分应包括所有的原始数据：如凝胶电泳图、菌落数、图表等，该部分也包括分析的数据，如：转化效率、酶活力和相关计算公式等。

⑥结论：该部分是实验最重要的部分之一，应是对全部实验结果的归纳总结，当然也包括前面曾经阐述过的内容。

二、生物技术实验室规则

为保证实验顺利进行并培养良好的实验操作习惯，进入生物技术实验室的同学需遵守以下规则。

（1）进实验室前必须身穿实验用白服，不得穿短裤、拖鞋，女生上课必须将长发扎起。非必要物品禁止带入室内。

（2）遵守实验室各项规章制度，按规定座次入座，实验台面保持整洁，仪器摆放合理。

（3）室内保持安静，不许高声说话、吵闹，避免不必要的走动。严禁随地吐痰，严禁在室内吸烟。

（4）实验前必须充分预习实验内容，理解实验目的与要求，听从教师安排，做好实验准备工作。

（5）实验过程中，认真按照操作规范进行实验操作，养成良好的实验习惯，仔细观察实验现象与结果，并如实记录，不得抄袭、篡改或弄虚作假。

（6）实验结束后，要注意分析讨论实验结果，总结经验，不断提高实验技能。认真书写实验报告，要求字迹工整，图表清晰，数据真实，按时交任课教师批阅。

（7）用完仪器设备后应仔细检查，关闭电源，拔出插头，恢复仪器使用前的状态。

（8）实验中需要培养的材料应写好标签，注明组别、姓名、实验日期等，并放到指定地点进行培养，丢弃无标签的样本。

（9）从培养箱或冰箱中取放物品时应随手关门。

（10）对试剂等耗材要力求节约，用毕后仍放回原处。损坏玻璃器皿要赔偿。

（11）注意保持实验台面与地面的整洁，污水、废液、废弃物等按要求放入指定位置，有毒有害物质不得随意丢弃或倒入水池，需按规定进行回收处理。

（12）实验室内一切物品，未经本室负责教师批准，严禁带出室外，借物必须办理登记手续。

（13）每次实验课由班长或课代表负责安排值日生。值日生的职责是负责当天实验室的卫生、安全、组织同学填写实验室登记本等一切服务性的工作，关好水、电、门、窗后再离开实验室。

三、生物技术实验室的安全管理与注意事项

实验室是进行实践教学与科研的重要基地，为保证实验室正常使用、科研工作正常开展，各实验室均有较为完善的实验室安全管理规范与规章制度，同时也要求进入实验室的教师、学生及科研人员严格按照规范进行实验操作，注意安全防护，并避免对个人及环境造成安全危害。生物技术实验室需注意的安全行为主要包括：生物安全、化学安全以及放射性安全。

1. 生物安全

一般指由现代生物技术开发和应用所能造成的对生态环境和人体健康产生的潜在威胁，及对其所采取的一系列有效预防和控制措施。生物危险物质包括了所有具有传染性的病原微生物（细菌、真菌、原生动物、朊病毒、立克次氏体和病毒及寄生虫等病原体），这些传染源不仅会引发人类的疾病，而且会对环境和农业带来严重的负面影响。各类生物和人的原代细胞及组织也应在生物安全的环境中培养。此外，通过基因重组等方式获得的一些用于研究人、畜和植物疾病的转基因物种也视为潜在危险的生物材料。世界卫生组织（WHO）已针对生物安全防护制定了《实验室生物安全手册》，文件中对相关实验操作规范、实验室设计设施、安全保障、紧急情况处理都做了介绍，我国也出台了相关的国家标准《实验室生物安全通用要求》，实验人员可参照相关内容指导自己的安全防护。

2. 化学安全

化学安全涵盖了从有害的化学物质进入校园开始到这些物质的最终处理的全部过程。化学品的危险范围比较广泛，因此，在使用过程中要谨慎。每种化学品都有潜在的危险

性。针对不同的化学试剂应有不同使用规则和操作程序。化学品的分类是每个实验室必须进行的一项工作。化学试剂根据其危险性质大致可分成易燃、易爆、有毒三大类。

（1）易燃试剂。如乙醇、乙醚、丙酮、二甲苯、氧气等。易燃与可自燃试剂应存放在阴凉处，并远离电源、暖气等。一旦发生事故性燃烧，应保持镇静，立即切断电源、关闭火源，迅速将着火点周围其他可燃物移开，容器内着火可用湿布等盖灭，洒落液体的燃烧可用灭火沙、灭火器等扑灭，实验人员衣物着火，可迅速脱下用水浇灭，或用湿物包裹身体，或躺在地面滚动身体将火压灭。

（2）易爆试剂。氢、乙炔、乙醚蒸汽等与空气混合后极易引起爆炸；苦味酸、硝酸铵、过氨酸、硝化纤维等，单独可自行爆炸；有时几种试剂混合后容易产生爆炸，如硝酸铵和脂类及其他有机物混合、高锰酸钾与甘油或某些有机物混合都有可能发生爆炸。在使用这些试剂时，要严格遵守操作规范，避免事故发生。

（3）有毒试剂。大多数生物试剂有毒性，使用不当会对机体造成损伤。如 EB、吖啶橙等具有强致癌作用，操作时需戴好一次性手套；丙烯酰胺具有潜在的神经毒性，操作时需戴手套与口罩；对秋水仙碱、细菌或病毒产生的蛋白毒素等在使用时要做好个人防护，戴口罩或在通风橱中操作；实验后的废液也需集中回收，按照规定要求进行处理后方可丢弃或交于有关废液回收部门处理，不可直接倒掉。

3. 放射性安全

放射性安全包括了放射性安全培训、安全指导的编写、安全调查、个体所受辐射剂量评估、放射源监测、辐射监测和应急处理。生物技术实验室所用放射性物质主要是放射性同位素标记的分子探针，由于其灵敏度高、容易检测、示踪准确，在许多实验中均发挥重要作用，但对其辐射防护必须高度注意，避免造成人身伤害和环境污染。常用的放射性同位素有：^{32}P、^{3}H、^{35}S、^{125}I 及 ^{135}I 等。防护的主要原则包括：注意个人防护，穿着专用工作服；按规定在工作场所设置屏蔽；尽量缩短操作时间，加大与放射源的距离；实验废物贮存在专门容器中，交由专门单位进行处理。

下图为生物危险标志、放射危险标志、易燃易爆标志等（图 1-1）。

图 1-1　各种标志

四、实验室意外事故的紧急处理

1. 火灾

生物技术实验经常会使用一些有机溶剂，如甲醇、乙醇、丙酮等，且实验过程中经常会使用酒精灯等火源及热源，稍有不慎就会引起火灾事故。因此，实验室需要着重注意火灾的预防及火灾事故的处理。

（1）预防火灾的操作规程。

①严禁在开口容器和密闭体系中用明火加热有机溶剂，只能使用加热套或水浴加热。

②废弃有机溶剂不得倒入废物桶，只能倒入回收瓶，以后再集中处理。

③不得在烘箱内存放、干燥、烘焙有机物。

④在有明火的实验台面上不允许放置开口的有机溶剂或倾倒有机溶剂。

（2）发生火灾时的应急处理方法。一旦发生了火灾，不可惊慌失措，应立即采取多种相应措施，以减少事故损失。首先，应立即熄灭附近所有火源（关闭煤气），切断电源，并移开附近的易燃物。少量溶剂着火，可将其隔离，任其烧完；锥形瓶内溶剂着火，可用石棉网或湿布盖熄；火势较小时可用湿布或灭火沙盖熄；火势较大时应根据具体情况，采用灭火器，必要时拨打 119 报警。

四氯化碳灭火器：用以扑灭电器内或电器附近之火，但不能在狭小和通风不良的实验室中应用，因为四氯化碳在高温时要生成剧毒的光气；此外，四氯化碳和金属钠接触也要发生爆炸。

二氧化碳灭火器：其钢筒装有压缩的液态二氧化碳，适用于扑灭电器设备、小范围油类物质的失火。

泡沫灭火器：内部分别装有含发泡剂的碳酸氢钠溶液和硫酸铝溶液，适用于油类起火。非大火通常不用泡沫灭火器，因后处理比较麻烦。

干粉灭火器：主要成分是碳酸氢钠等盐类物质与适量的润滑剂和防潮剂。适用于油类、可燃性气体、电器设备等的初起火灾。

1211 灭火器：1211 灭火器利用装在筒内的氮气压力将 1211 灭火剂喷射出灭火，它属于储压式一类，1211 是二氟一氯一溴甲烷的代号，分子式为 CF_2ClBr，它是我国目前生产和使用最广的一种卤代烷灭火剂，以液态罐装在钢瓶内。1211 灭火剂是一种低沸点的液化气体，具有灭火效率高、毒性低、腐蚀性小、久储不变质、灭火后不留痕迹、不污染被保护物、绝缘性能好等优点。

无论用何种灭火器，皆应从火的四周开始向中心扑灭。

（3）灭火方法。实验室中一旦发生火灾，切不可惊慌失措，要保持镇静，根据具体情况正确地进行灭火或立即报火警（火警电话119）。

①容器中的易燃物着火时，用玻璃纤维布灭火毯盖灭。

②乙醇、丙酮等可溶于水的有机溶剂着火时可以用水灭火。汽油、乙醚、甲苯等有机溶剂着火时不能用水，只能用灭火毯和沙土盖灭。

③导线、电器和仪器着火时不能用水和二氧化碳灭火器灭火，应先切断电源，然后用1211 灭火器灭火。

④个人衣服着火时，切勿慌张奔跑，以免风助火势，应迅速脱衣，用水龙头浇水灭火，火势过大时可就地卧倒打滚压灭火焰。

2. 外伤

（1）烫伤。使用火焰、蒸汽、红热的玻璃和金属时易发生烫伤。发生烫伤后，应迅速避开热源，在水龙头下用冷水持续冲洗伤部，或将伤处置于盛冷水的容器中浸泡，持续30min，以脱离冷源后疼痛已显著减轻为准。这样可以使伤处迅速、彻底地散热，使皮肤血管收缩，减少渗出与水肿，缓解疼痛，减少水泡形成，防止创面形成疤痕。需要注意的是：烫伤发生后，不可揉搓、按摩、挤压烫伤的皮肤，也不要急着用毛巾擦拭。轻度烫伤可涂抹鱼肝油和烫伤膏等。

（2）割伤。在使用培养皿、试管等玻璃制品以及其他易碎或有锋利边缘的仪器时较易发生割伤。发生严重割伤时应从伤口中取出碎玻璃或其他异物，用清洗伤口后涂上紫药水或碘酒，随后用纱布包扎。如伤口较大则应按紧主血管，立即到医护室进行处理。

（3）化学灼伤。

①眼睛灼伤或掉进异物：眼内溅入任何化学药品，应立即用大量水冲洗15min，不可用稀酸或稀碱冲洗。若有玻璃碎片进入眼内则十分危险，必须十分小心谨慎，不可自取，不可转动眼球，可任其流泪，若碎片不出，则用纱布轻轻包住眼睛急送医院处理。若有木屑、尘粒等异物进入，可由他人翻开眼睑，用消毒棉签轻轻取出或任其流泪，待异物排出后再滴几滴鱼肝油。

②皮肤灼伤。

酸灼伤：先擦干，再用大量水洗，用3%～5% $NaHCO_3$ 或稀氨水浸洗，最后再用水洗。

碱灼伤：先擦干，再大量水冲洗，用1%硼酸或2%醋酸浸洗，最后再用水洗。

溴灼伤：被溴灼伤后的伤口一般不易愈合，必须严加防范。凡用溴时都必须预先配制好适量的20% $Na_2S_2O_3$ 溶液备用。一旦有溴沾到皮肤上，先擦干，用 $Na_2S_2O_3$ 溶液冲洗，再用大量水冲洗干净，包上消毒纱布后就医。

3. 中毒

中毒的原因主要是由于不慎吸入、误食或由皮肤渗入。

（1）中毒的预防。

①保护好眼睛最重要，使用有毒或有刺激性气体时，必须佩戴防护眼镜，并应在通风橱内进行；②取用毒品时必须佩戴橡皮手套；③严禁用嘴吸移液管，严禁在实验室内饮水、进食、吸烟，禁止赤膊和穿拖鞋；④不要用乙醇等有机溶剂擦洗溅洒在皮肤上的药品。

（2）中毒的急救。

腐蚀性毒物：对于强酸，先饮大量水，然后服用氢氧化铝膏、鸡蛋清；对于强碱，也应先饮大量水，然后服用醋、酸果汁、鸡蛋清。不论酸或碱中毒，都再给以牛奶灌注，不要吃呕吐剂。

刺激剂及神经性毒物：先给牛奶或鸡蛋清，使之立即冲淡和缓和，再用一大匙硫酸镁（约30g）溶于一杯水中催吐，有时也可用手指伸入喉部促使呕吐，然后立即送医疗单位。

吸入气体中毒：吸入氯、氯化氢气体时，可吸入少量酒精和乙醚的混合物解毒。吸入硫化氢、一氧化碳气体而感不适，应立即到室外呼吸新鲜空气。但应注意氯、溴中毒不可进行人工呼吸，一氧化碳中毒不可施用兴奋剂。

伤势较重者，应立即送医院治疗。

生物技术实验室应配备急救处理箱，用以应对可能发生的意外事故。常备用品应包括：纱布、绷带、消毒棉、棉签、创可贴、橡皮膏、医用镊子、剪刀、烫伤膏、消炎粉、2%醋酸溶液、1%硼酸溶液、1%碳酸氢钠溶液、饱和碳酸氢钠溶液、70%医用酒精、3%双氧水溶液、20%硫代硫酸钠、紫药水、红药水、烫伤药膏、碘酒、甘油等。

4. 触电

生物技术实验室要使用大量的仪器、烘箱和电炉等，因此，每位实验人员都必须能熟练地安全用电，避免发生用电事故。

防止触电：①不能用湿手接触电器；②电源裸露部分都应绝缘；③坏的接头、插头、插座和不良导线应及时更换；④先接好线路再插接电源，反之先关电源再拆线路；⑤仪器使用前要先检查外壳是否带电；⑥如遇有人触电要先切断电源再救人。

防止电器着火：①保险丝、电源线的截面积、插头和插座都要与使用的额定电流相匹配；②3条相线要平均用电；③生锈的电器、接触不良的导线接头要及时处理；④电炉、烘箱等电热设备不可过夜离人使用；⑤仪器长时间不用要拔下插头，并及时拉闸；⑥电器、电线着火不用泡沫灭火器灭火。

（程玉鹏，高宁）

第二章　生物技术实验
常用仪器及操作规范

生物技术是当今科学发展最为迅速的科研领域之一，新理论、新技术、新仪器、新方法不断涌现并应用，极大地推动了相关学科的发展，如医学中疾病的诊断与治疗、药学中药物作用机理的阐明及新药靶点的筛选等均离不开生物技术方法的应用。事实证明，无论在哪个学术领域，开展突破性的科学研究，除了正确的理论指导与科学的实验设计之外，良好的仪器设备、正确的操作技能是最终结果有效可靠的重要保证。现代生物技术实验涉及许多高效率、高灵敏度的现代化仪器设备，对仪器的操作有着严格的要求，违规操作轻则导致实验失败，浪费人力物力，重则会出现严重事故，危及实验操作者自身安全。因此，在进行生物技术实验之前，要充分了解实验中所涉及仪器的特点、掌握仪器使用方法，以便使实验顺利进行。

一、玻璃器皿

玻璃器皿是生物技术实验中应用最为广泛的常用器具，其价格低廉、种类繁多，在大多数生物技术实验过程中均有应用。

实验室所用玻璃材料大致可分为两类，一类是普通玻璃，熔点较低，容易进行细加工，但遇到骤冷骤热的温度变化时容易破裂损伤；另一类是耐热玻璃，是指能够承受冷热聚变的特种玻璃，具有低膨胀、抗热震、耐热、耐腐蚀、强度高等一系列优良性能，锥形瓶、烧杯等多采用耐热玻璃作为制作材料。

为保证实验结果可靠，避免污染引起的实验失败，新购置的玻璃器皿及每次使用结束后均需要及时清洗，用以保证所用玻璃器皿干净、无杂质残留。玻璃仪器的清洗过程及注意事项包括以下3点。

①初次使用：新购买的玻璃仪器表面常附着较多游离的碱性物质，如不进行处理直接使用，会影响培养基、缓冲液等的成分组成及浓度，进而导致实验误差，因此，一般将新购买的玻璃仪器浸泡于1%~2%的盐酸溶液中过夜（或浸泡于铬酸洗液中4h以上），再用自来水冲洗，最后用蒸馏水冲洗2~3次，清洗完毕后，倒置晾干，或在100~120℃烘箱内烘干备用。

②使用过的仪器：每次做完实验后，应立即将使用过的玻璃仪器浸泡于洗涤液中，避免污渍干涸，造成清洗困难。一般用洗洁精浸泡4h左右，随后用合适的毛刷将玻璃仪器表面残留的污渍洗刷干净，再用自来水将洗洁精冲洗干净，最后用蒸馏水冲洗2~3次，清洗完毕后，倒置晾干，或在100~120℃烘箱内烘干备用。

③玻璃仪器洗净的标准是：蒸馏水冲洗过后，玻璃器皿表面附着的水，既不聚集成水

滴，也不成股流下，而是均匀分布形成水膜，表明仪器已清洗干净，否则，需重新清洗。如果重新清洗仍有水滴挂壁，则需依据污渍性质采用洗液浸泡数小时后重新清洗，生物技术实验中最为常用的洗液是铬酸洗液。

铬酸洗液的配制方法（Chromic Acid Cleaning Mixtures）

最为常用的洗液即硫酸-重铬酸钾溶液。铬酸洗液可根据需要配制成不同强度，浓硫酸浓度越高，氧化能力越强，常用配比见下表（表2-1）。

表2-1　部分铬酸洗液配方

重铬酸钾（g）	水（mL）	浓硫酸（mL）
20	40	360
32	100	500
10	100	100
10	100	30

配制方法如下。

①按所需铬酸洗液的总量计算重铬酸钾（$K_2Cr_2O_7$）、硫酸（H_2SO_4）与水的用量。

②将重铬酸钾粉末放入大烧杯中（或其他耐热容器，如酸缸等。注意：烧杯容积要远大于最终铬酸洗液总体积），按比例加入蒸馏水，垫上石棉网加热，使重铬酸钾充分溶解。

③将浓硫酸缓慢加入重铬酸钾水溶液中，并不断用玻璃棒搅拌，直至充分混合溶解。溶解后，冷却至室温，转移到酸缸或溶液瓶中保存备用。

④操作时要注意安全，穿戴好耐酸手套及白服等必要的防护措施，防止配制过程中洗液溅到皮肤和衣物上，万一不慎溅到皮肤上应立即用大量清水冲洗。

⑤重铬酸钾不易溶于水，配制时要注意溶液温度，防止重铬酸钾冷凝析出；同时也要避免温度过高，水溶液沸腾造成水分损失及可能出现的洗液飞溅，灼伤皮肤。

⑥新配制的铬酸洗液呈深红棕色，可反复使用多次，当铬酸洗液颜色变为墨绿色时，表明 $K_2Cr_2O_7$ 被还原，铬酸洗液失去氧化能力，不能再使用。另外，铬酸洗液中存有少量三氧化铬，它是强氧化剂，遇到酒精会猛烈反应以至着火，所以，应避免与酒精接触。

⑦为避免残留的有毒六价铬对环境造成污染，铬酸洗液废液不允许直接倒入下水道，需将废液统一收集到酸缸中，首先在废液中加入硫酸亚铁，使残留有毒的六价铬还原成无毒的三价铬，再加入废碱液或石灰使三价铬转化为 $Cr(OH)_3$ 沉淀，埋于地下。

其他常用洗涤液及作用如下。

①工业浓盐酸：可洗去水垢或某些无机盐沉淀。

②5%草酸溶液：用数滴硫酸酸化，可洗去高锰酸钾的痕迹。

③5%～10%磷酸三钠（$Na_3PO_4·12H_2O$）溶液：可洗涤油污物。

④30%硝酸溶液：洗涤二氧化碳测定仪及微量滴管。

⑤5%～10%乙二胺四乙酸二钠（EDTA-Na_2）溶液：加热煮沸可洗脱玻璃仪器内壁的白色沉淀物。

⑥尿素洗涤液：为蛋白质的良好溶剂，适用于洗涤盛过蛋白质制剂及血样的容器。

⑦有机溶剂：如丙酮、乙醚、乙醇等可用于洗脱油脂、脂溶性染料污痕等，二甲苯可洗脱油漆的污垢。

⑧氢氧化钾的乙醇溶液和含有高锰酸钾的氢氧化钠溶液：这是两种强碱性的洗涤液，对玻璃仪器的侵蚀性很强，可清除容器内壁污垢，洗涤时间不宜过长，使用时应小心慎重。

（1）试管（test tube，culture tube 或 sample tube）。

试管是实验室最为常用的玻璃器皿，在生物技术实验室中主要用于菌种的保藏与小量培养，另外，也常作为少量试剂的反应容器，特别是一些化合物的鉴别反应。普通试管的规格以外径（mm）×长度（mm）表示，常见的如 15×150、18×180、20×200 等，容量也从 2~20mL。依据其外形特征可分为平滑圆底、锥形尖底，带刻度、不带刻度，带盖、不带盖，以及带螺口、不带螺口等多种样式。另外，除传统的玻璃试管外，树脂材质的试管也较为普遍，实验人员可依据需要进行选择。

利用试管来培养与保存大肠杆菌等时，应该根据管径大小配以相应的橡胶管塞、微孔硅胶塞等，或采用自制的棉塞。不论是选择何种方式来封闭管口，都应遵循两个原则：一是要能阻止外界空气中尘埃杂菌的污染；二是要保持一定的通气性。相对于商品化的管塞与管盖，自制棉塞虽然很传统，但效果很好，同时也可根据管径任意调整棉栓的大小。棉栓的制作方法见下图（图 2-1，图 2-2）。

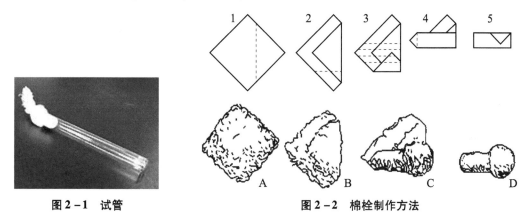

图 2-1 试管　　　　　　　　　图 2-2 棉栓制作方法

（2）容量瓶（Volumetric flask，measuring flask 或 graduated flask）。

容量瓶是一种细颈梨形平底的容量器（图 2-3），带有磨口玻塞，颈上有标线，表示在所标示的温度下液体凹液面与容量瓶颈部的标线相切时，溶液体积恰好与瓶上标注的体积相等。容量瓶上标有：温度、容量、刻度线。容量瓶按容积分为多种规格，小的有 5mL、25mL、50mL、100mL，大的有 250mL、500mL、1 000mL、2 000mL等。生物技术实验中，主要用来精确配制和稀释各种母液、缓冲液、MS 培养基等。

（3）试剂瓶（reagent bottles）。

试剂瓶是最常用的实验室容器之一，其材质多为玻璃（目前，聚乙烯、聚丙烯等树脂材料的试剂瓶也较常见），主要是用来贮存各种液体试剂，试剂瓶也有广口、细口、平口、螺纹口、磨口、无磨口、透明、棕色等多种类型，其容量也可分为 100mL、200mL、500mL、

图 2-3 容量瓶

1 000mL等多种规格，应根据试剂的理化性质和其他具体要求来选择试剂瓶。

在使用试剂瓶时应考虑：是否需要干热或湿热灭菌，试剂瓶能否耐受高温；试剂瓶内溶液是否是酸、碱等，瓶体、瓶盖及内衬圈垫等能否耐受腐蚀；特别是选用树脂材料的试剂瓶时，应考虑在贮存过程中瓶体是否可能有某种物质被溶出从而污染溶液。

一般来说，需要高压蒸汽灭菌或干热灭菌时，应尽量不选用树脂制溶液瓶。尽管聚丙烯树脂能耐受高压，但其在高压时若相邻有其他消毒物品则极易被挤压变形。此外，含有机溶剂的试剂一般也不宜选用树脂制的容器。

玻璃制容量瓶具有多种用途，但要注意，NaOH等强碱溶液对玻璃有腐蚀作用，因此，不宜用玻璃瓶贮存强碱溶液。

瓶盖多酚树脂制，可以高压消毒，其内衬圈垫如是硅胶或聚四氟乙烯，则可广泛使用。

（4）培养皿（Petri dish，Petrie dish 或 cell-culture dish）。

培养皿最初由德国细菌学家朱利斯·理查德·佩特里（Julius Richard Petri，1852—1921）于 1887 年设计，故又称为"佩特里皿"。每一套培养皿共有两部分，包括一个平面圆盘状的"底"和一个形状相同但内径更大的"盖"组成，一般用玻璃制成。目前，塑料制的一次性培养皿由于其使用方便，越来越受到研究者欢迎，然而其成本较高，多为有较雄厚经济实力的实验室或进行实验条件要求较苛刻的实验项目时所采用。

培养皿按直径可分为多种规格，如较为常用的 90mm、60mm 等。培养皿质地脆弱、易碎，故在清洗及拿放时应小心谨慎、轻拿轻放。使用完毕的培养皿最好及时清洗干净，存放在安全、固定的位置，防止损坏、摔坏。

培养皿主要用于微生物的接种、分离纯化，动物细胞贴壁培养、植物组织与细胞的培养等试验。

由于培养皿多用于组织与细胞的培养，且开口较大，操作不当极易造成污染，因此，在利用培养皿进行实验操作时，应注意操作方法，避免杂菌。培养皿的正确手持方式为：用手托起一套培养皿，中指、无名指与小指伸直并托住培养皿底部，保持培养皿水平；拇指和食指握住皿盖，以食指为轴，用拇指向上开启培养皿盖，开启程度视操作内容而定。注意，操作过程中需避免手指、接种环、锥形瓶瓶口等触及培养皿口边缘区域，防止污染（图2-4）。

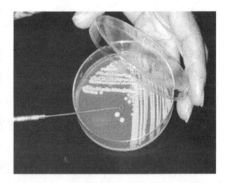

图2-4 培养皿正确的手持方式

二、塑料制品（理化性质、塑料制品标志）

塑料制器具在生物技术制药实验器具中占有一定的比例，特别是微量离心管、微量移液器吸头等因其成本相对低廉而广泛应用于各类实验当中。塑料有多种种类，理化特性各异，可满足不同实验要求。

多数塑料制品从外观上不容易区分其具体材料种类，因而影响正确使用。通常情况下，生产厂家在其产品目录中均会进行标注。另外，在多数较大的塑料器皿底部也会印有不同的标记符号用以表示材料种类（如图2-5三角形内不同数字表示不同树脂的代号）。

图2-5　塑料制品标志

1. 聚酯；2. 高密度聚酯；3. 聚氯乙烯；4. 低密度聚乙烯；5. 聚丙烯；6. 聚苯乙烯；7. 其他

有一部分塑料物品不易清洗且成本低廉（如微量离心管、吸头等）或者清洗后质量下降（如一次性培养皿、一次性移液管等，清洗时无法避免杂质残留），因此，多为一次性使用。但有些较大型器具，特别是丙烯树脂制器具，可洗后再次使用。清洗方法与玻璃器皿相似，第一次使用塑料制品时，可先用8mol/L尿素（用浓盐酸调pH = 1）清洗，然后依次用去离子水、1mol/L KOH和去离子水清洗，随后用1~3 mol/L EDTA除去金属离子的污染，最后用去离子水彻底清洗；以后每次使用时，可只用0.5%的去污剂清洗，然后用自来水和去离子水洗净即可。清洗塑料制品时，应避免用毛刷大力擦洗，以免产生划痕，影响使用。

另外，电泳槽虽为塑料材料制成，但其作为专用仪器，内盛电泳液基本相同，所以，一般使用后不需清洗，当需更换电泳液时，只需将旧液倒掉用自来水冲洗后用去离子水冲洗一通即可，不必用洗涤剂与毛刷。而且，电泳槽中安装的白金丝电极处于暴露状态，刷洗不当极易造成损坏，所以，用流水冲洗最为安全。

微量离心管（microcentrifuge tube或Eppendorf tube）是生物技术制药实验中最为常用的塑料制品（图2-6），最早由德国Eppendorf公司开发生产，故多数实验者俗称此类离心管为Eppendorf管或EP管。可以用做进行微量液体间的反应（如PCR、标记探针），也可用做微量物质离心沉淀（如核酸抽提等）。

微量离心管所用材质多为聚丙烯，可高温蒸汽灭菌，主要按容量划分规格，常用的主要有2mL、1.5mL与0.5mL，另外，0.2mL薄壁离心管主要用于PCR扩增。微量离心管管壁近无色透明，可直接观察到微量内容物；测序专用的EP管有时制成4种颜色，用以区别ATCG四种单核苷酸；另外，也有制备成仅管盖镶有彩色圆片的透明微量离心管，以便分类保存微量样品。目前，为满足不同实验的需要，商品化的微量离心管越来越多样，如Axygen的用于抽提RNA的RNase-DNase free tubes、Eppendorf公司新推出的低吸附DNA的LoBind Tubes等，为相关实验的顺利进行提供了极大方便。

另一较为常用的塑料制品为冻存管（cryogenic tubes，Cryogenic Vials或germ-storage tubes），对温度具有较大的耐受范围（-196~121℃），主要用来在低温（-70℃）或超低温（-196℃）条件下保存细菌、真菌或动植物细胞与组织（图2-7）。

其他如移液管、培养皿（图2-8）、量杯、溶液瓶等也均有塑料材质的，使用时需注意其具体材料的理化性质，特别是能否耐受高温灭菌，以及是否会被有机溶剂与酸碱腐蚀。

图2-6 微量离心管

图2-7 冻存管

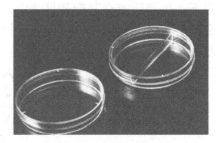
图2-8 一次性培养皿

三、过滤装置（Filters）

在实验中有些试剂或溶液具有热不稳定性，在高温条件下易分解破坏，所以不能够采用高压蒸汽灭菌，因此，需要利用微孔滤膜过滤除菌，另外，为防止一些配制好的溶液中存在细微杂质，也需要通过过滤的办法去除杂质，以保证后续分析的准确性（如高效液相色谱法分析提取液成分）。

滤膜（filter membranes）分为水相滤膜（水系膜）和有机相滤膜（油系膜），分别用于过滤水溶液和有机溶液，使用时需注意分清。滤膜按孔径又可分为多种不同规格，生物技术制药实验中以 $0.22\,\mu m$ 孔径和 $0.45\,\mu m$ 孔径应用最为广泛。$0.22\,\mu m$ 滤膜能够有效地达到除去溶液中各种细菌、真菌的效果，实验室过滤除菌均采用 $0.22\,\mu m$ 滤膜，但是过滤除菌无法排除病毒与支原体污染；当采用过滤法去除液体中微小杂质时，一般采用 $0.45\,\mu m$ 滤膜即可达到良好效果。

此外，使用微孔滤膜过滤和普通滤纸过滤不同，需借助特定的装置，同时需要一定的外力促使液体通过滤膜，因此，按照施力方式，过滤器可分为真空负压吸引过滤器和加压型过滤器。

实验室中用于过滤少量液体的针头式过滤器（syringe filters，wheel filter），就是一种小型的加压型过滤器，其通过注射器芯的推动产生压力完成过滤过程。其又可分为一次性针头式过滤器和反复使用型针头式过滤器。

一次性针头式过滤器外壳采用聚丙烯材料（图2-9），用超声波焊接，不含黏合剂，将滤膜封闭在滤器当中，滤膜的材质有混合纤维素（水系）、尼龙6（有机系）、聚醚砜、聚四氟乙烯等，可根据样品性质选用。一次性过滤器滤膜与滤器为一体化设计，滤膜不可更换，不能反复使用，具有使用方便，不会交叉污染等优点。

反复使用型针头式过滤器由聚丙烯或不锈钢材料制成，包括上下两部分，中间采用硅橡胶等材质的密封圈密封，可高压灭菌。使用时，分开滤器上下两部分，将大小适当的滤膜放入滤器中，

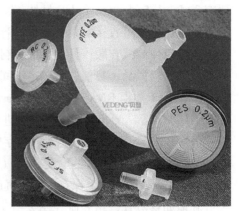
图2-9 一次性针头式过滤器

注意滤膜需完好，不可有破损或刮痕，随后将两部分滤器拧紧，高压灭菌后即可使用，要

求每次使用时，同一滤膜只能过滤一种液体，并需注意滤膜的性质与液体是否符合。反复使用型针头式过滤器可通过更换滤膜多次使用，能够有效地降低实验成本。

实验室中进行大量溶液过滤操作时，一般采用组合式溶剂过滤器（Knockdown filter for solvent），属于真空负压吸引型过滤器（图2－10），使用时要配合真空泵共同完成抽滤过程。组合式溶剂过滤器主要由滤杯、支管接合装置、夹子和滤瓶4部分组成，可配合不同孔径和特性的过滤膜使用，主要用于液相色谱溶液的过滤制备、过滤除菌等。使用时，将相应规格大小的滤膜放在滤

图2－10 电动抽滤装置

杯与支管接合装置之间，用夹子固定好，随后安装在滤瓶之上，支管部分连接真空泵，将待过滤溶液倒入上方的滤杯中，开启真空泵进行抽滤，溶液在压力差的作用下透过滤膜进入滤瓶，过滤结束后，要先将真空泵的胶管从支管上拔出，才允许关闭真空泵，以防倒吸。

四、微量移液器及吸头

在生物技术制药实验中，缓冲液、酶溶液等的用量大多以微升作为计量单位，这么微小的体积，传统的移液管难以准确量取，因此，微量移液器是生物技术制药实验室必备的精密仪器（图2－11）。

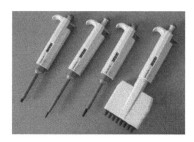

图2－11 微量移液器、吸头与吸头盒

微量移液器（micropipettes）是一种在一定量程范围内可随意调节吸取量的精密取液装置（俗称移液枪）。基本原理是依靠装置内活塞的上下移动，吸取和排出精确体积的液体，气活塞的移动距离是由调节轮控制螺杆结构实现的，推动按钮带动推动杆使活塞向下移动，排出活塞腔内的气体；松手后，活塞在复位弹簧的作用下恢复原位，完成吸液过程；再次按动按钮，则可将液体排放出去。需要注意的是，微量移液器的加样按钮共有两个挡别，第一挡是用来吸取液体的，第二挡是用来排出液体的，不可混淆。

微量移液器吸头（micropipette tips）是与微量移液器配合使用的一次性塑料制品，是实验中的主要消耗品之一。一般分为3种规格：200～1 000μL（主要为蓝色，部分品牌为白色）、20～200μL（黄色）、20μL以下（无色），与相应量程的移液器相配套。每种规格的移液器吸头均有普通型、带过滤膜型、预处理无RNA酶型等多种类型可供选择，满足不同实验的需求。

五、pH 计（pH meter）

pH 值对溶液中进行的许多化学反应均有很大影响，在生物体的生理过程中具有重要的意义。特别是某些微生物、动植物细胞等对培养环境的 pH 值十分敏感，因此准确调节缓冲液、培养液等的 pH 值是保证实验顺利进行的重要前提。

图 2 - 12　pH 计

粗略测定或调整溶液 pH 值可利用 pH 试纸进行，但精细、准确地测定和调整，则需要使用 pH 计来完成（图 2 - 12）。pH 计的测定原理基本一致，均是利用电位法测定 pH 值，但不同品牌的不同型号 pH 计其使用方法存在差异，操作步骤也有所不同，实际使用时，必须仔细阅读产品使用说明书，严格按照标准流程操作，以确保数值的准确。

六、天平（Weighing scales，balance）

天平是实验中称量的重要仪器，根据所称量物质的不同，或称量精度的要求不同，应选用不同的天平。如小型实验动物体重的称量可使用台秤（感量为 1 000mg），粗略的固体试剂的称重可用架盘药物天平（感量为 100mg），更精细的称量可选择用扭力天平、电光分析天平等。

近年来随着科学技术的不断发展，电子天平已逐渐取代传统天平，成为现代生物技术制药实验室必备的科学仪器之一（图 2 - 13）。相对于传统的扭力天平等仪器，电子天平具有称量精确、操作简便、简单易用等优点，并且按量程与其精度有多种类型，可按照实验室具体要求进行选择。

电子天平使用的注意事项如下。

①电子天平需安置于稳定的工作台上，避免经常挪动，同时要避免台面振动、气流及阳光直射。

②每次在使用前均需确认并调整水平仪气泡位于中间位置。

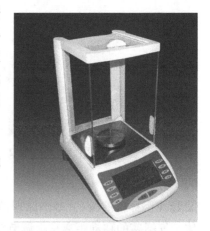

图 2 - 13　电子分析天平

③电子天平应按说明书的要求进行预热。

④称量易挥发和具有腐蚀性的物品时，要盛放在密闭的容器中，以免腐蚀和损坏电子天平。

⑤经常对电子天平进行自校或定期外校，保证其处于最佳状态。

⑥如果电子天平出现故障，应及时检修，不可带"病"工作。

⑦在称量之前，特别是称量量较大或连同容器仪器称量时，要注意判断所称物品总重是否在电子天平的量程范围之内，禁止将超过电子天平最大量程的重物放置在托盘上，以免损坏天平。

⑧若长期不用电子天平时应暂时收藏为好，放置天平的台面及称量托盘应保持清洁，防止污染物腐蚀天平。

⑨称重时，要等天平显示稳定后方可读数。

七、离心机（centrifuges）

离心就是利用离心力使得需要分离的不同物质得到加速分离。离心机按其分离样品的方式主要分为过滤式离心机和沉降式离心机两大类。过滤式离心机的主要原理是通过高速运转的离心转鼓产生的离心力（配合适当的滤材），将固液混合液中的液相加速甩出转鼓，而将固相留在转鼓内，达到分离固体和液体的效果，或者俗称脱水的效果。生物技术实验室所采用的离心机则属于沉降式离心机，其主要原理是通过转子高速旋转产生的强大的离心力，加快混合液中不同比重成分（固相或液相）的沉降速度，把样品中不同沉降系数和浮力密度的物质分离开，从而达到对物质进行沉淀、分离、纯化、浓缩等处理。实验室所用离心机按照其特点又可分为迷你离心机、台式低速离心机、台式高速离心机、高速冷冻离心机等多种类型（图2－14）。

图2－14　台式离心机（左）与迷你离心机（右）

迷你离心机个头最小，通常一次能够离心6～8个1.5mL离心管或0.2mL薄壁离心管，部分产品可更换转子，用来离心八联体PCR管。迷你离心机一般转速固定不可调，主要用于瞬时离心使样品聚集在离心管底部，便于后续操作。

普通台式离心机分为高速与低速两大类，台式低速离心机最大转速一般在4 000～6 000r/min，实验室中常使用转子容量较大（50mL）的低速离心机进行大量样品的分离；台式高速离心机转速一般在10 000r/min以上，一般采用与小容量转子（2mL）进行搭配的方法来使用。

对于核酸和蛋白质的提取等实验，由于高温会破坏样品，所以要采用低温冷冻离心机进行相应操作。低温冷冻离心机含有温控系统，离心温度最低能够达到－20℃，实验过程中一般以4℃离心最为常见，能够保证离心过程中样品不会变性。低温冷冻离心机也是生物技术实验室必备的重要仪器之一。

在进行离心操作时，样品管均是放在离心机转子中的。离心机的转子即离心机运行时转动部分，也是离心机的核心部分。离心机转子大致分为两种：一种为固定角度转子，其转子为一整体，转子上预留有固定孔径的管孔用以放入相应大小的离心管；另一种为水平转子，一般带有 2 个或 4 个对称支架结构，上面可搭配不同规格的吊篮，吊篮中可放置各种大小的离心管，像 Eppondorf 公司的部分吊篮还可以放置 96 孔板或 PCR 板。一般大型的台式低温冷冻离心机其转子均为可更换式，能够按照实验具体需求选择转子，十分方便。

离心机在使用时，能够产生很大的离心力，因此，转子的平衡时在离心机启动之前必须认真确认的事项，携带样品高速旋转时，如果样品配平不准确，就会对离心机转轴产生不均等作用力，轻则引起转轴倾斜损坏仪器，重则使转轴断裂飞出伤及操作人员引起事故。

在实验过程中及文献描述中，为了方便，离心条件一般习惯以转速标定，如3 000r/min、12 000r/min 等，但实际对离心效果起决定作用的是样品所在位置的离心力，而由于离心机型号、转子型号等的差异，相同转速情况下不同离心机所产生的离心机并不完全一致，离心力和转速的关系可用下列公式换算，也可用离心机列线图推算。

$$RCF = 11.18 \times (N/1\,000)^2 \times r$$

式中，RCF 为相对离心力，单位为重力加速度 g；

N 为转子转速，用 r/min 表示（revolution per minute）；

r 为转子半径，为离心管中轴底部内壁到离心机转轴中心的距离，单位为 cm。

八、恒温箱（incubator）

恒温箱（有时也称培养箱）是一种能够保证其箱体内温度恒定的设备，广泛用于酶切反应、微生物培养、动物细胞培养等需要长时间在特定温度条件下进行的实验过程。恒温箱的主要作用是保证样品的环境温度恒定不变，部分类型的恒温箱除温度外还能够调节湿度、光照、箱体内 CO_2 的浓度等。根据维持样品温度的介质，可分为水浴锅（液体介质）、空气浴恒温箱（气体介质）、干式恒温器（固体介质）；按照恒温箱温度调节方式，可分为单纯加热型与既能加热又能制冷型，后一种也常被称为生化培养箱。

1. 水浴锅（Water Baths）

水浴锅内水平放置不锈钢管状加热器，水槽的内部放有带孔的铝制搁板（图 2 - 15）。水槽上盖为铝制盖板（配有不同口径的组合套圈）或透明的塑料盖板。水浴锅左侧有放水管，恒温水浴锅右侧是电气箱，电气箱前面板上装有温度控制仪表、电源开关。电气箱内有电热管和传感器，能够有效地控制电加热管的平均加热功率，使水槽内的水保持恒温。当被加热的物体要求受热均匀，温度不超过100℃时，可以用水浴加热。水浴锅通常用铜或铝制作，有多个重叠的圆圈，适于放置不同规格的器皿。

图 2 - 15 恒温水浴锅

使用水浴锅时需注意锅内水量不可低于 1/2，不可使加热管露出水面，特别是长时间使用时要时刻注意水位高度，不要把水浴锅烧干，以免造成危险。

水浴锅多用于酶催化反应的温度控制，不宜长时间连续使用。

2. 空气浴恒温箱（incubator）

空气浴恒温箱即我们通常所说的恒温培养箱，箱内有温控设备，可利用加热装置调节箱内空气温度，样品放置在一定温度的空气中（图2-16）。因温度传导介质为空气，样品达到设定温度所需时间较长，所以，样品需短时间恒温时，不宜采用此型设备。恒温培养箱主要用来进行微生物的恒温培养，另外，也适用于需恒温振荡的样品。恒温培养箱一般为单纯加热型，温控范围通常为室温5～60℃。

图2-16 空气浴恒温箱

既能加热又能制冷的恒温培养箱常被称为生化培养箱（Biochemical incubator），温控范围通常为0～65℃。其控温原理与普通恒温培养箱相近，只是在箱体中除加热设备外还可利用压缩机制冷，能够达到加热与制冷双向温度调节作用，为一些需要较低温度的生物培养提供便利。

另外，光照培养箱（light incubator）也属于空气浴培养箱，其由微电脑控制温度，既可加热也能够制冷，另外，光照培养箱内含有多组灯管，可调节光照时间、光照强度，某些型号还可与加湿器相连接控制箱体内相对湿度，主要用于植物组织培养及无菌苗培养。

3. 干式恒温器（Dry Bath Incubators）

干式恒温器也称恒温金属浴，但从形状上来说，干式恒温器更适宜称为恒温台，台面通常是用导热性好的金属制成，台上有各种规格的金属块作为导热材料，金属块上有不同直径的孔穴，成有样品的试管、离心管等可直接插入相应直径的孔穴中，由金属导热。由于干式恒温器导热效果好，温度调节所需时间短，操作方便等特点，越来越受到广大科研人员的青睐，在许多实验室已取代传统的水域加热，成为样品加热的主要方式。特别是目前许多公司基于干式恒温器开发出多种仪器设备，如恒温混匀仪（Mixers and Temperature Control），能够做到加热、制冷、定时、振荡等多种功能，极大地方便了广大实验人员的操作，提高了工作效率（图2-17）。

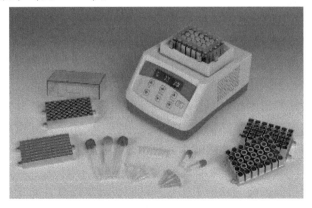

图2-17 恒温混匀仪

4. CO₂培养箱（CO₂ incubator）

二氧化碳培养箱是通过在培养箱箱体内模拟形成一个类似细胞/组织在生物体内的生长环境，如稳定的温度（37℃）、稳定的 CO_2 水平（5%）、恒定的酸碱度（pH 值为 7.2～7.4）、较高的相对饱和湿度（95%），来对细胞/组织进行体外培养的一种装置（图 2-18）。主要用于细胞、组织培养和某些特殊微生物的培养，常见于细胞动力学研究、哺乳动物细胞分泌物的收集、各种物理、化学因素的致癌或毒理效应、抗原的研究和生产、培养杂交瘤细胞生产抗体、干细胞、组织工程、药物筛选等研究领域。

图 2-18　CO₂培养箱

二氧化碳培养箱使用的注意事项如下。

①二氧化碳培养箱未注水前不能打开电源开关，否则会损坏加热元件。

②培养箱运行数月后，水箱内的水因挥发可能减少，当低水位指示灯（WLow12）亮时应补充加水。先打开溢水管，用漏斗接橡胶管从注水孔补充加水使低水位指示灯熄灭，再计量补充加水（CP-ST200A 加水 1800mL，CP-ST100A 加水 1 200mL），然后堵塞溢水孔。

③二氧化碳培养箱可以做高精度恒温培养箱使用，这时须关闭 CO_2 控制系统。

④因为 CO_2 传感器是在饱和湿度下校正的，所以加湿盘必须时刻装有灭菌水。

⑤当显示温度超过置定温度1℃时，超温报警指示灯（OverTemp7）亮，并发出尖锐报警声，这时应关闭电源30min；若再打开电源（温控）开关（Power20）仍然超温，则应关闭电源并报维修人员。

⑥钢瓶压力低于 0.2MPa 时应更换钢瓶。

⑦尽量减少打开玻璃门的时间。

⑧如果二氧化碳培养箱长时间不用，关闭前必须清除工作室内水分，打开玻璃门通风24h 后再关闭。

⑨清洁二氧化碳培养箱工作室时，不要碰撞传感器和搅拌电机风轮等部件。

⑩拆装工作室内支架护罩，必须使用随机专用扳手，不得过度用力。

⑪搬运培养箱前必须排除箱体内的水。排水时，将橡胶管紧套在出水孔上，使管口低于仪器，轻轻吸一口，放下水管，水即虹吸流出。

⑫搬运二氧化碳培养箱前应拿出工作室内的隔板和加湿盘，防止碰撞损坏玻璃门。

⑬搬运培养箱时不能倒置，同时一定不要抬箱门，以免门变形。

九、振荡设备

振荡设备是一类用来进行微生物振荡培养、多种溶剂混合等操作的设备。在进行振荡培养时，经常将这一类设备笼统的称为摇床。有时样品还需要在一定温度条件下摇动，根据提供温度调节的介质可分别称为气浴摇床和水浴摇床。而根据振荡方式的不同，振荡设备大体可分为振荡器、摇床、旋转式振荡器及涡旋振荡器（图2－19）。

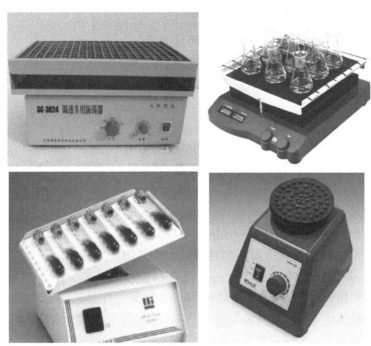

图2－19　各种类型的振荡设备

1. 振荡器（shaker）

振荡器可带动固定在其上的锥形瓶、试管等设备在水平方向上进行剧烈的往复运动或圆周运动从而达到振荡培养的效果，通常微生物培养、细胞培养或其他振荡培养中我们所说的水浴摇床或空气浴摇床均属振荡器。

2. 摇床（rocker）

相对于振荡器来说，摇床的振荡幅度较小，振荡频率也较低，适用于非剧烈条件的振荡过程。而且，摇床的振荡方式除往复式、圆周式之外，还有翘板式（如脱色摇床），广泛用于凝胶染色、脱色、分子杂交、细胞培养等多项领域。

3. 旋转式振荡器（rotator）

旋转式振荡器能够带动所装载的容器进行旋转式的三维振动，主要用于多种溶液的充分混合。大体上有两种造型，一种载物台为平板型，轴心在平板中点，载物台围绕中点以一定角度进行圆周运动；另一种载物台为倾斜的圆盘，轴心在圆盘中点，载物台围绕中点进行平面圆周运动，带动载物台上的试管等进行三维的复杂运动。

4. 涡旋振荡器（vortex mixer）

涡旋振荡器由一个小型的强力马达带动橡胶制圆形平台以超过 1 000r/min 的转速进行小半径的快速旋转运动，当用试管等接触高速旋转的平台是，管内样品快速振动，从而被搅拌混匀。一般有两种模式可供选择，点触模式，当试管点压振荡平台时，仪器开始振动，适合短时混合样品；连续模式，仪器始终处于振动状态。

十、超净工作台（clean bench）

超净工作台是保证无菌操作的最重要的设备之一，在生物技术制药实验中细菌的增殖、动植物细胞培养、抗生素效价测定等需要无菌环境的实验，均需在超净工作台中进行（图 2 - 20）。

其工作原理为：通过风机将空气吸入预过滤器，经由静压箱进入高效过滤器过滤，将过滤后的空气以垂直或水平气流的状态送出，使操作区域达到百级洁净度，保证生产对环境洁净度的要求。超净工作台根据气流的方向分为垂直流超净工作台（Vertical Flow Clean Bench）和水平流超净工作台（Horizontal Flow Clean Bench），根据操作结构分为单边操作及双边操作两种形式，按其用途又可分为普通超净工作台和生物（医药）超净工作台。

图 2 - 20　超净工作台

超净工作台使用时需用 70% 乙醇擦拭台面，并用紫外灯照射杀菌 30min，杀菌结束后打开风机，待风机工作 10min 后气流平稳时，实验人员可开始实验操作。超净台使用时需注意定期检查过滤系统，发现过滤系统污染应及时更换，避免影响实验结果。另外，台内不可摆放过多物品，以免影响气流稳定，造成局部涡流，加大污染几率。

十一、生物安全柜（Biosafety Cabinet）

超净工作台能够保护在工作台内操作的试剂等不受污染，而如果操作对人体有危害的试剂、病原菌等，则需要在生物安全柜中进行，与超净工作台不同，生物安全柜是负压系统，能有效保护工作人员。

生物安全柜可分为一级、二级和三级三大类以满足不同的生物研究和防疫要求。

一级生物安全柜可保护工作人员和环境而不保护样品。气流原理和实验室通风橱一样，不同之处在于排气口安装有 HEPA 过滤器。由于不能对试验品或产品提供保护，目前已较少使用。

二级生物安全柜是目前应用最为广泛的柜型。Ⅱ级生物安全柜的一个独特之处在于经过 HEPA 过滤器过滤的垂直层流气流从安全柜顶部吹下，被称作"下沉气流"。下沉气流不断吹过安全柜工作区域，以保护柜中的试验品不被外界尘埃或细菌污染。

按照 NSF49 的中的规定，二级生物安全柜依照入口气流风速、排气方式和循环方式可分为 4 个级别：A1 型，A2 型（原 B3 型），B1 型和 B2 型。所有的二级生物安全柜都可提供工作人员、环境和产品的保护。

A1 型安全柜前窗气流速度最小量或测量平均值应至少为 0.38m/s。70% 气体通过 HEPA 过滤器再循环至工作区，30% 的气体通过排气口过滤排除。A2 型安全柜前窗气流速度最小量或测量平均值应至少为 0.5m/s。70% 气体通过 HEPA 过滤器再循环至工作区，30% 的气体通过排气口过滤排除。A2 型安全柜的负压环绕污染区域的设计，阻止了柜内物质的泄漏。

二级 B 型生物安全柜均为连接排气系统的安全柜（图 2 - 21）。连接安全柜排气导管的风机连接紧急供应电源，目的在断电下仍可保持安全柜负压，以免危险气体泄漏入实验室。其前窗气流速度最小量或测量平均值应至少为 0.5m/s（100fpm）。B1 型 70% 气体通过排气口 HEPA 过滤器排出，30% 的气体通过供气口 HEPA 过滤器再循环至工作区。B2 型为 100% 全排型安全柜，无内部循环气流，可同时提供生物性和化学性的安全控制。

三级生物安全柜是为 4 级实验室生物安全等级而设计的，是目前世界上最高安全防护等级的安全柜。柜体完全气密，100% 全排放式，所有气体不参与循环，工作人员通过连接在柜体的手套进行操作，俗称手套箱（Golve box），试验品通过双门的传递箱进出安全柜以确保不受污染，适用于高风险的生物试验。

图 2 - 21 二级 B 型生物安全柜

十二、纯水仪

实验室纯水仪是实验室检验、检疫用纯水的制取装置。根据任务及要求的不同，对水的纯度要求也不同，可分为"纯水"和"超纯水"。超纯水是指将水通过数次高性能的离子交换树脂处理后再经过微孔滤膜过滤，所得水的电导率可达 $18M\Omega/cm^2$，与理论纯水的 $18.3M\Omega/cm^2$ 很接近，故称为超纯水。美国 Millipore 公司的 Milli-Q 超纯水仪以蒸馏水为供水（部分大型的纯水系统可以自来水为供水），经过交换树脂柱和活性炭柱，可以吸附有机物并去除无机离子，出水终端再以数十层 $0.22\mu m$ 孔径的滤膜过滤除菌。这种高质量的超纯水可用于分子克隆、DNA 测序、细胞培养等各种精密实验。

实验室用纯水仪可用蒸馏水或自来水直接制取超纯水，且运行周期长，不必频繁维护及更换各种备件，运行极其安静，但操作不当会减少仪器寿命。

十三、灭菌设备

在生物技术制药中，微生物接种、培养、核酸提取等许多工作都需要对器具进行消毒灭菌，避免微生物污染。依据灭菌对象及要求不同，可采用的灭菌方式有很多，生物技术实验室最为常用的灭菌方式是高压蒸汽灭菌法（即俗称的湿热灭菌）和干燥热空气灭菌法（即俗称的干热灭菌）。湿热灭菌需要利用高压蒸汽灭菌器实现，而干热灭菌则需将待灭菌物品放入干燥箱中进行。

1. 高压蒸汽灭菌器 (autoclave)

高压蒸汽灭菌器 (autoclave) 即俗称的灭菌锅，是利用饱和压力蒸汽对物品进行迅速而可靠的消毒灭菌，也是实现湿热灭菌的主要设备。在生物技术制药实验中广泛用于培养基、培养皿、离心管、移液器吸头等的灭菌。湿热灭菌的基本原理是：在密闭的蒸锅内，其中的蒸汽不能外溢，压力不断上升，使水的沸点不断提高，从而锅内温度也随之增加。在 0.1MPa 的压力下，锅内温度达 121℃。在此蒸汽温度下，可以很快杀死各种细菌及其高度耐热的孢子，实现彻底灭菌。

实验室所用高压蒸汽灭菌器按照样式及大小分可为手提式高压灭菌器、立式压力蒸汽灭菌器、卧式高压蒸汽灭菌器等 (图 2-22)。手提式高压灭菌器分为 18L、24L、30L；立式高压蒸汽灭菌器从 30~200L 的都有，每个同样容积的还可分为手轮型、翻盖型、智能型。另外，还有大型卧式的高压灭菌锅。

图 2-22 高压蒸汽灭菌器 (左：手提式；右：全自动立式)

由于灭菌器内为高压水蒸气，操作不当极易造成危险，因此需严格按照说明书标准进行操作。现以手提式蒸汽灭菌锅使用为例，简要介绍一下高压蒸汽灭菌器的使用方法。

（1）手提式蒸汽灭菌器的使用方法。

①首先将内层灭菌桶取出，再向外层锅内加入适量的水，使水面超过加热圈，并稍低于三角搁架为宜。

②将灭菌桶放回灭菌器内，并装入待灭菌物品。注意不要装得太挤，以免妨碍蒸汽流通而影响灭菌效果。三角烧瓶与试管口端均不要与桶壁接触，以免冷凝水淋湿包口的纸而透入棉塞。

③加盖，并将盖上的排气软管插入内层灭菌桶的排气槽内。再以两两对称的方式同时旋紧相对的两个螺栓，使螺栓松紧一致，勿使漏气。

④接通电源，并同时打开排气阀，通过电热圈加热使水沸腾，并逐渐排出锅内的冷空气。待冷空气完全排尽后，关上排气阀，让锅内的温度随蒸汽压力增加而逐渐上升。当锅内压力升到所需压力时，控制热源，维持压力，至所需时间。通常灭菌条件为 121℃，20min 灭菌。

⑤灭菌结束后，切断电源，让灭菌锅内温度自然下降，当压力表的压力降至 0 时，打开排气阀，旋松螺栓，打开盖子，取出灭菌物品。如果压力未降到 0 时，打开排气阀，就会因锅内压力突然下降，使容器内的培养基由于内外压力不平衡而冲出烧瓶口或试管口，造成棉塞沾染培养基而发生污染。

⑥将取出的灭菌培养基放入 37℃ 温箱培养 24h，经检查若无杂菌生长，即可使用。

（2）高压蒸汽灭菌器使用的注意事项。

完全排出锅内空气，使锅内全部是水蒸气，灭菌才能彻底。高压灭菌放气有几种不同的做法，但目的都是要排净空气，使锅内均匀升温，保证灭菌彻底。常用方法是：关闭放气阀，通电后，待压力上升到 0.05MPa 时，打开放气阀，放出空气，待压力表指针归零后，再关闭放气阀。关阀再通电后，压力表上升达到 0.1MPa 时，开始计时，维持压力 0.1 ~ 0.15MPa 20min。

到达保压时间后，即可切断电源，在压力降到 0.5MPa，可缓慢放出蒸气，应注意不要使压力降低太快，以致引起激烈的减压沸腾，使容器中的液体四溢。当压力降到零后，才能开盖，取出培养基，摆在平台上，以待冷凝。不可久不放气，引起培养基成分变化，以致培养基无法摆斜面。一旦放置过久，由于锅炉内有负压，盖子打不开，只要将放气阀打开，大气压入，内外压力平衡，盖子便易打开了。

对高压灭菌后不变质的物品，如无菌水、栽培介质、接种用具，可以延长灭菌时间或提高压力。而培养基要严格遵守保压时间，既要保压彻底，又要防止培养基中的成分变质或效力降低，不能随意延长时间。

2. 干燥箱（Ovens）

干燥箱又名"烘箱"，分为鼓风干燥和真空干燥两种，鼓风干燥就是通过循环风机吹出热风，保证箱内温度平衡，真空干燥是采用真空泵将箱内的空气抽出，让箱内大气压低于常压（图 2 – 23）。干燥箱是一种常用的仪器设备，主要用来干燥样品，也可以提供干热灭菌所需的高温环境用以灭菌。由于空气对微生物孢子的穿透效果不如水蒸气，因此，干热灭菌的温度与时间均比湿热灭菌要高，一般需 160℃ 灭菌 2h，某些实验需更高条件。

图 2 – 23　干燥箱

干燥箱使用的注意事项如下。

①干燥箱消耗的电流比较大，因此，它所用的电源线、闸刀开关、保险丝、插头、插座等都必须有足够的容量。为了安全，箱壳应接好地线。

②放入箱体内的物品不应过多、过挤。如果被干燥的物品比较湿润，应将排气窗开大。加热时，可开动鼓风机，以便水蒸气加速排出箱外。但不要让鼓风机长时间连续运转，要注意适当休息。

③干燥箱内下方的散热板上，不能放置物品，以免烤坏物品或引起燃烧。

④对玻璃器皿进行高温干热灭菌时，须等箱内温度降低之后，才能开门取出，以免玻璃骤然遇冷而炸裂。

⑤严禁把易燃、易爆、易挥发的物品放入箱内，以免发生事故。

十四、紫外-可见分光光度计（UV/Vis spectrophotometers）

在紫外及可见光区用于测定溶液吸光度的分析仪器称为紫外-可见分光光度计（简称分光光度计），目前，紫外-可见分光光度计的型号较多，但它们的基本构造都相似，都由光源、单色器、样品吸收池、检测器和信号显示系统五大部件组成（图 2 – 24）。

图 2 – 24　紫外-可见分光光度计

其基本原理为：由光源发出的光，经单色器获得一定波长单色光照射到样品溶液，被吸收后，经检测器将光强度变化转变为电信号变化，并经信号指示系统调制放大后，显示或打印出吸光度 A（或透射比τ），完成测定。

紫外-可见分光光度计的构件

1. 光源

光源的作用是供给符合要求的入射光。分光光度计对光源的要求是：在使用波长范围内提供连续的光谱，光强应足够大，有良好的稳定性，使用寿命长。实际应用的光源一般分为紫外光光源和可见光光源。

（1）可见光光源：钨丝灯是最常用的可见光光源，它可发射波长为 325 ~ 2 500nm 范围的连续光谱，其中最适宜的使用范围为 320 ~ 1 000nm，除用作可见光源外，还可用作近红外光源。为了保证钨丝灯发光强度稳定，需要采用稳压电源供电，也可用 12V 直流电源供电。

（2）紫外光光源：紫外光光源多为气体放电光源，如氢、氘、氙放电灯等。其中应用最多的是氢灯及其同位素氘灯，其使用波长范围为 185 ~ 375nm。为了保证发光强度稳定，也要用稳压电源供电。氘灯的光谱分布与氢灯相同，但光强比同功率氢灯要大 3 ~ 5 倍，寿命比氢灯长。

2. 单色器

单色器的作用是把光源发出的连续光谱分解成单色光，并能准确方便地"取出"所需要的某一波长的光，它是分光光度计的心脏部分。单色器主要由狭缝、色散元件和透镜系统组成。其中色散元件是关键部件，色散元件是棱镜和反射光栅或两者的组合，它能将连续光谱色散成为单色光。狭缝和透镜系统主要是用来控制光的方向，调节光的强度和"取出"所需要的单色光，狭缝对单色器的分辨率起重要作用，它对单色光的纯度在一定范围内起着调节作用。

3. 吸收池

吸收池又叫比色皿，是用于盛放待测液和决定透光液层厚度的器件。吸收池一般为长方体（也有圆鼓形或其他形状，但长方体最普遍），其底及二侧为毛玻璃，另两面为光学透光面。根据光学透光面的材质,吸收池有玻璃吸收池和石英吸收池两种。玻璃吸收池用于可见光光区测定。若在紫外光区测定,则必须使用石英吸收池。

4. 检测器

检测器又称接受器,其作用是对透过吸收池的光作出响应,并把它转变成电信号输出,其输出电信号大小与透过光的强度成正比。常用的检测器有光电池、光电管及光电倍增管等,它们都是基于光电效应原理制成的。

5. 信号显示器

由检测器产生的电信号,经放大等处理后,用一定方式显示出来,以便于计算和记录。

目前,随着科技的不断进步,紫外-可见分光光度计产品也在持续的发展。例如,在光源中,用光发射二极管、钨卤灯或氙灯代替钨灯,不仅光强度增大,使用寿命增长,且响应波长范围扩宽;吸收池的大小也有不同规格,特别是针对于样品量有限或高度浓缩的溶液,几十微升甚至是几微升的超微量上样方式也已被各大公司的高端微量分光光度计所采用;另外,硅光二极管阵列、光敏硅片、电荷耦合器件等也已被应用于检测器中,使检测器能够实现在全波长同时记录吸光度。

十五、热循环仪 (thermal cycler, thermocycler)

热循环仪(即我们常说的 PCR 仪 PCR machine,也称基因扩增仪 DNA amplifier)是一类能够精确控温和快速变温的设备,适用于运行聚合酶链式反应(PCR)。通过 PCR 反应可获得特定 DNA 的数十亿份拷贝,用于包括克隆、测序、表达分析和基因分型鉴定在内的一系列下游操作。根据 DNA 扩增的目的和检测的标准,可以将 PCR 仪分为普通 PCR 仪,梯度 PCR 仪,原位 PCR 仪,实时荧光定量 PCR 仪四类(图 2-25)。

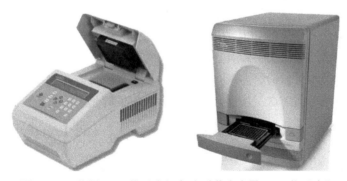

图 2-25 普通 PCR 仪(左)与实时荧光定量 PCR 仪(右)

1. 普通的 PCR 仪

把一次 PCR 扩增只能运行一个特定退火温度的 PCR 仪,叫传统的 PCR 仪,也叫普通 PCR 仪。如果要做不同的退火温度需要多次运行。主要是做简单的,对目的基因退火温度的扩增。该仪器主要应用于科学研究、教学、医学临床、检验检疫等领域。

2. 梯度 PCR 仪

梯度 PCR 仪是由普通 PCR 仪衍生出的带梯度 PCR 功能的基因扩增仪。PCR 反应能否成功，退火温度是关键，梯度 PCR 仪每个孔的温度可以在指定范围内按照梯度设置，根据结果，一步就可以摸索出最适反应条件。一次性 PCR 扩增可以设置一系列不同的退火温度条件（通常 12 种温度梯度）的称之为梯度 PCR 仪。因为被扩增的不同的 DNA 片段其最适合的退火温度不同，通过设置一系列的梯度退火温度进行扩增，从而一次性 PCR 扩增就可以筛选出表达量高的最适合退火温度进行有效的扩增。主要用于研究未知 DNA 退火温度的扩增，这样可节省试验时间、提高试验效率，又节约试验成本。在不设置梯度的情况下亦可当做普通的 PCR 用。

3. 原位 PCR 仪

用于从细胞内靶 DNA 的定位分析的细胞内基因扩增仪，如病原基因在细胞的位置或目的基因在细胞内的作用位置等。是保持细胞或组织的完整性，使 PCR 反应体系渗透到组织和细胞中，在细胞的靶 DNA 所在的位置上进行基因扩增，不但可以检测到靶 DNA，又能标出靶序列在细胞内的位置，于分子和细胞水平上研究疾病的发病机理和临床过程及病理的转变有重大的实用价值。

原位 PCR 反应是在载玻片的平面上进行，保持水平可以使反应各组分均匀地分布在组织切片上，所以须在原位 PCR 仪上进行，该仪器不但可以使载玻片保持水平，而且还可以给载玻片进行均匀地加热，保证扩增反应的顺利进行。

4. 实时荧光定量 PCR 仪

在普通 PCR 仪的基础上增加一个荧光信号采集系统和计算机分析处理系统，就成了荧光定量 PCR 仪。其 PCR 扩增原理和普通 PCR 仪扩增原理相同，只是 PCR 扩增时加入的引物是利用同位素、荧光素等进行标记，使用引物和荧光探针同时与模板特异性结合扩增。扩增的结果通过荧光信号采集系统实时采集信号连接输送到计算机分析处理系统得出量化的实时结果输出。把这种 PCR 仪叫做实时荧光定量 PCR 仪。荧光定量 PCR 仪有单通道，双通道和多通道。当只用一种荧光探针标记的时候，选用单通道，有多荧光标记的时候用多通道。单通道也可以检测多荧光的标记的目的基因表达产物，因为一次只能检测一种目的基因的扩增量，需多次扩增才能检测完不同的目的基因片段的量。

十六、电泳仪（electrophoresis apparatus，Gel Electrophoresis Equipment）

电泳是指带电颗粒在电场作用下，向着与其电性相反的电极移动的现象，利用带电粒子在电场中移动速度不同而使各带电粒子分离的方法称为电泳技术。电泳技术已称为分离生物大分子最常用的手段之一，也是核酸与蛋白质最重要的基本检测与分离方法。电泳技术的实施，离不开功能各异的电泳系统。目前，生物技术实验室中常用的电泳系统主要分为水平电泳系统、垂直电泳系统和双向电泳系统。

1. 水平电泳系统

水平电泳系统主要由水平电泳仪和直流稳压电源组成（图 2 – 26）。水平电泳仪包括水平电泳槽、电泳槽盖、胶床和梳子四部分。电泳槽内部两端分别含有铂金电极用以连接外部直流电源，电泳槽中部安放胶床，胶床下方通常都含有一独立封闭的空间用以连接外部冷凝循环水。进行电泳实验时，将琼脂糖凝胶连同胶床一起放入电泳槽中，倒入电泳缓冲液使其没过凝胶，用微量移液器向加样孔中加入样品，盖上电泳槽盖，接通电源即可进行电泳。另外，多数品牌的电泳槽还提供与胶床和梳子配套的制胶盒，方便试验人员进行凝胶的配制。

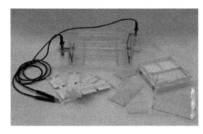

图 2－26　水平电泳系统（左图：电泳槽；右图：电源）

2. 垂直电泳系统

垂直电泳系统主要由垂直电泳仪和电源组成（图 2－27）。垂直电泳仪包括垂直电泳槽、制胶用玻璃板、隔条、梳子、夹子和直流稳压电源。制胶时，利用制胶夹夹住制胶玻璃板构成严密的制胶床，随后根据所需凝胶浓度计胶床容积配制胶溶液，缓慢注入制胶床中，插入梳齿板，待凝胶冷却凝固后，取出梳齿板，加样，随后将凝胶连同制胶玻璃板一同放入垂直电泳槽中，盖上电泳槽盖，接通电源即可进行电泳。

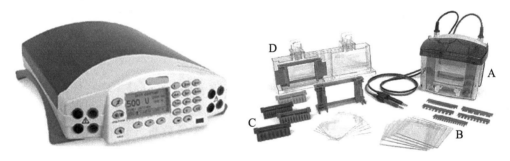

图 2－27　垂直电泳系统

3. 双向电泳系统

双向电泳系统主要用来进行蛋白质组的电泳分离与分析（图 2－28），主要包括两个电泳系统，第一向是固相 pH 梯度胶条电泳系统用以进行等电聚焦电泳，第二向是垂直电泳系统用以进行 SDS－聚丙烯酰胺凝胶电泳。第一向依据蛋白质所带电荷不同，用等电聚焦技术分离蛋白质，第二向则根据蛋白质分子量大小的差别，通过蛋白质与 SDS 形成复合物后，在聚丙烯酰胺凝胶电泳中迁移速率不同达到分离蛋白质的目的。

新近兴起的荧光染色技术使双向电泳的组间差异大大减小，提高了检测的灵敏度与试验的可重复性。

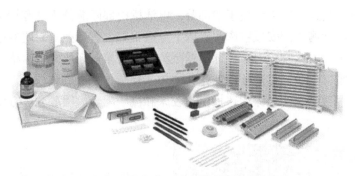

图 2 - 28   双向电泳系统中等电聚焦电泳设备

十七、凝胶成像系统

凝胶成像即对 DNA/RNA/蛋白质等凝胶电泳不同染色（如 EB、考马斯亮蓝、银染、sybr green）及微孔板、平皿等非化学发光成像检测分析。凝胶成像系统可以应用于分子量计算，密度扫描，密度定量，PCR 定量等生物工程常规研究（图 2 - 29）。

图 2 - 29   凝胶成像系统

凝胶成像的基本原理：样品在电泳凝胶或者其他载体上的迁移率不一样，以标准品或者其他的替代标准品相比较就会对未知样品作一个定性分析。这个就是图像分析系统定性的基础。根据未知样品在图谱中的位置可以对其作定性分析，就可以确定它的成分和性质。

样品对投射或者反射光有部分的吸收，从而照相所得到的图像上面的样品条带的光密度就会有差异。光密度与样品的浓度或者质量呈线性关系。根据未知样品的光密度，通过于已知浓度的样品条带的光密度指相比较就可以得到未知样品的浓度或者质量。这就是图像分析系统定量的基础。采用最新技术的紫外透射光源和白光透射光源使光的分布更加均匀，最大限度的消除了光密度不均造成对结果的影响。

总体上来说，凝胶成像系统可以用于蛋白质、核酸、多肽、氨基酸、多聚氨基酸等其他生物分子的分离纯化结果作定性分析。

凝胶成像系统的种类

（1）普通凝胶成像分析系统：可以对蛋白电泳凝胶，DNA 凝胶样品进行图像采集并进行定性和定量分析，样品包括：EB、SYBR Green、SYBR Gold、Texas Red、GelStar、

Flouroscecin、Radiant Red 等染色的核酸监测；以及 Coomassie Blue、SYPRO Orange、各种染色的蛋白质凝胶，如考染等（或 UV，EB 和有色及可见样品成像）。

（2）化学发光成像分析系统：成像范围涵盖 UV，EB，化学发光、紫外-荧光、有色及可见样品成像。

（3）多色荧光成像分析系统：成像范围涵盖 UV，EB，化学发光、多色荧光荧光、有色及可见样品成像。

（4）多功能活体成像分析系统：UV、EB、化学发光、多色荧光荧光、有色及可见样品成像和离体组织、小型动物及大型动物。

十八、流式细胞仪（Flow cytometers，Flow Cytometry Instruments）

流式细胞仪（Flow cytometry）是对细胞进行自动分析和分选的装置（图 2 - 30）。它可以快速测量、存贮、显示悬浮在液体中的分散细胞的一系列重要的生物物理、生物化学方面的特征参量，并可以根据预选的参量范围把指定的细胞亚群从中分选出来。多数流式细胞计是一种零分辨率的仪器，它只能测量一个细胞的诸如总核酸量，总蛋白量等指标，而不能鉴别和测出某一特定部位的核酸或蛋白的多少。也就是说，它的细节分辨率为零。

图 2 - 30　流式细胞仪

流式细胞仪目前已广泛地应用于分析细胞表面标志、分析细胞内抗原物质、分析细胞受体、分析肿瘤细胞的 DNA、RNA 含量、分析免疫细胞的功能等众多生物医药研究领域。

1. 基本结构

流式细胞仪主要由四部分组成。它们是：流动室和液流系统、激光源和光学系统、光电管和检测系统、计算机和分析系统。

（1）流动室和液流系统：流动室由样品管、鞘液管和喷嘴等组成，常用光学玻璃、石英等透明、稳定的材料制作。样品管贮放样品，单个细胞悬液在液流压力作用下从样品管射出；鞘液由鞘液管从四周流向喷孔，包围在样品外周后从喷嘴射出。由于鞘液的作用，被检测细胞被限制在液流的轴线上。

（2）激光源和光学系统：经特异荧光染色的细胞需要合适的光源照射激发才能发出荧光供收集检测。常用的光源有弧光灯和激光；激光器又以氩离子激光器为普遍，也有配合氪离子激光器或染料激光器。汞灯是最常用的弧光灯，其发射光谱大部分集中于 300 ~ 400nm，很适合需要用紫外光激发的场合。氩离子激光器的发射光谱中，绿光 514nm 和蓝光 488nm 的谱线最强，约占总光强的 80%；氪离子激光器光谱多集中在可见光部分，以 647nm 较强。免疫学上使用的一些荧光染料激发光波长在 550nm 以上，可使用染料激光器。

（3）光电管和检测系统：经荧光染色的细胞受合适的光激发后所产生的荧光是通过光

电转换器转变成电信号而进行测量的。光电倍增管（PMT）最为常用。PMT 的响应时间短，仅为 ns 数量级；光谱响应特性好，在 200～900nm 的光谱区，光量子产额都比较高。光电倍增管的增益从 10 到 10 可连续调节，因此对弱光测量十分有利。

从 PMT 输出的电信号仍然较弱，需要经过放大后才能输入分析仪器。流式细胞计中一般备有两类放大器。一类是输出信号幅度与输入信号呈线性关系，称为线性放大器。另一类是对数放大器，输出信号和输入信号之间呈常用对数关系。

（4）计算机和分析系统：经放大后的电信号被送往计算机分析器。计算机的存储容量较大，可存储同一细胞的 6～8 个参数。存储于计算机内的数据可以在实测后脱机重现，进行数据处理和分析，最后给出结果。除上述四个主要部分外，还备有电源及压缩气体等附加装置。

2. 工作原理

下面分别简要介绍流式细胞仪有关的参数测量、样品分选及数据处理等工作原理。

（1）参数测量原理：流式细胞仪可同时进行多参数测量，信息主要来自特异性荧光信号及非荧光散射信号。测量是在测量区进行的，所谓测量区就是照射激光束和喷出喷孔的液流束垂直相交点。液流中央的单个细胞通过测量区时，受到激光照射会向立体角为 2π 的整个空间散射光线，散射光的波长和入射光的波长相同。散射光的强度及其空间分布与细胞的大小、形态、质膜和细胞内部结构密切相关，因为这些生物学参数又和细胞对光线的反射、折射等光学特性有关。未遭受任何损坏的细胞对光线都具有特征性的散射，因此，可利用不同的散射光信号对不经染色活细胞进行分析和分选。经过固定的和染色处理的细胞由于光学性质的改变，其散射光信号当然不同于活细胞。散射光不仅与作为散射中心的细胞的参数相关，还跟散射角及收集散射光线的立体角等非生物因素有关。

（2）样品分选原理：流式细胞仪的分选功能是由细胞分选器来完成的。总的过程是：由喷嘴射出的液柱被分割成一连串的小水滴，根据选定的某个参数由逻辑电路判明是否将被分选，而后由充电电路对选定细胞液滴充电，带电液滴携带细胞通过静电场而发生偏转，落入收集器中；其他液体被当作废液抽吸掉，某些类型的仪器也有采用捕获管来进行分选的。

（3）数据处理原理：FCM 的数据处理主要包括数据的显示和分析，至于对仪器给出的结果如何解释则随所要解决的具体问题而定。

①数据显示：FCM 的数据显示方式包括单参数直方图、二维点图、二维等高图、假三维图和列表模式等（图 2-31）。

直方图是一维数据用作最多的图形显示形式，既可用于定性分析，又可用于定量分析，形同一般 X-Y 平面描图仪给出的曲线。

二维点图能够显示两个独立参数与细胞相对数之间的关系。坐标和坐标分别为与细胞有关的两个独立参数，平面上每一个点表示同时具有相应坐标值的细胞存在。

二维等高图类似于地图上的等高线表示法。它是为了克服二维点图的不足而设置的显

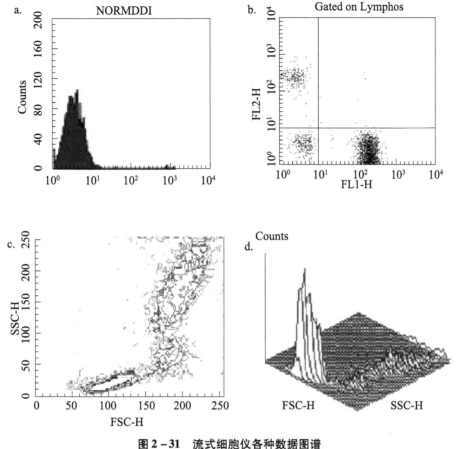

图 2 - 31　流式细胞仪各种数据图谱

a. 直方图；b. 二维点图；c. 二维等高图；c. 假三维图

示方法。等高图上每一条连续曲线上具有相同的细胞相对或绝对数，即"等高"。

假三维图是利用计算机技术对二维等高图的一种视觉直观的表现方法。它把原二维图中的隐坐标—细胞数同时显现，但参数维图可以通过旋转、倾斜等操作，以便多方位的观察"山峰"和"谷地"的结构和细节，这无疑是有助于对数据进行分析的。

②数据分析：数据分析的方法总的可分为参数方法和非参数方法两大类。当被检测的生物学系统能够用某种数学模型技术时则多使用参数方法。而非参数分析法对测量得到的分布形状不需要做任何假设，即采用无设定参数分析法。分析程序可以很简单，只需要直观观测频数分布；也可能很复杂，要对两个或多个直方图逐道地进行比较。

十九、超声细胞破碎仪（cell disrupter，ultrasonic cell disrupter，ultrasonic homogenizer）

超声波细胞破碎仪就是将电能通过换能器转换为声能，这种能量通过液体介质而变成一个个密集的小气泡，这些小气泡迅速炸裂，产生的像小炸弹一样的能量，从而起到破碎细胞等物质的作用（图 2 - 32）。

1. 基本原理

超声波细胞破碎仪的原理。简单来说，就是将电能通过换能器转换为声能，这种能量通过液体介质而变成一个个密集的小气泡，这些小气泡迅速炸裂，产生的像小炸弹一样的能量，从而起到破碎细胞等物质的作用。

图 2 - 32　超声波破碎仪

超声波是物质介质中的一种弹性机械波，它是一种波动形式，因此，它可以用于探测人体的生理及病理信息，即诊断超声。同时，它又是一种能量形式，当达到一定剂量的超声在生物体内传播时，通过它们之间的相互作用，能引起生物体的功能和结构发生变化，即超声生物效应。超声对细胞的作用主要有热效应，空化效应和机械效应。热效应是当超声在介质中传播时，摩擦力阻碍了由超声引起的分子震动，使部分能量转化为局部高温（42 ~ 43℃），因为正常组织的临界致死温度为 45.7℃，而肿瘤组织比正常组织敏感性高，故在此温度下肿瘤细胞的代谢发生障碍，DNA、RNA、蛋白质合成受到影响，从而杀伤癌细胞而正常组织不受影响。空化效应是在超声照射下，生物体内形成空泡，随着空泡震动和其猛烈的聚爆而产生出机械剪切压力和动荡，使肿瘤出血、组织瓦解以致坏死。另外，空化泡破裂时产生瞬时高温（约 5 000℃）、高压（可达 5.00×10^6 Pa），可使水蒸气热解离产生·OH 自由基和·H 原子，由·OH 自由基和·H 原子引起的氧化还原反应可导致多聚物降解、酶失活、脂质过氧化和细胞杀伤。机械效应是超声的原发效应，超声波在传播过程中介质质点交替地压缩与伸张构成了压力变化，引起细胞结构损伤。杀伤作用的强弱与超声的频率和强度密切相关。

2. 主要用途

超声波细胞破碎仪具有破碎组织、细菌、病毒、孢子及其他细胞结构，匀质、乳化、混合、脱气、崩解和分散、浸出和提取、加速反应等功能，故广泛应用于生物、医学、化学、制药、食品、化妆品、环保等实验室研究及企业生产。

二十、制冰机（ice maker，ice generator，ice machine）

制冰机采用制冷系统，以水为载体，在通电状态下通过某一设备后，制造出冰的设备叫制冰机（图 2 - 33）。制冰机是一种将水通过蒸发器由制冷系统制冷剂冷却后生成冰的制冷机械设备。根据蒸发器的原理和生产方式的不同，生成的冰块形状也不同，人们一般根据冰的形状将制冰机分为颗粒冰机、片冰机、板冰机、管冰机、壳冰机等。

图 2 - 33　制冰机

二十一、液氮罐

某些实验材料，如细胞株、菌株、组织标本及纯化的样品等要求速冻，并长期在低温条件下保存。液氮的温度为－196℃，且成本低容易获得，是实验室维持低温条件所必备的。液氮需要贮存在专用的液氮罐中，罐壁为双层结构，中间为真空层，内有盛装标本用的多层隔板，便于标本的取放。

实验室用于液氮存储及样品保存时所采用的液氮罐，通常是容积为35～50L的中等容量的液氮罐。但有时要到其他实验室或手术室获得实验材，故通常还需配备容积为10L的小型罐以便于携带（图2－34）。

二十二、冰箱（Refrigerator）

冰箱是实验室中最为重要的制冷设备，能够保证试剂、培养基、组织样品等的低温保存环境。实验室所用冰箱主要分为普通的家用冰箱与低温冰箱两大类。普通家用冰箱即我们日常家庭所用的冰箱，用来实现对试剂等的4℃冷藏保存及－20℃的冷冻保存；低温冰箱则是一类能够实现更低温度制冷的冷冻设备，按照最低制冷温度又可分为－40℃、－80℃、－110℃等多种类型，最为常用的是－80℃或－86℃冰箱（图2－35）。

二十三、真空离心浓缩仪（vacuum concentrators，Centrifugal evaporator）

真空离心浓缩仪综合利用离心力、加热和外接真空泵提供的真空作用来进行溶剂蒸发，可同时处理多个样品而不会导致交叉污染（图2－36）。冷阱能有效捕捉大部分对真空泵有损害的溶剂蒸气，对高真空油泵提供有效的保护。真空泵使系统处于真空状态，降低溶剂的沸点，加快溶剂的蒸发速率。

图2－34　液氮罐　　　　图2－35　－80℃冰箱　　　　图2－36　真空离心浓缩仪

一个完整的离心浓缩系统由：真空离心浓缩仪、浓缩仪转子、冷阱、真空泵、冷凝瓶等部分组成。

真空离心浓缩仪广泛应用于DNA/RNA、核苷、蛋白、药物、代谢物、酶或类似样品的浓缩合成物的溶剂去除，具有浓缩效率高，样品活性留存高的特点。

二十四、基因枪

基因枪技术是一种全新的基因导入技术，其工作原理是将 DNA 包被在钨粉或金粉颗粒表面，在高压冲击下，将加速的粒子穿透细胞壁。DNA 随着粒子进入细胞内，实现遗传的目的，最早在植物中得到应用，现也用于动物细胞，手提基因枪还可直接打入动植物活体。基因枪技术是目前国际上最先进的基因导入技术。

基因枪技术又被称为生物弹道技术或微粒轰击技术，其基本原理就是采用一种微粒加速装置，使裹着外源基因的微米级的金或钨（它们比重大，而且化学物质都很稳定）颗粒获得足够的动量打入靶细胞或组织。

二十五、新一代高通量测序技术

新一代测序技术，是相应于以 Sanger 测序法为代表的第一代测序技术而得名。第二代测序中 3 种主流测序技术分别为依次出现的 Roche/454 焦磷酸测序（2005 年）、Illumina/Solexa 聚合酶合成测序（2006 年）和 ABI/SOLiD 连接酶测序（2007 年）技术。与 Sanger 测序相比，3 种新一代测序技术共有的突出特征是，单次运行（run）产出序列数据量大，故而又被通称为高通量测序技术。

当前，新一代测序技术平台的市场主要被 Roche、Illumina 和 ABI 三家公司所垄断。

1. Roche /454

454 生命科学公司是新一代测序技术的奠基者，开创了边合成边测序（SBS）的先例。454 测序技术的原理是将单链 DNA 文库固定于专门设计的 DNA 捕获磁珠上，不同的磁珠固定不同的单链 DNA 片段，随后经过乳液 PCR 扩增形成单分子多拷贝的分子簇，将磁珠从乳液体系里释放出来以后放入板上只能容纳单个磁珠的小孔中，然后利用焦磷酸测序的基本原理对每个小孔中的 DNA 片段分子进行准确快速的碱基序列测定。该技术平台最主要的优点就是测序读长较长，目前可以准确进行 400 个以上的碱基序列分析。

2. ABI /SOLID

SOLID 以连接反应取代传统的聚合酶延伸反应。连接反应的底物是 8 bp 的探针，探针的 5′端标记有荧光，3′端 1～2 位碱基对与 5′端荧光信号的颜色对应，由于 2 个碱基有 16 种组成情况，而只有 4 色荧光，因此，每色荧光对应 4 种碱基组成。1 次 SOLID 测序共有 5 轮，每轮测序又由多个连接反应组成。第 1 轮的第 1 次连接反应将掺入 1 条探针，测序仪记录下反映该条探针 3′端 1～2 位碱基信息的荧光信号，随后除去 6～8 位碱基及荧光基团，这样实际上连接了 5 个碱基，并获得 1～2 位的颜色信息。以此类推，第 2 次连接反应得到 6～7 位的颜色信息，第 3 次连接反应得到 11～12 位的颜色信息……多次连接后，开始第 2 轮测序。由于第 2 轮测序的引物比第 1 轮前移 1 位，这轮测序将得到 0～1 位、5～6 位、10～11 位的颜色信息，5 轮测序过后，就可得到所有位置的颜色信息，并推断出相应的碱基序列。

3. Illumina /Solexa

Solexa 测序的基本原理是：首先将基因组 DNA 进行片段化处理，回收片段 DNA（100～

200bp）进行通用接头的链接，再将其处理成为单链状态，然后通过与芯片表面的单链引物碱基互补而被固定于芯片上，另一端随机与附近的另一引物进行互补，形成"桥"，利用这种方式进行 30 个左右循环的扩增后，每个分子会放大 1 000 倍以上，也变成单克隆 DNA 簇。在后续的测序反应中，4 种荧光标记的染料边合成边测序，每个循环中荧光标记的 dNTP 是可逆终止子，只允许掺入单个碱基，主要就是因为 3′羟基末端有可被识别的切割位置，在合成的过程中每个碱基的引入都会并行释放出焦磷酸盐，而且能够作为能量提供给生物的发光蛋白而发光，不同碱基用不同荧光标记就可以激发出不同波段的荧光，统计每轮反应收集到的荧光信号就可以得知每个模板 DNA 片段的序列。

（刘博）

第三章　显微观察技术

显微观察技术是指利用显微镜对肉眼无法看到的微小物体（如动植物细胞、微生物等）进行观察、研究的技术手段，是生物学研究的基础手段之一。显微镜按照光源可分为光学显微镜（Light microscope）和电子显微镜（Electron microscope）两种类型。前者又包括普通光学显微镜、相差显微镜、倒置显微镜、荧光显微镜、激光共聚焦显微镜等；而生物技术研究中常用的电子显微镜主要有透射电子显微镜、扫描电子显微镜。下面将对几种常见显微镜的基本原理及使用方法进行介绍。

一、普通光学显微镜（Optical microscope，Light microscope）

1. 基本构造

普通光学显微镜由机械装置和光学系统两大部分组成，其结构如图3-1所示。机械装置包括镜座、镜臂、镜筒、物镜转换器、载物台与调焦装置；光学系统则包括目镜、物镜、聚光器、光源等。

（1）机械装置。

①镜座和镜臂。镜座与镜臂是显微镜的基本骨架，起稳固与支撑显微镜的作用。镜座位于显微镜的底部，支持全镜；镜臂则连接于镜座之上，用于支撑镜筒、载物台、聚光器和调节器等。取用显微镜时也应一手握住镜臂，另一手托住镜座，平稳移动，以防造成损坏。

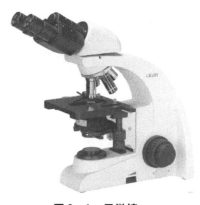

图3-1　显微镜

②镜筒。镜筒是由金属制成的圆筒，上端放置目镜，下面连接物镜转换器。镜筒有单筒和双筒两种，单筒又可分为直立式和后倾式两种。双筒则都是倾斜式的，倾斜式镜筒倾斜45°。目前，大多数显微镜都采用双筒模式，双筒中的一个目镜有屈光度调节装置，以备在两眼视力不同的情况下调节使用。两筒之间距离也可调节，以适应不同观察者依据两眼宽度调节使用。

③物镜转换器。转换器是两个金属碟所合成的一个转盘，上面有3~4个带螺纹的孔，用于安装不同规格的物镜，可使每个物镜通过镜筒与目镜构成一个放大系统。为方便使用，物镜应按照从低倍到高倍的顺序安装。旋转物镜时，必须用手按住圆盘旋转，严禁用手直接推动物镜，避免物镜与转换器之间的螺旋松脱而损坏显微镜。

④载物台。也称镜台，为方形或圆形的平台，中心有一个通光孔。载物台的作用主要是安放载玻片等被检物体。在载物台上，有金属夹用以固定载玻片，同时装有玻片移动器，将载玻片固定后，可向前后左右移动，移动器上一般带有刻度，能确定标本的位置，

便于找到变换的视野。

⑤调焦装置。调节物镜和标本间距离的机件，有粗调螺旋和细调螺旋（也称粗准焦螺旋与细准焦螺旋），利用它们使镜筒或镜台上下移动，当物体在物镜和目镜焦点上时，则可得到清晰的图像。

（2）光学系统。

①目镜。装于镜筒上端，是接近观察者的眼睛的镜头，亦称接目镜。由两块透镜组成，上面一块为接目透镜，下面一块为聚透镜，两片透镜之间有光阑。光阑的大小决定了视野的大小，光阑的边缘就是视野的边缘，因此，又称视野光阑。目镜的作用是把物镜造成的像再次放大，不增加分辨率，上面一般标有 5 ×、10 ×、16 × 等规格，可根据需要选用。由于标本正好在光阑上成像，因此，为了便于指示物像，有的目镜在光阑上装有一条黑色细丝为指针，可用来指示标本的具体部位。

②物镜。是显微镜中最重要的部件，安装在镜筒下端的转换器上，又称接物镜。其作用是将物体第一次放大，决定了显微镜的成像质量和分辨能力。根据物镜的放大倍数和使用方法的不同，通常分为低倍物镜、高倍物镜和油镜 3 种：低倍物镜有 4 ×、10 ×、20 ×；高倍物镜有 40 × 和 45 ×；油镜有 90 ×，95 × 和 100 × 等。数字越大，放大倍数越高。物镜上通常标有数值孔径、放大倍数、镜筒长度、焦距等主要参数。

③聚光器。光源射出的光线通过聚光器汇聚成光锥照射标本，增强照明度和造成适宜的光锥角度，提高物镜的分辨率。聚光器由聚光镜和可变光阑（虹彩光圈）组成：聚光镜由透镜组成，其数值孔径可大于 1，当使用大于 1 的聚光镜时，需在聚光镜和载玻片之间滴加香柏油。可变光阑由薄金属片组成，中心形成圆孔，推动把手可随意调整透进光的强弱。调节聚光镜的高度和可变光阑的大小，可得到适当的光照和清晰的图像。

④光源。早期的显微镜在聚光器下方的镜座上安装有反光镜，用以采集外源光线并将光线射向聚光器。而目前大多数显微镜则主要采用自带光源的方式，其光源通常安装在显微镜的镜座内，通过按钮开关来控制，并可利用旋钮控制光照强度，方便使用。

⑤滤光片。可见光是由各种颜色的光组成的，不同颜色的光线波长不同。当只需某一波长的光线时，就要用滤光片。选用适当的滤光片，可以提高分辨率，增加影像的反差和清晰度。滤光片有紫、青、蓝、绿、黄、橙、红等各种颜色，分别透过不同波长的可见光，可根据标本本身的颜色，在聚光器下加相应的滤光片。

2. 成像原理

普通光学显微镜的成像原理如图 3 - 2 所示。由光源发射的光线经聚光镜汇聚在被检标本上，使标本得到足够的照明，由标本（AB）反射或折射出的光线经物镜进入使光轴与水平面倾斜 45° 角的棱镜，在目镜的焦平面上，即在目镜的视场光阑处成一个放大的倒立的实像 A1B1，该实像再经目镜的接目透镜放大成一个正立虚像 A2B2 于无穷远或明视距离，以供人眼观察。所以人们看到的是虚像。

（1）显微镜的放大率。显微镜放大物体成像，首先经过物像第一次放大成像，目镜在明视距离造成第二次放大像。放大率就是最后的像和原物体的两者体积大小之比例。因此，显微镜的放大率（V）等于物镜放大率（V_1）和目镜放大率（V_2）的乘积。即 $V = V_1 \times V_2$。物体通过物镜的放大倍数 $V_1 = T/F_1$，T 为光学镜筒长（为物镜后焦点与目镜前焦

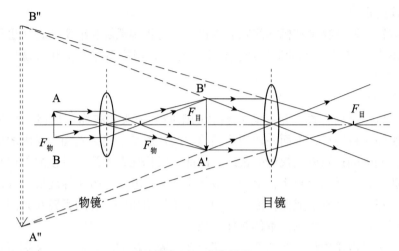

图 3 - 2 成像原理

点之间的距离），F_1 为物镜焦距。目镜的放大倍数 $V_2 = 250\text{mm}/F_2$，250mm 为明视距离，F_2 为目镜焦距。

（2）焦点深度。在显微镜下观察被检物体时，焦点与某一物体点一致时，物像最清晰。此外，还能看清楚与焦点一致的物体点上面和下面的物像，这种清晰部分的厚度称为焦点深度（简称焦深）。

（3）焦距。指平行光线经过单一透镜后集中于一点，由这一点到透镜中心的距离。一般，物镜的放大倍数越大，焦距越短。

（4）工作距离。是指观察标本最清楚时的物镜下面透镜的表面与盖片上表面之间的最短距离。物镜的放大倍数越大，工作距离越短。

（5）数值孔径。是指物镜与标本介质折射率（n）和光的最大入射角 α 正弦之积，也称为镜口率，简称 N. A，可用下式表示：

$$NA = n * \sin\ (\alpha/2)$$

式中，NA 为数值孔径；

n 为物镜与标本间介质的折射率；

α 为镜口角（即通过标本的光线延伸到物镜前透镜边缘所形成的夹角）。

（6）分辨率。显微镜的分辨率是决定显微镜质量的重要指标。分辨率是指显微镜能够辨别两点之间最小距离的能力。它与物镜的数值孔径成正比，与光的波长成反比。因此，物镜的数值孔径愈大，光波波长越短，则显微镜的分辨率愈大，被检物体的细微结构也愈能明晰地区别出来。因此，一个高的分辨率意味着一个小的可分辨距离，这两个因素是成反比关系的，最小距离 D 可用下列公式表示：

$$D = 0.61\lambda/NA$$

式中，λ 表示光的波长。

我们肉眼所能感受的光波平均长度为 $0.55\mu\text{m}$，假如数值孔径为 0.65 的高倍物镜，它能辨别两点之间的距离为 $0.42\mu\text{m}$。而在 $0.42\mu\text{m}$ 以下的两点之间的距离就分辨不出，即使用倍数更大的目镜，使显微镜的总放大率增加，也仍然分辨不出。只有改用数值孔径更大的物镜，增加其分辨率才行。

二、相差显微镜（phase contrast microscope）

相差显微镜是荷兰科学家 Zernike 于 1935 年发明的用于观察未染色标本的显微镜。活细胞和未染色的生物标本，因细胞各部细微结构的折射率和厚度的不同，光波通过时，波长和振幅并不发生变化，仅相位发生变化（振幅差），这种振幅差人眼无法观察。而相差显微镜通过改变这种相位差，并利用光的衍射和干涉现象，把相差变为振幅差来观察活细胞和未染色的标本。Zernike 也因此获得了 1953 年的诺贝尔物理学奖。

1. 基本原理

光波有振幅（亮度）、波长（颜色）及相位（指在某一时间上光的波动所能达到的位置）的不同。当光通过物体时，如波长和振幅发生变化，人们的眼睛才能观察到，这就是普通显微镜下能够观察到染色标本的道理。而活细胞和未经染色的生物标本，因细胞各部分微细结构的折射率和厚度略有不同，光波通过时，波长和振幅并不发生变化，仅相位有变化（相应发生的差异即相差），而这种微小的变化，人眼是无法加以鉴别的，故在普通显微镜下难以观察到。相差显微镜能够改变直射光或衍射光的相位，并且利用光的衍射和干涉现象，把相差变成振幅差（明暗差），同时它还吸收部分直射光线，以增大其明暗的反差。因此可用以观察活细胞或未染色标本。相差显微镜与普通光学显微镜的主要不同之处是：用环状光阑代替可变光阑，用带相板的物镜（通常标有 pH 的标记）代替普通物镜，并带有一个合轴用的望远镜。环状光阑是由大小不同的环状孔形成的光阑，它们的直径和孔宽是与不同的物镜相匹配的。其作用是将直射光所形成的物像从一些衍射旁像中分出来；相板安装在物镜的后焦面处，相板装有吸收光线的吸收膜和推迟相位的相位膜。它除能推迟直射光线或衍射光的相位以外，还有吸收光使亮度发生变化的作用。调辅望远镜是用来进行合轴调节的。相差显微镜在使用时，聚光镜下面环状光阑的中心与物镜光轴要完全在一直线上，必须调节光阑的亮环和相板的环状圈重合对齐，才能发挥相差显微镜的效能。否则直射光或衍射光的光路紊乱，应被吸收的光不能吸收，该推迟相位的光波不能推迟，就失去了相差显微镜的作用。

2. 相差显微镜的特殊装置

（1）相差物镜：在相差物镜内的后焦面上装有不同的相板，造成视场中被检样品影像与背景不同的明暗反差。物镜在明暗反差上可区分为两大类：即明反差（B）或负反差（N）物镜和暗反差（D）或正反差（P）物镜，标志在物镜外壳上，并兼有高（H）、中（M）、低（L）等不同反应。有的相差显微镜用 ph 字样表示。相差物镜多为消色差物镜或平场消色差物镜。

（2）转盘聚光器：相差显微镜聚光器由聚光镜和环状光阑构成。环状光阑由不同大小的环状通光孔构成，环状光阑的环宽与直径各不相同，与不同放大率的相差物镜内的相板相匹配，不可滥用。转盘前端朝向使用者一面有标示窗（孔），转盘上的不同部位有 0、1、2、3 和 4 或 0、10、20、40 和 100 字样。0 表示非相差的明视场的普通光阑；1 或 10、2 或 20、3 或 30、4 或 100，标示与相应放大率的相差物镜相匹配的不同规格的环状光阑的标志。

（3）合轴调中望远镜（CT）：又名合轴调中目镜，作为环状光阑的环孔（亮环）与相差物镜相板的共轭面环孔（暗环）的调中合轴与调焦之用。使用时，转盘聚光器的环状光阑与相差物镜必须匹配，且环状光阑的环孔与相差物镜相板的共轭面环孔在光路中要准确合轴，并完全吻合或重叠，以保证直射光和衍射光各行其道，使成像光线的相位差转变为可见的振幅差。

（4）绿色滤色镜：从色差的消除情况看，分为多束消色差物镜或 PL 物镜。消色差物镜的最佳清晰范围的光潜区为 510～630nm。欲提高相差显微镜性能最好以波长范围小的单色照明，故在光路上加用透射光线波长为 500～600nm 的绿色滤色镜，使照明光线中的红、蓝光被吸收，只透过绿光，可提高物镜的分辨能力。

三、倒置显微镜（inverted microscope）

倒置显微镜是一种用于生物组织细胞离体培养观察的光学显微装置，能直接对培养皿、培养瓶的标本进行显微观察（图 3-3）。其基本的结构及成像原理与普通光学显微镜相似，包括机械部分、照明部分和光学部分。其与普通光学显微镜的明显区别在于，倒置显微镜的物镜位于载物台之下，而照明系统在载物台之上。这样的构造使得照明聚光系统与载物台的有效距离可以显著扩大，便于放置培养皿、细胞培养瓶等较厚的待观察物品。高级倒置显微镜还可根据不同观察要求，增加相差、微分干涉反差物镜或荧光发射装置，构成相差显微镜、微分干涉显微镜或荧光显微镜。

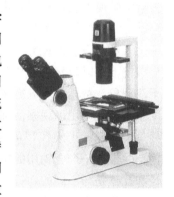

图 3-3　倒置显微镜

四、荧光显微镜（fluorescence microscope）

Wood 在 1903 年设计了一种能吸收可见光和允许紫外光通过的滤片。在此基础上，Reichert 在 1911 年设计了第一台荧光显微镜。以后，由于荧光染色方法和荧光装置的改进，特别是荧光抗体技术的建立及激发光源和滤片系统的发展，使荧光显微镜技术在细胞学、微生物学、免疫学等方面得到了广泛的应用。

细胞中有些物质，如叶绿素等，受紫外线照射后可自发荧光；另有一些物质本身虽不能发荧光，但如果用荧光染料或荧光抗体染色后，经特定波长的激发光照射亦可发荧光，荧光显微镜就是对这类物质进行定性和定量研究的工具之一。

20 世纪 90 年代末以来，荧光显微镜的设计和制作又有了很大的发展，其发展趋势主要表现在，注重实用性和多功能方面的改进。在装配设计上趋于采用组合方式，集普通光镜加相差、荧光、暗视野、DIC、数码图像采集系统装置于一体，从而使其功能更齐全，适用范围更广泛。

1. 荧光显微镜的分类

荧光显微镜按照明方式可分为落射（反射）荧光显微镜和透射荧光显微镜；如按照荧光显微镜的结构，则可分为正置式荧光显微镜和倒置式荧光显微镜。

2. 荧光显微镜的主要组成部分

荧光生物显微镜主要由照明系统、滤光片系统、光学放大系统和机械装置四部分构成。

（1）照明系统：包括汞灯和卤素灯两部分，卤素灯提供可见光光源，汞灯可发射出各种波长（紫外到红外）的光，提供激发光光源。

汞灯由石英玻璃制作，中间呈球形，内充一定数量的汞，工作时由两个电极间放电，引起水银蒸发，球内气压迅速升高，经过 5~15min，当水银完全蒸发时，可达 50~70 个标准大气压，此时达到最高亮度形成稳定工作状态。高压汞灯的发光是电极间放电使水银分子不断解离和还原过程中发射光量子的结果。汞灯发射光谱的波长范围在 200~600nm。在 365nm 和 435nm 有两个主峰，足以激发各类荧光物，因此被荧光显微镜普遍采用。

（2）滤光片系统：滤光片系统是荧光显微镜的重要组成部分，各厂家的荧光显微镜使用的滤片型号名称都不一样。

激发光滤片（Excitaion filter）：其允许透过所需波长的光线用以照明（激发）样品中的荧光物质，同时阻挡其他无关波长的光线。

阻断滤光片（Barrier filter）：又称吸收滤片，其允许透过所需波长的荧光，同时阻挡掉激发和荧光中与观察无关的其他波长的荧光，并吸收视野中残余的激发光，以保护眼睛。

分光镜：分光镜上镀的是一层铝而不是一层银，因为铝对紫外光和可见光的蓝紫色吸收很少，反射率达 90% 以上，而银的反射率只有 70%。分光镜可折射激发光并让荧光通过。

隔热滤片：能吸收热量，保护其他光学附件。

中性滤光片：可不同程度地吸收可见光，减弱光强度。

落射光装置：新型的落射光装置是将从光源来的光射到干涉分光滤镜后，波长短的部分（紫外和紫蓝）由于滤镜上镀膜的性质而反射，当滤镜对向光源呈 45°倾斜时，则垂直射向物镜，经物镜射向标本，使标本受到激发，这时物镜直接起聚光器的作用。同时，波长长的部分（绿、黄、红等）对滤镜是可透的，因此不向物镜方向反射，滤镜起了激发滤板的作用。由于标本的荧光处在可见光长波区，可透过滤镜到达目镜而被观察到，荧光图像的亮度随着放大倍数增大而提高，在高放大时比透射光源强。它除具有透射式光源的功能外，更适用于不透明及半透明标本，如厚片、滤膜、菌落、组织培养标本等的直接观察。近年研制的新型荧光显微镜多采用落射光装置，称之为落射荧光显微镜。

（3）光学放大系统：由物镜和目镜组成，是显微镜的主体，均采用特殊的光学材料（石英），防止吸收紫外光线。为了消除球差和色差，目镜和物镜都由复杂的透镜组构成。

目镜：在目前使用的研究型荧光显微镜多用三筒目镜。前两筒目镜用于人眼观察，第三筒目镜与数码成像系统连接。

物镜：各种物镜均可应用，但最好用消色差的物镜，因其自体荧光极微且透光性能（波长范围）适合于荧光。

聚光镜：专为荧光显微镜设计制作的聚光器是用石英玻璃或其他透紫外光的玻璃制成。分明视野聚光器和暗视野聚光器两种，还有相差荧光聚光器。

（4）镜架机械装置：用于固定材料和观察方便。

实际使用的荧光显微镜，还有许多附加机构，以使荧光观察得以实现。除选择和分离特定波长光线的滤色镜和照明光源外，其显微成像原理与普通显微镜大同小异。

3. 荧光显微镜落射式照明原理

荧光显微镜中的滤色镜系统模块是核心部件，它由激发滤色镜、二色向镜（分光镜）和阻挡滤色镜按不同的波长要求，组合成滤色镜系统模块。

由高压汞灯发出的全波段光通过激发滤色片形成特定波长的激发光，再由分光镜反射到物镜上，物镜将其汇聚照射到标本上，标本受其照射（激发）产生荧光。标本发出的部分荧光和未被标本吸收的激发光通过物镜回到分光镜，分光镜反射掉大部分剩余激发光，而让荧光和少许激发光通过，并到达阻挡滤色镜上。阻挡滤色镜透过所需波长的荧光，阻挡掉激发光和其他波段的荧光。

在滤色镜系统模块中，分光镜是一种干涉滤光镜，当和照明光路成45°角时，对波长在激发波区的光有很高的反射率，而对波长在荧光波区的光又有很高的透过率。

换言之，分光镜对短波的激发光而言，它是反射镜，对标本上被激发出来的荧光而言，它是透光镜。

五、激光扫描共聚焦显微镜（Confocal laser scanning microscope，CLSM）

激光扫描共聚焦显微镜是随着光学、视频、计算机等技术的迅速发展而诞生的一种高科技产品。它是在荧光显微镜的基础上加装了激光扫描装置，利用计算机进行图像处理，使用紫外或可见光激发荧光探针，从而得到细胞或组织内部微细结构的荧光图像，成为形态学、分子细胞生物学、神经科学、药理学、遗传学等领域新一代强有力的研究工具。同时，激光扫描共聚焦显微镜也是活细胞动态观察、多重免疫荧光标记和离子荧光标记的有力工具，不仅可以对活的或固定的细胞及组织进行无损伤的"光学切片"，进行单标记或双标记细胞及组织标本的荧光定性定量分析，还可用于活细胞生理信号，离子含量的实时动态分析检测，黏附细胞的分选，细胞荧光显微外科和光陷阱技术等。可以无损伤的观察和分析细胞的三维空间结构。

1. 成像原理

采用点光源照射标本，在焦平面上形成一个轮廓分明的小的光点，该点被照射后发出的荧光被物镜收集，并沿原照射光路回送到由双向色镜构成的分光器。分光器将荧光直接送到探测器。光源和探测器前方都各有一个针孔，分别称为照明针孔和探测针孔。两者的几何尺寸一致，100~200nm；相对于焦平面上的光点，两者是共轭的，即光点通过一系列的透镜，最终可同时聚焦于照明针孔和探测针孔。这样，来自焦平面的光，可以会聚在探测孔范围之内，而来自焦平面上方或下方的散射光都被挡在探测孔之外而不能成像。以激光逐点扫描样品，探测针孔后的光电倍增管也逐点获得对应光点的共聚焦图像，转为数字信号传输至计算机，最终在屏幕上聚合成清晰的整个焦平面的共聚焦图像。

每一幅焦平面图像实际上是标本的光学横切面，这个光学横切面总是有一定厚度的，又称为光学薄片。由于焦点处的光强远大于非焦点处的光强，而且非焦平面光被针孔滤去，因此，共聚焦系统的景深近似为零，沿 Z 轴方向的扫描可以实现光学断层扫描，形成待观察样品聚焦光斑处二维的光学切片。把 $X \sim Y$ 平面（焦平面）扫描与 Z 轴（光轴）扫描相结合，通过累加连续层次的二维图像，经过专门的计算机软件处理，可以获得样品的三维图像。

即检测针孔和光源针孔始终聚焦于同一点，使聚焦平面以外被激发的荧光不能进入检测针孔。

激光共聚焦的工作原理简单表达就是它采用激光为光源，在传统荧光显微镜成像的基础上，附加了激光扫描装置和共轭聚焦装置，通过计算机控制来进行数字化图像采集和处理的系统。

2. 激光扫描共聚焦显微镜基本结构

激光扫描共聚焦显微镜系统主要包括扫描模块、激光光源、荧光显微镜、数字信号处理器、计算机以及图像输出设备等。

（1）扫描模块。扫描模块主要由针孔光栏（控制光学切片的厚度）、分光镜（按波长改变光线传播方向）、发射荧光分色器（选择一定波长范围的光进行检测）、检测器（光电倍增管）组成。荧光样品中的混合荧光进入扫描器，经过检测针孔光阑、分光镜和分色器选择后，被分成各单色荧光，分别在不同的荧光通道进行检测并形成相应的共焦图像，同时在计算机屏幕上可以显示几个并列的单色荧光图像及其合成图像。

（2）激光光源。激光扫描束经照明针孔形成点光源，普通显微镜采用的自然光或灯光是一种场光源，标本上每一点的图像都会受到邻近点的衍射光或散射光的干扰。而 LSCM 以激光为光源，激光具有单色性强、方向性好、高亮度、相干性好等优点，可以避免普通显微镜的缺点。

（3）荧光显微镜系统。显微镜是 LSCM 的主要组件，它关系到系统的成像质量。显微镜光路以无限远光学系统可方便地在其中插入光学选件而不影响成像质量和测量精度。物镜应选取大数值孔径平场复消色差物镜，有利于荧光的采集和成像的清晰。物镜组的转换，滤色片组的选取，载物台的移动调节，焦平面的记忆锁定都应由计算机自动控制。

（4）辅助设备。风冷、水冷冷却系统及稳压电源。

3. 激光扫描共聚焦荧光显微镜相对普通荧光显微镜的优点

（1）LSCM 的图像是以电信号的形式记录下来的，所以可以采用各种模拟的和数字的电子技术进行图像处理。

（2）LSCM 利用共聚焦系统有效的排除了焦点以外的光信号干扰，提高了分辨率，显著改善了视野的广度和深度，使无损伤的光学切片成为可能，达到了三维空间定位。

（3）由于 LSCM 能随时采集和记录检测信号，为生命科学开拓了一条观察活细胞结构及特定分子、离子生物学变化的新途径。

（4）LSCM 除具有成像功能外，还有图像处理功能和细胞生物学功能，前者包括光学切片、三维图像重建、细胞物理和生物学测定、荧光定量、定位分析以及离子的实时定量测定；后者包括黏附细胞的分选、激光细胞纤维外科及光陷阱技术、荧光漂白后恢复技术等。

六、透射电子显微镜（Transmission electron microscope，TEM）

透射电子显微镜，简称透射电镜，是把经加速和聚集的电子束投射到非常薄的样品上，电子与样品中的原子碰撞而改变方向，从而产生立体角散射。散射角的大小与样品的密度、厚度相关，因此可以形成明暗不同的影像，影像将在放大、聚焦后在成像器件（如荧光屏、胶片以及感光耦合组件）上显示出来。

根据德布罗意（De Broglie，20世纪法国科学家）提出的运动的微观粒子具有波粒二象性的观点，电子束流也具有波动性，而且电子波的波长比可见光要短得多（例如，200kV加速电压下电子波波长为0.002 51nm），显然，如果用电子束作光源制成的显微镜将具有比光学显微镜高得多的分辨能力。更重要的是，由于电子在电场中会受到电场力运动，以及运动的电子在磁场中会受到洛伦兹力的作用而发生偏转，这使得使用科学手段使电子束聚焦和成像成为可能。

由于电子的德布罗意波长非常短，透射电子显微镜的分辨率比光学显微镜高很多，可以达到0.1~0.2nm，放大倍数为几万至百万倍。因此，使用透射电子显微镜可以用于观察样品的精细结构，甚至可以用于观察仅仅一列原子的结构，比光学显微镜所能够观察到的最小的结构小数万倍。

时至今日，TEM已成为生物医药相关领域研究中重要的分析方法，如癌症研究、病毒学、疾病发生时的生理病理变化、药物对机体组织的影响等。

（一）透射电镜基本构造

透射电子显微镜主要由电子光学系统、真空系统和供电系统三大部分组成。

1. 电子光学系统

（1）电子枪。电子枪由若干基本元件组成：灯丝，偏置电路，韦乃特阴极，还有阳极。通过将灯丝和负电压电源相连，电子可以通过电子枪泵往阳极，并射入TEM的真空腔，从而完成整个回路。

（2）电子透镜。电子透镜对电子束的作用类似于光学透镜对光线的作用，它可以将平行的电子束聚集在固定的焦点。透镜可以使用静电效应，也可以使用磁效应。TEM中使用的电子透镜大多数都使用了电磁线圈以产生凸透镜的作用。这些透镜产生的场必须是径向对称的，否则，磁场透镜将会产生散光等失真现象，同时会使球面像差与色差恶化。电子透镜使用铁、铁钴合金或者镍钴合金、坡莫合金制成。选择这些材料是由于它们拥有适当的磁特性，如磁饱和、磁滞、磁导等。

（3）样品台。TEM样品台的设计包括气闸以允许将样品夹具插入真空中而尽量不影响显微镜其他区域的气压。样品夹具适合夹持标准大小的网格，而样品则放置在网格之上，或者直接夹持能够自我支撑的样品。标准的TEM网格是一个直径3.05mm的环形，其厚度和网格大小只有几微米到100μm。样品放置在内部的网格区域，其直径约2.5mm。

（4）观察和记录装置。观察装置位于镜筒的下方，包括荧光屏、观察窗和立体光学显微镜。荧光屏上涂有黄绿色的荧光粉，是由硫化锌镉类制成的，并加入微量的Ag、Cu等激活剂，它的作用是将电子束所带的样品信息转换成光讯号，呈现清晰的图像。记录装置包括照相室、曝光操纵杆和自动曝光计时装置等。

（5）成像设备。TEM的成像系统包括一个可能由颗粒极细（10～100μm）的硫化锌制成荧光屏，可以向操作者提供直接的图像。此外，还可以使用基于胶片或者基于CCD的图像记录系统。通常这些设备可以由操作人员根据需要从电子束通路中移除或者插入通路中。

2. 真空系统

真空系统的作用有两方面，一方面可以在阴极和地之间加以很高的电压，而不会将空气击穿产生电弧，另一方面可以将电子和空气原子的撞击频率减小到可以忽略的量级，这个效应通常使用平均自由程来描述。标准的TEM需要将电子的通路抽成气压很低的真空，通常需要达到 10^{-4}Pa。

3. 供电系统

主要包括小电流高压电源和大电流低压电源两部分。用前者加速电子和加热灯丝；后者供磁电子透镜聚焦和成像。

（二）透射电子显微镜成像原理

入射电子束与样品相互作用后，产生多种信息，如直接透射电子、俄歇电子、二次电子、背散射电子、X射线、小角度弹性散射电子、大角度弹性散射电子、非弹性散射电子和阴极发光现象等，其中，参与透射电子显微镜成像的主要有透射电子、非弹性散射电子和小角度弹性散射电子。

在透射电子显微镜中，物像的形成主要来自电子的散射作用与干涉作用。由于物体上不同部位的结构不同，它们散射电子的能力也各不相同，结果使透过样品的电子束发生疏密的差别，在散射电子能力强的地方，透过去的电子数目少，因而打在荧光屏上所发出的光就弱，呈现为暗区；而散射电子能力弱的地方，透过的电子数目多，打在荧光屏上所发出的光就强，呈现为亮区，这样，便在终像上造成了有亮有暗的区域，因而出现了反差，人眼就可以辨别。散射作用形成的反差造成强度上的变化，因此又称为"振幅反差"。由于在电子显微镜中利用的是人眼看不见的电子流，所以通常用一块荧光屏来把电子流转换成可见的荧光，使人眼可以接收。

除了散射作用能引起反差外，电子的干涉作用也能造成反差，在电子发生非弹性碰撞的时候，由于电子会失去一部分能量，因而使它前进的速度变慢，这部分速度减慢的电子会和速度不变的电子发生干涉作用，结果造成电子相位上的变化，从而也引起反差，称为"相位反差"。

在低倍观察时，振幅反差是主要的反差来源，而在高倍观察时，也就是在辨别极小的（如1nm大小）细微结构时，相位反差则起主要作用。

（三）适用于透射电镜的样品

提到适用于透射电镜的样品，可能会得到较多关注，因为它与每一位从事生物电镜样品制备的人员直接相关。从研究内容来看，如果我们对细胞质膜或细胞质中的某些细胞器上抗原（或抗体）进行免疫标记；或追踪细胞中某些大分子的放射自显影标记；或对细胞中的某些生化成分做定位、定性、甚至定量的研究；以及制备细胞内微区元素定性和定量分析的样品等，一般需先制备超薄切片，再分别做特殊的处理，所以这类样品都可以用透射电镜来观察。如果专门研究细胞的超微结构，如研究细胞质膜、细胞内膜系统中的某种细胞器或中心粒和细胞连接装置等，就更需要透射电镜了，所以说，透射电镜应用十分广泛。

七、扫描电子显微镜（scanning electron microscope，SEM）

（一）扫描电镜的基本构造

扫描电镜是继透射电镜之后发展起来的新型电子光学仪器，主要由电子光学系统、电子信号的收集、检测和显示系统，以及真空系统和供电系统等组成。

1. 电子光学系统

电子光学系统又分为电子枪、系列电磁透镜、扫描装置和样品室等几个部分。

电子枪：其构造、原理和用途与透射电镜相似，也是由阴极、栅极和阳极组成。阴极是 V 型钨丝，直径只有 0.12mm，当通电加热到一定温度时，尖端即发射出电子束流。在阴极与阳极之间产生的 1～40kV 的加速电压的作用下，形成直径 30～50μm 的高速电子束流，我们又常把它称为交叉光点或电子光源。

系列电磁透镜：又称聚光镜，位于电子枪的下方。一般装有 2～3 级电磁透镜，有汇聚电子束流的作用，能使它的直径缩小到只有 3～10nm，这种极细的电子束又被称为电子探针。

扫描装置：即偏转线圈，由两组电磁线圈组成，可以控制电子探针在 X/Y 两个方向做光栅状的扫描。一般扫描电镜中装备 3 个偏转线圈，一个用于电子探针在样品的表面扫描，另外两个可以控制用作观察和摄影的显像管，使显像管中的电子束在荧光屏上同步扫描。

样品室：位于镜筒与真空系统之间，设有空气闭锁装置。这是为了在换样品时不破坏镜筒的真空，同时又可以保护灼热的灯丝，防止氧化，延长使用寿命。扫描电镜样品室最突出的特点是大，它可以放下直径约 10cm 的样品台（而透射电镜样品载网的直径只有 3mm）。另外还装有样品微动装置，使样品可以上下左右（4cm 以内）移动，并可以倾斜（-15°～+90°）和旋转（360°）。这样就大大扩展了观察面。有的扫描电镜还设有冷冻样品台，能观察冷冻割断的样品。

2. 信号检测与转换系统

扫描电镜装有特定的检测器，如二次电子检测器、背散射电子检测器等，它们可以分别检测电子探针与样品互相作用之后产生的有关信号，如二次电子检测器包括收集极，探头和光电倍增管等几个部分。由金属制的筒状收集极位于检测器前方，它的前端装有金属网罩。收集极在工作时需加上 200～500V 的电压，它的作用是吸收电子探针激发样品时所产生的二次电子，并使其加速趋向探头。

探头是由玻璃或塑料制的闪烁体和光导管组成的。闪烁体表面有一层短余辉荧光粉，使电子打到闪烁体上时能产生光信号。此外，在荧光粉的表面又镀有一层极薄的铝制膜状的导电体（厚50～100nm）。当扫描电镜工作时，在铝膜上加有10～12kV的加速电压，以吸引二次电子，并使其通过铝膜后增加动能。光导管位于闪烁体的后面，它的作用是传递闪烁体产生的光信号，把它送到位于样品室外边的光电倍增管中。继而由光电倍增管将光信号转变成电信号，并进行前置放大和视频放大，再使电信号转变成电压信号后被输送到显像管的栅极。

3. 信号的显示与记录系统

这一系统包括两个显像管，几种调控装置和一架120照相机，以及计算机记录装置等。两个显像管的分工不同，一个是分辨率较低的长余辉管，适宜观察用。另一个是分辨率较高的短余辉管，适宜拍照用。被输送到显像管栅极上的电压信号可以控制两个显像管的图像的亮度。并且当电子探针在样品表面做扫描的同时，两个显像管中的电子束在荧光屏上也做光栅状的扫描，三者是同步进行的。

4. 真空系统和供电系统

扫描电镜的真空系统也是由机械泵和扩散泵组成的，使镜筒内达10^{-5}～10^{-4}Torr的真空度。供电系统可给扫描电镜的各部件提供特定的电源，与透射电镜也很相似，这里就不详细介绍了。

（二）扫描电镜的成像原理

首先，扫描电镜的电子枪发射的电子束经1～40 kV高压形成加压电子束，在聚光镜的汇聚作用下，又形成直径3～10nm的电子探针。接着，电子探针在扫描线圈的控制下对样品的表面进行光栅状扫描（犹如一行行地读横版的书），并激发出多种带有样品信息的电信号，其中二次电子特征X射线和背散射电子与扫描电镜的成像关系密切。如样品中凸出部位会产生较多的二次电子，而二次电子的数量越多，转换成的电压信号也越强，图像中相应的部位就越亮。特征X射线可以反映样品中元素的种类和数量的信息。而背散射电子的散射方向是不规则的，主要受原子质量和密度的影响，也可以反映样品表面元素组成上的差异，尤其适宜观察样品表面凹洼的区域，这一特点正好与二次电子的成像互补。上述这些电信号经不同的检测器收集后，被转换成带有样品信息的电压信号，这种电压信号被送入显像管的栅极，并能控制显像管的图像的亮度等。需要强调的是，电子探针在样品表面的扫描，与供观察、拍照的两个显像管中的电子束在荧光屏上的扫描是同步进行的，这样就使电子探针在样品表面扫描时所产生的信息，也以动态的形式一点点地同步反映到两个荧光屏上，使我们得以观察和记录。

（三）扫描电镜的应用

扫描电镜的应用范围很广，已在生物学、医学、遗传学、细胞生物学以及材料科学、工农业、林牧业等方面的科学研究中得到日益广泛的应用。关于样品的形式，可以说它适宜各种实体材料，如组织块、单细胞、昆虫、花蕊和矿石等。观察前可以对样品进行化学处理，也可以直接观察新鲜的未处理的样品。从研究的内容上看，可以研究样品表面的超微结构；可以用胶体金免疫标记细胞膜上的抗原（或抗体），可以抽提处理单层细胞以显示其细胞骨架，还可以用冷冻割断技术研究细胞中各种细胞器的结构。如果在扫描电镜上连接能谱分析仪等装置，还能在观察样品超微结构的同时，对相应的微区进行化学元素分析，把超微观察和超微分析有机地结合起来。

实验一　细菌显微形态特征观察

一、实验目的

（1）掌握简单染色法的操作技术，并利用简单染色法观察细菌显微结构。

（2）掌握普通光学显微镜中油镜的使用方法。

二、实验原理

不同的细菌在显微镜下形态各异，细菌的基本形态包括球状、杆状和螺旋状 3 种。球菌又分为单球菌、双球菌、四联球菌、八叠球菌、葡萄球菌和链球菌；杆菌又有短杆状、棒杆状、梭状、月亮状、分枝状等不同；螺旋菌则可分为弧菌（螺旋不满一环）和螺菌（螺旋满 2~6 环，小的坚硬的螺旋状细菌）。此外，人们还发现有星状和方形细菌。

由于细菌个体极小，球菌直径一般仅为 $0.5 \sim 1 \mu m$，需用油镜才能较清晰的观察到其形态。但直接用显微镜观察活的细菌存在困难，其原因是细菌细胞小、含水量大，活的细菌在显微镜下通常呈无色透明或半透明状态，难以看清。因此，观察细菌细胞形态时，需经染色处理使细菌着色，使菌体与背景形成明显色差，从而观察细菌的形态和结构。

细胞染色是物理因素和化学因素共同作用的结果。物理因素如细胞及细胞物质对染料的毛细现象，渗透、吸收作用等。化学因素是细胞物质能与染料发生化学反应。染料是一种供染色用的有机化合物。染料分子常由苯环、连接在苯环上的染色基团和助色基团 3 部分组成。助色基团具有电离特性。生物染料有碱性染料、酸性染料和中性染料三大类。碱性染料离子带正电荷，易与酸性物质结合。细菌蛋白质的等电点较低，当它处于中性、碱性或弱酸性溶液里时，常带负电荷。所以常用碱性染料（如美蓝、结晶紫、碱性复红、孔雀绿等）染色细菌。酸性染料的离子带负电荷，能与带正电荷的物质结合。当细菌处于酸性溶液中，菌体带正电荷时，易被伊红、酸性复红或刚果红等酸性染料着色。中性染料是前两者的结合物也称复合染料，如伊红美蓝、伊红天青等。

简单染色法仅用一种染料使细菌着色，操作简便，但一般只显示菌体形态，难以辨别其构造。

三、仪器与试剂

（1）菌种。大肠埃希氏菌（*Escherichia coli*），金黄色葡萄球菌（*Staphylococcus aureus*）。

（2）染色液。

①草酸铵结晶紫。结晶紫 2g 溶于 20mL 95% 乙醇中，草酸铵 0.8g 溶于 80mL 蒸馏水中，将两液体混合，静置 48h 后使用。

②番红溶液。番红 2.5g 加入 100mL 95% 乙醇中，充分溶解备用。

（3）器皿。显微镜、油镜、接种环、载玻片、盖玻片、滤纸、擦镜纸、香柏油、二甲苯。

四、实验步骤

（1）涂片。在洁净无油腻的玻片中央放一小滴水（或用接种环挑 1~2 环水），用无菌的接种环挑取少量菌体与水滴充分混匀，涂成极薄的菌膜。涂布面积约 1 cm^2。

（2）固定。手执玻片一端，有菌膜的一面朝上，快速通过酒精灯火焰 3 次（用手指触摸涂片反面，以不烫手为宜）。待玻片冷却后，再加染色液。

（3）染色。玻片置于玻片搁架上，加适量（以盖满菌膜为度）草酸铵结晶紫染色液（或番红染液）于菌膜部位，染色 1~2min。

（4）水洗。手持载玻片一端，使其倾斜，倾去染色液，用洗瓶中的蒸馏水冲刷玻片，要求用细小缓慢的水流自玻片一端缓缓流向另一端，洗去多余染料，冲洗至流下的水中无染色液的颜色为止。注意勿使过急的水流直接冲洗涂菌处。

（5）干燥。将载玻片置于桌上自然风干，或用滤纸轻轻吸去水分，也可适当加热促进干燥速度。

（6）油镜观察。按照显微镜使用方法由低倍镜到高倍镜的顺序进行镜检，寻找到观察区域后，移开高倍镜镜头，在待观察区域滴加 1 滴香柏油，将油镜旋转至油中，虹彩光圈开到最大，使之与油镜的数值孔径相匹配，再用细准焦螺旋调节物像清晰为止。在实验记录本中绘制细菌形态图。

（7）清理。实验观察完毕，用粗准焦螺旋使载物台降至最低点，取下载玻片。取一张擦镜纸擦去镜头上的香柏油，然后在另一张干净的纸上滴少许二甲苯溶液，擦去镜头上残留的油迹，最后再用干净的擦镜纸擦去残留的溶液。切忌用手或其他纸擦拭镜头，避免使镜头沾上污渍或产生划痕。关闭电源，将物镜镜头从通光孔一处，把镜头摆成"八"字形。有菌的玻片用洗衣粉水煮沸后清洗干净并沥干。

五、结果与讨论

（1）绘制显微镜下观察的细菌形态。

（2）涂片为什么要固定，固定时需要注意哪些问题？

（3）涂片过程中需要注意哪些问题？

实验二　丝状真菌显微形态特征观察

一、实验目的

（1）掌握插片法观察丝状真菌的操作技术。

（2）了解丝状真菌显微形态特征及其在菌种形态鉴定中的作用。

二、实验原理

丝状真菌菌体均是由分枝或不分枝的菌丝构成的，许多菌丝交织在一起称为菌丝体。霉菌的菌丝依据其形态构造可分为无隔菌丝和有隔菌丝；依据其功能可分为营养菌丝、气生菌丝和繁殖菌丝；霉菌的繁殖主要靠形成各种各样无性或有性孢子来完成。菌丝体的形态特征及孢子的形成方式与形态特征，是识别不同种类霉菌的重要依据。观察霉菌形态的方法有多种，本实验我们采用以下两种方法。

（1）直接制片观察法。是将培养物置于乳酸石炭酸棉蓝染色液中，制成真菌制片。由于菌丝较粗大（$3 \sim 10 \mu m$），置于水中观察时，菌丝容易收缩变形，故常用乳酸石炭酸棉蓝染色液制片使细胞不会变形，染液的蓝色能增强反差，并具有防腐、防干燥、防止孢子飞散作用，能保持较长时间，必要时还可用光学树胶封固，制成永久标本长期保存。但用接种针（或小镊子）挑取菌丝体时，菌体各部分结构在制片时易被破坏，不利于观察其完整形态。

（2）插片观察法。是在接种了丝状真菌的琼脂平板上，插上无菌干净的盖玻片，由于真菌在生长过程中，菌丝体可沿着培养基与盖玻片的交界线蔓延生长，从而黏附在盖玻片上，此时轻轻取出盖玻片，就能够获得自然状态下生长的菌丝形态。此方法也适用于放线菌的观察。

三、仪器与试剂

（1）菌种。产黄青霉（*Penicillium chrysogenum*）、黑曲霉（*Aspergillus niger*）。

（2）培养基。马铃薯葡萄糖琼脂培养基，配制方法见附录。

（3）染色液。乳酸石炭酸棉蓝染液：石炭酸 10g，乳酸（相对密度 1.21）10mL，甘油 20mL，蒸馏水 10mL，棉蓝 0.02g。

将石炭酸加入蒸馏水中加热溶解，随后加入乳酸和甘油，最后加入棉蓝，使其溶解即成。

（4）其他试剂。50% 乙醇，75% 乙醇。

（5）器皿。显微镜，载玻片，盖玻片，培养皿，接种环，镊子，酒精灯，胶头滴管等。

四、实验步骤

1. 直接制片观察法

（1）取洁净的载玻片，于中央滴 1 滴乳酸石炭酸棉蓝染液。

（2）用接种环或解剖针从试管或培养皿的霉菌菌落边缘，挑取少量已产孢子的霉菌菌丝，先置于 50% 乙醇中浸一下以洗去脱落的孢子，再浸入载玻片上的乳酸石炭酸棉蓝染色液液滴内。

（3）用两根解剖针小心地将菌丝团分散开，使其不缠结成团，并将其全部浸湿，然后盖上盖玻片，用镊子小心夹住盖玻片一端，使另一端轻触染液液滴边缘，随后轻轻放下盖玻片，借助溶液张力，使染液均匀的平铺在盖玻片下面，防止气泡的产生，以免影响观察。

（4）将制好的载玻片标本置于低倍镜和高倍镜下观察。

2. 插片法

（1）制备 PDA 平板。配制马铃薯葡萄糖固体培养基，121℃高压灭菌 20min，倒入无菌培养皿中，制成平板备用。

（2）插片培养。将表面干净的盖玻片经 160℃干热灭菌 2h，用无菌镊子夹取盖玻片，以倾斜 40°左右的角度插入 PDA 平板中，每皿可插入 4~5 张盖玻片。从斜面挑取少量真菌接种在盖玻片与培养基交界面上，使其能够沿盖玻片生长，将平皿置于 28℃培养。

（3）取片观察。待菌丝沿盖玻片生长并附着于盖玻片后，无菌条件下，用镊子拔取盖玻片，以 75% 乙醇擦去盖玻片背面菌丝。另取洁净的载玻片，于中央滴 1 滴乳酸石炭酸棉蓝染液。将盖玻片附着菌丝一面向下，用镊子小心夹住盖玻片一端，使另一端轻触染液液滴边缘，随后轻轻放下盖玻片，借助溶液张力，使染液均匀的平铺在盖玻片下面，防止气泡的产生，以免影响观察。

将制好的载玻片标本置于低倍镜和高倍镜下观察。

五、结果与讨论

（1）观察并描述实验中选用的真菌斜面形态特征。

（2）将显微镜观察到的各真菌显微形态特征绘制在实验记录本中，要求能够体现出分类学特点。

实验三　酵母菌显微形态特征观察

一、实验目的

（1）了解酵母菌的细胞形态及出芽生殖方式。

（2）掌握区分酵母菌死细胞和活细胞的实验方法。

（3）了解自然状态下酵母菌的形态。

二、实验原理

酵母菌是单细胞微生物，形态多样，在显微镜下依据种类不同形态各异，通常有圆形、椭圆形、卵圆形、柠檬形等。

活的微生物，由于不停地新陈代谢，使细胞内氧化还原值（RH）低，且还原能力强。当某种无毒的染料进入活细胞后，可以被还原。当染料进入死细胞后，细胞因为还原能力降低或消失，进而细胞被染料着色。在中性和弱酸性条件下，活的细胞原生质不能被染色剂着色，若着色则表示细胞已经死亡，故可以此区分活细胞和死细胞。实验室常用吕氏碱性美蓝作为染色液，吕氏碱性美蓝无毒性，其氧化型为蓝色，而还原型为无色。用它对酵母菌染色时，活酵母菌能使吕氏碱性美蓝从蓝色的氧化型变为无色的还原型，而死细胞或老化细胞则被吕氏碱性美蓝染成蓝色或淡蓝色。

三、仪器与试剂

1. 菌种

培养 2 ~ 3d 的酿酒酵母（*Saccharomyces cerevisiae*）PDA 培养基斜面。

2. 染色液

（1）0.1% 吕氏碱性美蓝染色液。

A 液：美蓝 0.6g　95% 乙醇　30mL。

B 液：KOH 0.01g　蒸馏水　100mL。

分别配制 A 液与 B 液，配好后混合即可。

（2）0.04% 中性红染色液。

中性红 0.04g，95% 乙醇 28mL，蒸馏水 72mL。

（3）碘液。

碘片 1g，碘化钾 2g，蒸馏水 300mL。

先将碘化钾溶解在少量水中，再将碘片溶解在碘化钾溶液中，待碘全溶后，加足水分。

3. 器皿

显微镜、载玻片、盖玻片、酒精灯、接种环、镊子。

四、实验步骤

1. 酿酒酵母形态观察及死亡率测定

（1）取菌。取洁净的载玻片，在中间滴加少量吕氏碱性美蓝染液，无菌条件下用接种环从试管斜面挑取少量酿酒酵母接入染色液液滴中，使液体与菌体充分混匀。

（2）制片。用镊子取盖玻片，小心夹住盖玻片一端，使另一端轻触染液液滴边缘，随后轻轻放下盖玻片，借助溶液张力，使染液均匀的平铺在盖玻片下面，防止气泡的产生，以免影响观察。

（3）观察。将制片放置 2 ~ 3min，先用低倍镜、随后用高倍镜观察酵母的形态和出芽情况，区分母细胞与芽体，区分死细胞与活细胞。

（4）计数。在一个视野里计数死细胞和活细胞，共计数 5 ~ 6 个视野。采用如下公式计算酵母死亡率：

$$死亡率 = 死细胞总数 \div 死细胞和活细胞总数 \times 100\%$$

染色开始到 30min 期间，观察死细胞数量的变化。用 0.05% 吕氏碱性美蓝染液重复上述染色操作。

2. 酵母菌液泡的观察

（1）用无菌水洗下 PDA 斜面培养的酿酒酵母菌苔，制成菌悬液。

（2）取一片洁净载玻片，在其正中央滴少量 0.04% 中性红染色液，用接种环取少许上述酵母菌悬液与之混合均匀，加盖玻片。

（3）静置染色5min，在显微镜下观察。细胞无色，液泡呈红色。

3. 酵母细胞中肝糖粒的观察

向洁净的载玻片中央滴加1滴碘液，无菌条件下用接种环挑取上述酵母菌悬液接入碘液，混匀，盖上盖玻片，显微镜观察，细胞内的贮藏物质肝糖粒呈深红色。

4. 酵母菌假菌丝的观察

取一无菌载玻片浸于溶化的PDA培养基中，取出放在温室培养的支架上，待培养基凝固。在凝固的培养基上进行酵母菌划线接种，然后将无菌盖玻片盖在接菌线上。置于28℃恒温培养箱巾培养2~3d，取出载玻片。擦去载玻片下面的培养基，在显微镜下直接观察。

五、结果与讨论

（1）记录并计算样品中酿酒酵母死亡率。

（2）观察酿酒酵母显微形态并将其绘制在实验记录本上。

实验四　酵母细胞大小和数量的测定

一、实验目的

（1）学习使用目镜测微尺和镜台测微尺在显微镜下测定微生物大小的方法。

（2）学习使用血球计数板测定微生物数量的方法。

二、实验原理

1. 目镜测微尺与镜台测微尺

显微镜测微尺是由目镜测微尺和镜台测微尺组成，目镜测微尺是一块圆形玻璃片，在中央有精确的等分刻度，在5mm刻尺上等分50份。测量时将其放在接目镜中的隔板上。由于是测量微生物经接目镜放大后的影像，而不同显微镜的放大倍数不同，故目镜测微尺每格实际代表的长度随使用目镜和物镜的放大倍数而改变，因此在使用前必须用镜台测微尺进行标定。

镜台测微尺为一块中央有精确等分线的载玻片。一般将长为1mm的直线等分成100个小格，每格长0.01mm即$10\mu m$，是专用于校正目镜测微尺每格长度的（图3-4）。

2. 血球计数板（Hemocytometer）

一定容积的培养液内，细胞数量的多少，能够表现其生命活动的强弱，是某些生物培养质量指标之一，特别是诸如大肠杆菌DNA提取、质粒提取、感受态细胞制备等试验，均对所需微生物的浓度与数量有一定要求。因此，在生物技术制药研究工作中，经常需要测定培养液中细胞的数量。目前两种常用计数方法，即直接计数法（血

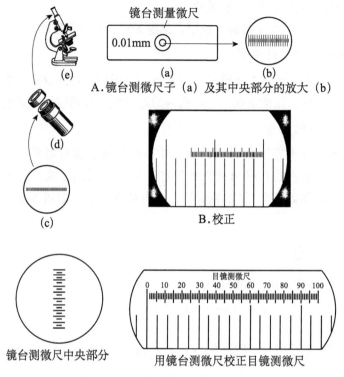

图3-4 目镜测微尺与镜台测微尺

球计数板计数法）和间接计数法（平板菌落计数法）。本实验是利用血球计数板进行直接计数。

血球计数板是一块比普通载玻片厚得多的玻璃片，其上由4条平行槽构成的3个平台，中间的平台较宽，其中间又被一短槽隔成两半，每边平台上面各刻有一个方格网，即为此计数板的计数室。计数室的长和宽各为1mm，中间平台下陷0.1mm，故盖上盖玻片后计数室的容积为0.1 mm³。

常用血球计数板的计数室有两种规格，一种是16×25型，称为麦氏血球计数板，共有16个大格，每个大格又分为25个小格；另一种是25×16型，称为希里格式血球计数板，共有25个大格，每个大格又分16个小格。但是不管哪种规格的血球计数板它们计数室小格总数是相同的，都由400个小方格组成。利用血球计数板，在显微镜下计算计数室中细胞的总数，并按公式换算成原样品中单位体积内的细胞总数目（图3-5）。

三、仪器与试剂

（1）菌种。培养2d的酿酒酵母（*Saccharomyces cerevisiae*）菌悬液。

（2）试剂。0.1%的美蓝染色液。

（3）仪器。显微镜、目镜测微尺、镜台测微尺、血球计数板、载玻片、盖玻片、无菌滴管、滤纸、擦镜纸等。

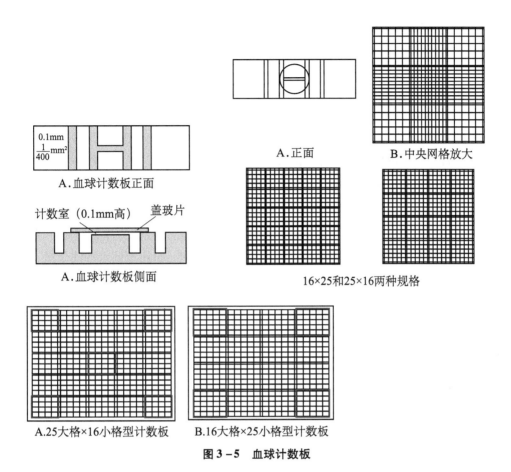

A.血球计数板正面

A.正面　　　　　　B.中央网格放大

计数室（0.1mm高）　　盖玻片

A.血球计数板侧面

16×25和25×16两种规格

A.25大格×16小格型计数板　　B.16大格×25小格型计数板

图 3－5　血球计数板

四、实验步骤

1. 酿酒酵母大小的测定

（1）目镜测微尺的标定。把接目镜的上透镜旋开，将目镜测微尺轻轻放入接目镜的隔板上，使有刻度的一面朝下。同时将镜台测微尺放在显微镜的载物台上，使有刻度的一面朝上。

先用低倍镜观察，对准焦距，待看清镜台测微尺的刻度后，转动目镜，使目镜测微尺的刻度与镜台测微尺的刻度相平行，并使两尺左边的一条线重合，向右寻找另外两尺相重合的直线。

（2）计算方法。记录两重合刻度间的目镜测微尺的格数和镜台测微尺的格数。按如下公式计算目镜测微尺每格长度：

$$目镜测微尺每格长度 = \left(\frac{两条重合线间镜台测微尺格数}{两条重合线间目镜测微尺格数}\right) \times 10 （\mu m）$$

例如，目镜测微尺 20 个小格等于镜台测微尺 3 小格，已知镜台测微尺每格为 $10\mu m$，则 3 小格的长度为 $30\mu m$，那么相应地在目镜测微尺上每小格长度为 $30 \div 20 = 1.5$（μm）。

用相同的方法校正高倍镜下目镜测微尺每格所代表的实际长度。由于不同显微镜及附件的放大倍数不同，因此，校正目镜测微尺必须针对特定的显微镜和附件（特定的接物镜、接目镜、镜筒长度等）进行，而且只能在特定的情况下重复使用。若更换目镜、物镜放大倍率时必须重新进行校正标定。

（3）酵母细胞大小的测定。用吸管吸取 1mL 菌悬液加入 9mL 生理盐水中进行稀释（稀释 10 倍），滴加 1~2 滴美蓝染色液染色。随后用胶头滴管吸取 1 滴染色后的菌悬液滴加到干净的载玻片上，盖上盖玻片（注意一定不要有溢出和产生气泡），将多余菌液用吸水纸吸干。将镜台测微尺取下，将制备的样品放置于载物台上，在不同倍率下测量菌体的长度和宽度，记录测定值，并计算出酵母的长、宽值。

2. 酿酒酵母菌悬液细胞计数

（1）检查血球计数板。在计数之前，先用显微镜检查计数板的计数室是否清洁无杂质，若有污渍则需用脱脂棉蘸取 95% 乙醇轻轻擦洗计数室，再用蒸馏水冲洗干净，最后用擦镜纸擦干。

（2）制备菌悬液、染色。用吸管吸取 1mL 菌悬液加入 99mL 生理盐水中进行稀释（稀释 100 倍），滴加几滴美蓝染色液使酵母菌体着色。

（3）加菌悬液样品。将清洁干燥的血球计数板盖上盖玻片，再用胶头滴管吸取稀释后的酵母菌悬液，滴加一滴于盖玻片边缘，让菌液沿缝隙靠毛细渗透作用自动进入计数室，用吸水纸吸去多余菌液。静置 1min，待酵母细胞全部沉降到计数室底部后进行计数。

（4）显微镜计数。计数时先用低倍镜寻找计数板网格位置，并使计数室移动到视野中央。然后换成高倍镜，适当调节光亮度，使菌体和计数室线条清晰，并将计数室一角的小格移至视野中央。计数时，如用 16×25 型规格的计数板要按对角线方向，取左上、右上、左下、右下 4 个大格（共计 100 个小格）内的细胞逐一进行计数；如果使用 25×16 型计数板，则取左上、右上、左下、右下以及中央共计 5 个大格（80 个小格）的细胞。对位于大格线上的酵母菌，一般只数上方和左边线上的细胞。当酵母菌芽体达到母细胞大小的 1/2 时，可记作两个细胞。每个菌悬液样品重复计算 3 次，取平均值，按下列公式计算菌悬液浓度：

$$酵母菌细胞数 /mL = \frac{(X1 + X2 + X3 + X4 + X5) \times 25(或16)}{5} \times 10 \times 1\,000 \times 稀释倍数$$

五、结果与讨论

（1）将酿酒酵母大小的测量结果填入下表（表 3-1）。

表 3-1　酵母大小测量结果表

编号	放大倍数	目微尺每格实际长度	酿酒酵母细胞宽度		酿酒酵母细胞长度	
			目微尺格数	宽度（μm）	目微尺格数	长度（μm）

（2）将酵母菌计数结果填入下表（表3-2）。

表3-2 酵母菌计数结果表

次数	各个格中菌数					计数室细胞总数	稀释倍数	菌悬液浓度（个/mL）
	1	2	3	4	5			
1								
2								
3								

（3）为什么更换不同放大倍数的目镜和物镜时必须重新用镜台测微尺对目镜测微尺进行标定？

（4）依据实验结果，说明血球计数板的误差主要来自哪些方面？如何减少误差？

（高宁）

第四章 缓冲液、培养基的配制及灭菌技术

缓冲液、培养基的配制和灭菌是从事生物学研究的专业人员必须掌握的基本技能。培养基（culture media）是人工配制的含有支持生物生长所需各种营养成分的液体或固体混合物。为了满足生物体的生长需要，各种类型的培养基中均需包括碳源、氮源、水、无机盐、生长因子、生长调节因子及某些特殊的微量元素等，固体培养基中还需要添加琼脂作为凝固剂。此外，培养基还应具有适宜的酸碱度，一定的缓冲能力，一定的氧化还原电位和合适的渗透压。

缓冲液（Buffer）是维持反应体系中 pH 值溶液（如电泳液、酶促液和生物培养中的酸碱平衡液）。缓冲液是由弱酸（质子的供体）和与弱酸匹配的碱（质子的受体）。缓冲液的缓冲能力受成分的比例和浓度影响。同种缓冲液中，浓度越高其缓冲能力就越强。

由于配制好的培养基、缓冲液中含有大量的营养物质，因此，新配的培养基与缓冲液必须立即灭菌并封好保存，以防止外源杂菌污染培养基。灭菌的方法主要依据不同灭菌对象及要求进行选择。一般来说，主要有干热灭菌、湿热灭菌、过滤除菌、火焰灼烧、紫外线照射灭菌等方法。

无菌操作技术（Aseptic technique）是指在无菌条件下工作的操作程序。这种技术是在医学和实验室中的常用技术，如组织培养的操作、微生物的分离纯化、培养基及器具的灭菌等。无菌操作是指在洁净无菌的空间进行实验操作，最早是利用酒精灯产生一个较小的无菌空间，目前普遍采用生物安全柜或超净工作台作为无菌操作的平台。

一、溶液的配制

（一）摩尔、百分比和多倍母液

1. 摩尔浓度（Molar concentration）

以 1L 溶液里含有多少摩尔溶质（溶质的物质的量）来表示的溶液浓度称为摩尔浓度。（即 1mol 溶液是指 1L 溶液中含有相当于该分子分子量的克数）。

例如，配制 100mL 5M 的 NaCl 溶液 = 58.456（mw of NaCl）g × 5（mol）× 0.1（L）= 29.29g 溶解在 100mL 溶液中。

2. 百分比浓度（Percent concentration）

百分比浓度主要反映溶液中溶质和溶剂，或两种不同液体之间的比例关系。

质量/体积分数（w/v）=特定质量数的溶质（g）溶解于 100mL 溶液中。

体积/体积分数（v/v）=特定体积（mL）溶解于 100mL 溶液中。

例如，配 0.7% 的琼脂糖的 TBE 缓冲液，称 0.7g 琼脂糖溶于 100mL TBE 缓冲液中。

3. "多倍"溶液（母液）

许多缓冲液需要配制成浓缩溶液，比如，5 倍或 10 倍等，然后，在终反应体系缓冲液中稀释为 1 倍。

例如，在 25mL 限制性内切酶的消化体系中，通常需加入 2.5mL 10 倍的内切酶储存母液及其他成分，然后，加水至 25mL 的终体积。

在生物技术实验中，许多缓冲液是以高浓度的母液形式保存的，在使用时按如下公式计算：

$$C_i \times V_i = C_f \times V_f$$

式中，C_i——初始浓度或储存溶液浓度；

V_i——初始体积或加入反应体系的储存溶液体积；

C_f——终浓度或反应溶液浓度；

V_f——终体积或反应溶液体积。

（二）配制溶液的注意事项

（1）特殊的溶液参考实验室手册和试剂说明。

（2）按所需量称取化学药品。如果所需量低于 0.1g 或所需称量精度为 0.01g，则需使用分析天平称量。

（3）配制溶液用水一般为蒸馏水，对于 DNA 提取缓冲液、电泳缓冲液等分子生物技术实验用水则需用去离子水，任何时候严禁用自来水配制溶液。

（4）对于溶液浓度的精密度要求较低时，可用量杯或量筒作为定容仪器，而对于浓度要求严格的溶液，如 MS 培养基的微量元素母液、各种提取缓冲液等则必须用容量瓶定容。琼脂或琼脂糖在定容后加入。

（5）如果溶液需要特殊的 pH 值，根据精度要求，使用 pH 试纸（精度要求低时）或 pH 计（要求精密调节时）调整和检测 pH 值。

（6）如果配制无菌溶液，则需在溶液配制结束后，经 121℃ 高压蒸汽灭菌 20min。对于不能高压蒸汽灭菌的溶液如 SDS 等，可以用 0.22μm 的微孔滤膜过滤除菌。培养细菌的液体培养基必须在配制完成后尽快灭菌，如不及时灭菌则会被外源杂菌污染而无法使用。

（7）配好的细菌固体培养基可以先储存在瓶子中。使用时用微波炉溶解，并在倒平板前添加抗生素等成分。

（8）储存的浓缩溶液如 1M Tris – HCl pH = 8.0，5M NaCl，使用时用无菌的双蒸水稀释。

（9）用于分子生物学的塑料及玻璃器皿必须无菌和清洁。

（10）玻璃器皿须经双蒸水冲洗，然后经高压蒸汽灭菌或 160℃ 干热灭菌 2h。对于 RNA 实验，使用的玻璃器皿和溶液须经 DEPC 处理以用来抑制 RNase，或用 180℃ 干热灭菌 6h 以上（高压蒸汽灭菌不会使 RNase 失活）。

（11）塑料器皿，如微量离心管、微量移液器的吸头等通常是由特殊材料制成的，能够耐化学物质（如酚、氯仿等）腐蚀和耐高温，使用前须高压蒸汽灭菌，此类产品一般为一次性使用。

二、化学品和废弃缓冲液的处理

使用过但任何没污染的固体琼脂或琼脂糖应当与其他垃圾放在一起，不能丢弃在水池中。

污染的培养基在丢弃前应当进行高压蒸汽灭菌，一次性的培养皿和生物废弃物灭菌放入生物危险品回容器。

有机试剂如酚等，应在通风橱中使用，所有的有机废弃物应当收集在有标签的容器中，不丢弃在普通垃圾中也不要倒入水池中。

溴化乙锭（Ethidium bromide）是一类诱变剂使用和处理过程中应戴手套。废弃的含溴化乙锭的试剂应收集在有标记的容器中。

三、仪器

使用常识：保持仪器设备处于良好的工作状态，未经允许不要擅自使用。发现异常应及时汇报，离心机的转子在使用后应清理干净。

微量移液器（Micropipettors）的使用：根据溶解用量选用相匹配量程的微量移液器。根据指导教师的要求或使用说明书使用微量移液器。使用与移液器型号相匹配的吸头（tips）。

pH 仪的使用：根据说明书或在指导教师的指导下使用 pH 仪，不能在过酸或过碱的条件下使用 pH 仪，否则会损坏仪器。

高压蒸汽灭菌锅（Autoclave）的使用：将所有灭菌的材料标记后放托盘中。最好将固体和液体分开灭菌。所有容器的盖或瓶塞在松开的状态下灭菌。在灭菌锅的压力降到零后，再打开灭菌锅。

实验一　MS 培养基的配制

一、实验目的

（1）了解 MS 培养基的配制原理和方法。
（2）掌握其配制过程和分装方法。

二、实验原理

MS 培养基是目前植物组织培养中使用最普遍的培养基。其具有较高的无机盐浓度，能够保证组织生长所需的矿质营养还能加速愈伤组织的生长。由于配方中的离子浓度高，在配制、储存和消毒等过程中，即使有些成分略有出入，也不会影响离子间的平衡。MS 固体培养基可用于诱导愈伤组织，也可用于胚、茎段、茎尖及花药的培养，其液体培养基用于细胞悬浮培养时能获得明显的成功。MS 培养基的无机养分的数量和比例比较合适，足以满足植物细胞在营养上和生理上的需要。因此，一般情况下，不用再添加氨基酸、酪蛋白水解物、酵母提取物及椰子汁等有机附加成分。和其他培养基的基本成分相比，MS培养基中的硝酸盐、钾和铵的含量高，这是它的显著特点。

三、实验材料、试剂和仪器

1. 试剂

大量元素：KNO_3、NH_4NO_3、KH_2PO_4、$MgSO_4 \cdot 7H_2O$、$CaCl_2 \cdot H_2O$。

微量元素：$MnSO_4 \cdot 4H_2O$、$ZnSO_4 \cdot 7H_2O$、H_3BO_3、KI、$Na_2MoO_4 \cdot 7H_2O$、$CuSO_4 \cdot 5H_2O$、$CoCl_2 \cdot 6H_2O$、$Na_2 - EDTA$、$FeSO_4 \cdot 7H_2O$。

有机物：甘氨酸、维生素 B_1、维生素 B_6、烟酸、肌醇。

蔗糖、琼脂粉、6 – BA、NAA、0.1mol/L HCl、0.1mol/L NaOH。

2. 仪器

电子天平、量筒、烧杯、玻璃棒、组培瓶、移液器、酸度计等。

四、实验步骤

1. 母液的配制

（1）大量元素（母液Ⅰ）：按下表给出的用量，分别溶解各组成成分后，混合，定容500mL，配制成 20 × 母液。

	使用浓度（mg/L）	每 500mL 加入量（g）
KNO_3	1 900	19
NH_4NO_3	1 650	16.5
KH_2PO_4	170	1.7
$MgSO_4 \cdot 7H_2O$	370	3.7
$CaCl_2 \cdot H_2O$	261	2.61

（2）微量元素（母液Ⅱ）：按下表给出的用量，分别溶解各组成成分后，混合，定容500mL，配制成 200 × 母液。

	使用浓度（mg/L）	每 500mL 加入量（g）
KI	0.83	0.083
H_3BO_3	6.2	0.62
$MnSO_4 \cdot 4H_2O$	22.3	2.23
$ZnSO_4 \cdot 7H_2O$	8.6	0.86
$Na_2MoO_4 \cdot 7H_2O$	0.25	0.025
$CuSO_4 \cdot 5H_2O$	0.025	0.002 5
$CoCl_2 \cdot 6H_2O$	0.025	0.002 5

（3）铁盐（母液Ⅲ）：按下表给出的用量，分别用200mL 去离子水，加热并不断搅拌使之溶解，溶后混合，用0.1mol/L NaOH 调节 pH = 5.5，定容至500mL，制成 200 × 母液。

	使用浓度（mg/L）	每 500mL 加入量（g）
$Na_2 - EDTA$	37.3	3.73
$FeSO_4 \cdot 7H_2O$	27.8	2.78

（4）有机成分（母液Ⅳ）：按下表给出的用量，分别溶解各组成成分后，混合，定容500mL，配制成 200×母液。

	使用浓度（mg/L）	每 500mL 加入量（g）
肌醇	100	10
烟酸	0.5	0.05
维生素 B_6	0.5	0.05
维生素 B_1	0.1	0.01
甘氨酸	2	0.2

将配制好的常量元素、微量元素、铁盐和有机成分母液，121℃高压蒸汽灭菌 15min，保存于 4℃备用。

（5）6-BA 的配制：称取 50mg 6 – BA 溶于少量 1mol/L HCl 中，充分溶解后，加水定容至 100mL，0.22μm 微孔滤膜过滤除菌，制备成 0.5mg/mL 母液，4℃保存备用。

（6）NAA 的配制：称取 50mg NAA 溶于少量 95% 乙醇中，充分溶解后，加水定容至 100mL，0.22μm 微孔滤膜过滤除菌，制备成 0.5mg/mL 母液，4℃保存备用。

2. MS 固体培养基的配制

以配制 1L MS 培养基为例，其他体积可按比例量取药品。

（1）用量筒从分别取出所需的用量（配制 1L 培养基用量）：母液Ⅰ取 50mL，母液Ⅱ、母液Ⅲ、母液Ⅳ各取 5mL。

（2）将各母液统一加入 800mL 蒸馏水混匀，随后加入 30g 蔗糖，充分溶解，用 1 mol/L NaOH 或 1 mol/L HCl 溶液调节培养基的 pH 值至 5.8。

（3）加蒸馏水定容至 1 000mL。

（4）加入 8～10g 琼脂粉，加热使之溶解，趁热分装，每个组培瓶中加入 50mL 培养基。

（5）在 1.1kg/cm² 压力（约 121℃）高压灭菌锅中灭菌 15～20min，灭菌结束后，待培养基稍微冷却但未凝固时（50℃左右），无菌条件下，用微量移液器按用量向组培瓶中添加 6 – BA 200μL（终浓度 1mg/L）、NAA 20μL（终浓度 0.1mg/L），混匀，放置室温自然冷却凝固备用。

五、结果与讨论

（1）每组配制 100mL 培养基（MS + 1mg/L 6 – BA + 0.1mg/L NAA）。

（2）说明为什么 MS 培养基以母液的形式储存。

六、注意事项

（1）MS 母液分得更加细，一般实验室只分大量元素、微量元素、铁盐、有机成分四大类。这里将大量元素中钙离子与硫酸根离子分开配，避免产生不溶物，将硼酸也单独列出来。另外，培养基中各营养物质之间的浓度配比也直接影响微生物的生长繁殖和（或）代谢产物的形成和积累。

（2）配固体 MS 培养基时 pH 值一定要准确，如果 pH 值过大或过小会直接影响后续培养物的生长。

（3）有些激素可以高压灭菌，如 6 - BA 和 NAA，有些则不能高压灭菌，如 IAA 和玉米素（ZT）。

实验二　LB 培养基的配制

一、实验目的

（1）明确培养基的配制原理。

（2）通过对 LB 培养基的配制，掌握配制培养基的一般方法和步骤。

二、实验原理

LB 培养基是一种应用最广泛和最普通的细菌基础培养基，有时又称为普通培养基。它含有酵母提取物、蛋白胨和 NaCl。其中，酵母提取物为微生物提供碳源和能源、磷酸盐、蛋白胨主要提供氮源，而 NaCl 提供无机盐。在配制固体培养基时还要加入一定量琼脂作凝固剂。琼脂在常用浓度下96℃时溶化，一般实际应用时在沸水浴中或下面垫以石棉网煮沸溶化，以免琼脂烧焦。琼脂在40℃时凝固，通常不被微生物分解利用。固体培养基中琼脂的含量根据琼脂的质量和气温的不同而有所不同。

由于这种培养基多用于培养细菌，因此，要用稀酸或稀碱将其 pH 值调至中性或微碱性，以利于细菌的生长繁殖。

三、实验材料、试剂和仪器

（1）试剂：酵母提取物、蛋白胨、NaCl、琼脂、1mol/L NaOH、1mol/L HCl。

（2）仪器：试管、三角烧瓶、烧杯、量筒、玻璃棒、天平、药勺、高压蒸汽灭菌锅、pH 试纸（pH 值为 5.5~9.0）、棉花、牛皮纸、记号笔等。

四、实验步骤

1. 称量

LB 液体培养基的配方为：

蛋白胨	10g
酵母提取物	5g
NaCl	10g
蒸馏水	1 000mL

按培养基配方比例依次准确地称取酵母提取物、蛋白胨、NaCl 放入烧杯中。蛋白胨很易吸潮，在称取时动作要迅速。另外，称药品时严防药品混杂，一把药勺用于一种药品，或称取一种药品后，洗净、擦干，再称取另一药品，瓶盖也不要盖错。

2. 溶解

在上述烧杯中可先加入少于所需要的水量，用玻棒搅匀使其溶解，也可在石棉网上适当加热促溶。待药品完全溶解后，补充水分到所需的总体积。如果配制 LB 固体培养基，则需向已配好的液体培养基中按质量体积比加入 1.5% ~2% 的琼脂粉（即每 100mL 液体培养基中加入 1.5 ~2g 琼脂粉）。由于琼脂粉不溶于冷水仅溶于热水，因此，需将培养基加热至 95℃使琼脂溶解，在琼脂溶解的过程中，需不断搅拌，以防琼脂糊底使烧杯破裂。最后补足所失的水分。由于琼脂在 40℃以下就会重新凝固，因此，在琼脂溶解后，需使其保持在 50℃以上，同时尽快调节 pH 值并趁热分装。

3. 调 pH 值

在未调 pH 值前，先用精密 pH 试纸测量培养基的原始 pH 值，如果 pH 偏酸，用滴管向培养基中逐滴加入 1mol/L NaOH，边加边搅拌，并随时用 pH 试纸测其 pH 值，直至 pH 值达 7.6。反之，则用 1mol/L HCl 进行调节。注意 pH 值不要调过头，以避免回调，否则，将会影响培养基内各离子的浓度。

对于有些要求 pH 值较精确的微生物，其 pH 值的调节可用酸度计进行（使用方法，可参考有关说明书）。

4. 分装

按实验要求，可将配制的培养基分装入试管内或三角烧瓶内。分装过程中注意不要使培养基沾在管口或瓶口上，以免黏附棉塞而引起污染。

（1）液体分装。分装高度以试管高度的 1/4 左右为宜。

（2）固体分装。分装试管，其装量不超过管高的 1/5，灭菌后制成斜面，分装三角烧瓶的量以不超过三角烧瓶容积的一半为宜。

（3）半固体分装。试管一般以试管高度的 1/3 为宜，灭菌后垂直待凝。

5. 加塞

培养基分装完毕后，在试管口或三角烧瓶口上塞上棉塞，以阻止外界微生物进入培养基内而造成污染，并保证有良好的通气性能。

6. 包扎

加塞后，将全部试管用麻绳捆扎好，再在棉塞外包一层牛皮纸，以防止灭菌时冷凝水润湿棉塞，其外再用一道麻绳扎好。用记号笔注明培养基名称、组别、日期。三角烧瓶加塞后，外包牛皮纸，用麻绳以活结形式扎好，使用时容易解开，同样用记号笔注明培养基名称、组别、日期。

7. 灭菌

将上述培养基以 1.05kg/cm^2（15 磅/平方英寸），121.3℃，20min 高压蒸汽灭菌。要做到配制结束后尽快灭菌，避免杂菌污染。

8. 搁置斜面

将灭菌的试管培养基冷至 50℃ 左右，将试管棉塞端搁在玻棒上，搁置的斜面长度以不超过试管总长的一半为宜。

9. 无菌检查

将灭菌的培养基放入 37℃ 的温室中培养 24～48h，以检查灭菌是否彻底。

五、结果与讨论

（1）每组配制 LB 液体培养基 200mL，配制 LB 斜面 5 个。

（2）为什么配制完的培养基需要尽快灭菌？

（李慧玲，陈红艳，李天聪）

第五章　核酸分析技术

核酸是生命体的遗传物质，包括核糖核酸（Ribonucleic Acid，RNA）和脱氧核糖核酸（Deoxyribonucleic acid，DNA）。

脱氧核糖核酸，即 DNA，是 4 种脱氧核糖核苷酸按一定顺序，经 3′－，5′－磷酸二酯键连接而成的、线性无分支的生物大分子，DNA 中含有的两条反向平行的脱氧核糖核酸链经由氢键连接，形成双螺旋结构。DNA 主要存在于细胞核与线粒体内，是绝大多数生命体的遗传物质（少数病毒以 RNA 作为遗传物质）。DNA 中含有的 4 种脱氧核糖核酸均是由磷酸、脱氧核糖和碱基组成，区别仅在于不同脱氧核糖核酸所含碱基不同（即腺嘌呤 A、鸟嘌呤 G、胸腺嘧啶 T、胞嘧啶 C），碱基的排列顺序构成了生物体的遗传密码，存储遗传信息、编码蛋白质。

核糖核酸，即 RNA，是由核糖核苷酸经 3′－，5′－磷酸二酯键连接而成的生物大分子，与 DNA 的双螺旋结构不同，RNA 为单链分子，某些种类的 RNA 仅在特定序列区域形成局部茎环结构。RNA 所含碱基主要有腺嘌呤 A、鸟嘌呤 G、胞嘧啶 C 和尿嘧啶 U，另外，RNA 中还含有部分稀有碱基，如次黄嘌呤 I 等。RNA 在生命体中功能多种多样，在某些不含 DNA 的病毒中，RNA 充当了遗传物质的角色（如烟草花叶病毒），而在大多数细胞结构的生命体中，RNA 主要作为遗传信息的传递工具，如信使 RNA、核糖体 RNA、转运 RNA、非编码 RNA 等，各类 RNA 在生命进程中均发挥了重要作用。

核酸作为遗传物质，对于特定基因的深入研究在药物作用机理研究、药物作用靶点寻找等方面具有重要的意义，因此，核酸的研究是生物技术制药实验的重点内容之一，本章主要介绍核酸的提取分离、纯化、检测、扩增等技术，有关转基因及突变技术将在后续章节中进行介绍。

下面，先就一些核酸操作中的基本问题作一简要介绍。

一、储存

一般情况下，DNA 与 RNA 均储存在 TE 缓冲液中（Tris 与 EDTA 按一定比例配制的缓冲溶液），储存温度一般为 -20℃冷冻保存，如要长期储存则需放置于 -80℃进行超低温保存。然而实践表明，不使用 TE，仅用无菌去离子水 -20℃储存 DNA，依然能够保证半年以上不会降解。DNA 相对较稳定，而 RNA 稳定性较差，最好在 -80℃或液氮中储存，因此，一般来说，提取得到的 RNA 样品应尽快进行后续操作，避免长时间存放。

另外，还有很多因素会影响到核酸的稳定性。重金属会引发磷脂键的断裂，而 EDTA 为重金属的优良螯合剂。化学分解和辐射产生的自由基也会引发磷脂键的断裂。260 nm 的紫外线会造成 DNA 的损伤，包括形成胸腺嘧啶二聚体和交联。320 nm 的紫外线也会引起交联。溴化乙锭在可见光和氧的作用下可以氧化 DNA（也称光氧化 photo-oxidation）。氧化产物也可引发磷酯键的断裂。在没有重金属的情况下，乙醇对 DNA 无害。

二、纯化-除去核酸中的蛋白质

从生物体中提取核酸，通常都混有大量的其他生物大分子，如蛋白质、多糖等。可采用蛋白酶水解法、酚抽提法、氯化铯密度梯度离心法等纯化核酸。具体操作步骤参见相应实验过程。

三、核酸的定量

（一）分光光度计法

对于纯的 DNA 溶液，分光光度计法是最简单的测浓度的方法。260 nm 处 1 OD 值相当于 50 mg/mL 的双链 DNA 或 40 mg/mL 的单链 DNA 和 RNA，以及 20 ~ 33 mg/mL 寡聚核苷酸。核酸纯度则可以通过 OD_{260}/OD_{280} 的比值来评估，纯 DNA 溶液应为 1.8，而 RNA 应为 2.0，数值偏高或偏低均表明溶液中含有其他杂质分子。

（二）溴化乙锭荧光定量

除分光光度法外，也可向将未知浓度的 DNA 样品中添加定量的 2 mg/mL 的溴化乙锭溶液，将样品与标准 DNA 溶液在琼脂糖胶上进行电泳对比，紫外线照射条件下，比较样品与已知标准 DNA 溶液的亮度，粗略估计样品 DNA 浓度。

四、浓缩沉淀

（一）乙醇沉淀

DNA 和 RNA 溶液可用乙醇按照如下方法进行浓缩：测定 DNA 的体积，并调整一价阳离子的浓度。不同的一价阳离子所需终浓度不同，乙酸铵 2 ~ 2.5M，乙酸钠 0.3M，氯化钠 0.2M，氯化锂 0.8M。离子的应用通常依 DNA 的体积和后续的操作而定：例如，乙酸钠抑制 Klenow，NH_4^+ 抑制 T4 多核苷酸激酶，Cl^- 抑制依赖 DNA 的 RNA 聚合酶，添加 $MgCl_2$ 至终浓度 10mM 可促进小的 DNA 碎片及寡核苷酸的沉淀。加入一价阳离子之后，再加入 2 ~ 2.5 倍体积的乙醇，充分混合，置于冰上或在 − 20℃ 静置 20min 至过夜。随后，将保存的 DNA 以 12 000g 离心 10min（4℃）获得沉淀。小心倒掉上清液并确保沉淀的 DNA 没有被倒掉（提取基因组 DNA 时一般可见较明显沉淀，但提取或纯化小量核酸时 DNA 沉淀是看不到的，需干燥后才能看到）。将 DNA 沉淀用 0.5 ~ 1mL 的 70% 乙醇清洗以去除盐离子，离心，倒掉上清液，使 DNA 沉淀干燥。乙酸铵在乙醇中易溶，因此 70% 乙醇的清洗可将其有效去除。乙酸钠和氯化钠的除去效果则差些。为使 DNA 快速干燥可用浓缩离心仪离心干燥，当然这种方法在许多 DNA 制备过程中是不推荐使用的，因为过分干燥的 DNA 不易重悬，并且小的 DNA 碎片倾向于变性。

（二）异丙醇沉淀

异丙醇也可用于沉淀 DNA，但是，它可能会共沉淀盐类，并且由于其挥发性较差，本身不易挥发。虽然和乙醇相比异丙醇较少用于沉淀 DNA，但在提取较大质粒时也会少量使用。

五、DNA 酶切反应

1. 限制性内切酶

限制性内切酶（Restriction endonuclease）是一类识别双链 DNA 中特殊苷酸序列，并使每条链的一个二磷脂键断开的内脱氧核糖核酸酶（endo-deoxyribonuclease）。限制性内切酶的命名一般以提取这种内切酶的生物的属名、种名和菌株（型）代号的字母缩写来命名。例如，从 *Haemophilus influenzae* Re 中提取的一种限制性内切酶被命名为 Hind，并且由于同一菌株中提取到多种限制性内切酶，所以把提取到的第三种限制性内切酶以罗马数字表示，即 HindⅢ。限制性内切酶识别序列指限制性内切酶在双链 DNA 分子上识别的特殊核苷酸序列，可能是 4 个、5 个、6 个甚至更多的核苷酸序列，各种限制性内切酶识别序列具有一个共同的特点，即呈回文对称结构。一般来说，同一种 DNA 分子中，短的识别序列出现几率大，而长识别序列出现几率小。如 HindⅢ的识别序列为 6 个核苷酸对，在一段只含 CTAG 的 DNA 中，平均间隔 4096（4^6）个核苷酸对才有一次机会出现这个识别序列。因此，要获得不同长短的 DNA 片段，就需要用识别序列长度不同的限制内切酶。但未必都具有这样的规律。往往识别序列富含 AT 的限制性内切酶在富含 AT 的 DNA 分子上出现几率较高，相反在富含 GC 的 DNA 分子上出现几率较少。识别序列富含 GC 的限制性内切酶亦然。

限制性内切酶产生的 DNA 片段末端通常有两种形式：其一，两条链的断裂位置是交错的，形成具有凸出末端的 DNA 片段，这样的末端称之为黏性末端。有的内切酶切割后产生 3'黏性末端，即切割片段末端的 3'比 5'端多 1 到几个核苷酸；而另一些限制性内切酶切割后产生 5'黏性末端。其二，两条链上的断裂位置处在识别序列的对称结构中心，这样断裂的结果形成具有平末端的 DNA 片段。

2. 限制性内切酶酶切反应的影响因素

（1）底物 DNA。

①侧面序列和位点偏爱（Site Preferences）：实验表明仅含识别序列的寡核苷酸片段是不会被限制性内切酶切割的；而在识别序列两端各伸展 1 或 2 个核苷酸，就可被低效切割；只有当侧面序列增加到一定长度后，才能达到正常的反应速率。并且侧面序列中的碱基组成对于个别切割位点的切割效率也有影响。有些酶有位点偏爱现象，这种现象被认为与不同位点的识别序列的侧面序列不同有关。

②DNA 的甲基化：制备的 DNA 样品往往在特定的核苷酸碱基对上被甲基化酶甲基化，一旦在识别序列中的核苷酸碱基被甲基化，则严重影响切割效率，但并不是所有的限制性内切酶都受甲基化序列的抑制。此外限制性内切酶切割线性 DNA 分子的效果高于切割超

螺旋 DNA 或病毒 DNA。

③DNA 纯度：在 DNA 样中若含有一定量的 DNase、蛋白质、乙醇、EDTA、SDS、酚、氯仿和高浓度的盐离子，均会影响限制性内切酶的切割效率。在纯度不高的情况下，增加酶用量，扩大反应体系体积，延长反应时间和加入阳离子亚精胺可以提高效率。

（2）酶的用量。由于限制性内切酶的储存缓冲液中含有 50% 的甘油，所以酶的用量不得超过反应体系总体积的 10%，使反应体系中甘油的浓度低于 5%，并且酶用量还与底物 DNA 的量和酶液活性单位以及识别序列密切相关。等量的两种 DNA，由于含同种限制性内切酶的识别序列密度不同，则酶量也不一样。

（3）反应温度。大多数限制性内切酶的最适反应温度是 37℃，但少数酶的最适反应温度低于或高于 37℃。高于或低于最适温度就会降低酶性。

（4）反应系统的缓冲液。限制性内切酶反应体系中一般仅有 $MgCl_2$，NaCl（KCl），Tris-HCl 和 β-巯基乙醇（或二硫苏糖醇）。终止酶反应的方法一般是向酶反应系统中加入适量的 EDTA（加入的 EDTA 会影响后续连接酶反应，因此用此法终止酶切反应后必须重新用酚-氯仿提取 DNA）也可以对系统进行加热（一般为 65℃ 10min 就可以使大部分的酶丧失活性）。

3. 限制性内切酶的星号活性现象

具有星号活力的酶在非标准反应的条件下，可能识别切割与其特异性识别序列不同但相似的位点。产生的原因如下。

①反应系统中的甘油的浓度过高（>5%）。

②酶用量过大。

③离子浓度过低（<25mM）。

④高 pH 值（>8.0）。

⑤含有有机溶剂（乙醇、二甲基亚砜）。

⑥存在一些二价金属离子（如 Cu^{2+}、Co^{2+}、Zn^{2+} 等，但不包括 Mg^{2+}）。

⑦反应时间过长。

六、DNA 连接

DNA 分子的体外连接就是在一定条件下，由 DNA 连接酶催化两个双链 DNA 片段组邻的 5'端磷酸与 3'端羟基之间形成磷酸脂键的生物化学过程，DNA 分子的连接是在酶切反应获得同种酶互补序列基础上进行的。

1. 黏性末端的连接

同一种内切酶或不同内切酶来消化切割外源性 DNA 和载体 DNA，可以产生相同的黏性末端，同时这些黏性末端是互补的。在 DNA 连接酶的催化作用下，外源性 DNA 可以和载体 DNA 通过黏性末端的互补关系连接在一起，而形成重组 DNA 分子。如果是不同种内切酶切割形成的黏性末端连接，那么形成的重组 DNA 顺序则不能再被原切割内切酶识别，这不利于从重组子上将插入片段完整地再次切割下来。

所以，通常尽量选择用同一内切酶对外源性基因 DNA 及载体 DNA 进行切割。但是，在重组时，可导致外源性 DNA 特别是质粒的自身环化，大部分形成同源分子的环形单体或双体，仅得到少数重组 DNA 分子。这肯定是基因克隆工作所不希望的。此外，由于载体自身环化后也可以转化到宿主细胞中去。其结果是形成较高的假阳性克隆背景。

为了避免和减少这种同源分子的自身环化反应，以提高重组效率及降低伪阳性克隆背景。通常采取下列措施。

①用两种不同的限制酶同时切割外源 DNA 和载体，生成不同的黏性末端，致使两种分子只能重组不能环化。

②用碱性磷酸酶切去载体黏性末端的 5'磷酸基（不处理外源性 DNA）。可以避免载体自身环化连接，但不影响载体与外源性 DNA 分子的连接。重组体每条链上仍残留一个切口，待进入宿主细胞内可被修复。

③适当控制载体和外源 DNA 分子浓度。

2. 平末端连接

用化学合成法、反转录酶酶促合成法获得的 DNA 或 cDNA 片段，以及某限制性内切酶切割生成的 DNA 片段，均为平端。利用 DNA 连接酶对平末端 DNA 片段也能进行连接，但所需底物浓度高，连接效率低。一般需要将平末端进行修饰或改造形成黏性端后再进行连接。通常可通过下列两种方法进行修饰、改造。

①添加人工接头：人工接头为一段寡聚脱氧核糖核酸链，链内含有一种内切酶单切点。将人工接头连到 DNA 分子的两端后，即用该酶消化切割，生成黏性末端，然后再进行重组连接。要注意的是，外源性 DNA 或载体其本身也可能含有与人工接头内相同的酶切点，这样用酶处理时，在形成黏性末端的同时，外源性 DNA 或载体因被切割而受到破坏。所以，在用酶切形成黏性末端前，应对外源性 DNA、载体 DNA 进行甲基化处理。

②加同聚核苷酸尾巴：应用末端转移酶，在底物的 3'－OH 上加同聚核苷酸尾巴，即在载体和外源性 DNA 分子的 3'－OH 上，加上互补的足够长的同聚核苷酸，经过退火可以形成氢键结合。例如，在外源基因上加 poly（dC）或 poly（dA），而在载体上相应加上 poly（dC）或 poly（dT）。这样通过退火（复性）使互补的单核苷酸以氢键结合，使两个 DNA 片段连接起来，形成重组载体。如连接后仍存有缺口，可在重组载体转化宿主细胞后在细胞内修复。

七、电泳（Electrophoresis）

1. 凝胶电泳（Gel Electrophoresis）

电泳是在电场的作用下在胶中将带电荷的颗粒分离的过程。电泳（electrophoresis）一词中"Electro"是指电能，而"Phoresis"，来源于希腊语是指携带转移的意思。电泳时，颗粒的移动速度受到颗粒的电荷、外加电场强度、电泳温度和电泳体系等条件的影响。

凝胶电泳是根据大分子所携带的电荷数量、分子大小和其他的物理性状将 DNA、蛋白质等生物大分子分离的方法。所以，电泳作为一种技术，将含有分子的胶状介质放置于两电极之间，分子本身的特性决定了其移动的速度。

2. 电泳的工作原理

电泳是用于分离蛋白质和核酸等生物大分子的技术。许多生物大分子，如氨基酸、多肽、蛋白质、核苷酸和核酸等具有电离基团，并在某种 pH 值的溶液中会带有（＋）或（－）的电荷，因此会向阴极或阳极泳动。电泳时，凝胶放在电泳缓冲液中，分子在电场的推动下，从一极向另一极移动，不同的分子移动速率不同。泳动的速度受电场的强度、分子的大小和形状、样本疏水性和缓冲液的温度等因素的影响。凝胶则起到支持物及分子筛的作用，将不同分子量的分子分开。

用于制作凝胶的基本材料主要有两种：琼脂糖（Agarose）和聚丙烯酰胺（polyacrylamide）。琼脂糖是从天然的海藻中提取出来的，它非常脆弱、易碎。琼脂糖的"筛孔"比较大，主要用于大于 200 kD 分子的分离。虽然琼脂糖分离的速度比胶快，但分辨率却低于聚丙烯酰胺。在这样大孔径的胶上电泳，其带型比较模糊也比较分散。琼脂糖是线形的多聚糖分子，是由葡萄糖和脱羟半乳糖交替排列形成的。应用时将 1% 到 3% 的琼脂糖粉溶于电泳缓冲液中，加热溶解，室温冷却后形成固体凝胶。琼脂糖凝胶一般用于 DNA 和 RNA 的分离与检测。

聚丙烯酰胺凝胶电泳技术（polyacrylamide gel electrophoresis，PAGE）由 Raymond 和 Weintraub 于 1959 年发明，聚丙烯酰胺可以在不同的条件下进行更为广泛的电泳。

聚丙烯酰胺是由一定比例的丙烯酰胺（Acrylamide）和 N，N'甲叉基双丙烯酰胺（N，N'-methylene-bis-acrylamide）在过硫酸铵及 TEMED（N，N，N'，N'-tetra-methyl-ethylene-diamine）催化下形成的。聚丙烯酰胺的孔径可以通过丙烯酰胺的配制比例进行调整，利用 3% 到 30% 的聚丙烯酰胺凝胶可以分离 5～2 000kD 分子量的分子，这对基因测序、蛋白质、多肽和酶的分析来讲是非常理想的范围。

聚丙烯酰胺凝胶的浓度可以是单一也可以是梯度的。如果是梯度的，角度孔径是逐渐变小的，可获得更窄的条带，所以可进行更细致的遗传及分子分析。与琼脂糖相比，丙烯酰胺凝胶电泳更为灵活，能获得更为清晰明确的带型。

另外，需要注意的是没有聚合的丙烯酰胺和 N，N'甲叉基双丙烯酰胺是有毒的，操作时要戴手套及防尘面具，在制胶过程中不要混入空气或与空气隔绝，因为 O_2 会抑制聚合反应，缓冲液和其他成分则需在聚合前与丙烯酰胺混合。

八、聚合酶链式反应（PCR）

1. 聚合酶链式反应（PCR）的基本过程

PCR 指在引物指导下由酶催化的对特定模板（克隆或基因组 DNA）的扩增反应，是模拟体内 DNA 复制过程，在体外特异性扩增 DNA 片段的一种技术，其循环过程主要由 3 步构成：模板变性、引物退火、热稳定 DNA 聚合酶在适当温度下催化 DNA 链延伸合成。

（1）模板 DNA 的变性。模板 DNA 加热到 90～95℃时，双螺旋结构的氢键断裂，双链解开成为单链，称为 DNA 的变性。变性温度与 DNA 中 G-C 含量有关，G-C 间由 3 个氢键连接，而 A-T 间只有两个氢键相连，所以，G-C 含量较高的模板，其解链温度相对要高些。故 PCR 中 DNA 变性需要的温度和时间与模板 DNA 的二级结构的复杂性、G-C 含量高低等均有关。对于高 G-C 含量的模板 DNA 在实验中需添加一定量二甲基亚砜（DMSO），并且在 PCR 循环中起始阶段热变性温度可以采用 97℃，时间适当延长，即所谓的热启动。

（2）模板 DNA 与引物的退火。将反应混合物温度降低至 37～65℃时，寡核苷酸引物与单链模板杂交，形成 DNA 模板-引物复合物。退火所需的温度和时间取决于引物与靶序列的同源性程度及寡核苷酸的碱基组成。一般要求引物的浓度大大高于模板 DNA 的浓度，并由于引物的长度显著短于模板的长度，因此在退火时，引物与模板中的互补序列的配对速度比模板之间重新配对成双链的速度要快得多，退火时间一般为 1 ~ 2min。

（3）引物的延伸。DNA 模板-引物复合物在 Taq DNA 聚合酶的作用下，以 dNTP 为反应原料，靶序列为模板，按碱基配对与半保留复制原理，合成一条与模板 DNA 链互补的新链。延伸所需要的时间取决于模板 DNA 的长度。在 72℃条件下，Taq DNA 聚合酶催化的合成速度为 40 ~ 60 个碱基/s。经过一轮"变性-退火-延伸"循环，模板拷贝数增加了一倍。在以后的循环中，新合成的 DNA 都可以起模板作用，因此每一轮循环以后，DNA 拷贝数就增加一倍。每完成一个循环需 2 ~ 4min，一次 PCR 经过 30 ~ 40 次循环，2 ~ 3h。扩增初期，扩增的量呈直线上升，但是当引物、模板、聚合酶达到一定比值时，酶的催化反应趋于饱和，便出现所谓的"平台效应"，即靶 DNA 产物的浓度不再增加。

2. PCR 反应的组成体系

PCR 反应体系主要由五部分组成：特异性引物、耐热 DNA 聚合酶、dNTP、模板 DNA 和反应缓冲液（Mg^{2+}）。

（1）引物。引物是 PCR 特异性反应的关键，PCR 产物的特异性取决于引物与模板 DNA 互补的程度。理论上，只要知道任何一段模板 DNA 序列，就能按其设计互补的寡核苷酸链做引物，利用 PCR 就可将模板 DNA 在体外大量扩增。为保证 PCR 反应特异性，引物设计应遵循以下原则。

①引物长度。长度要求在 15 ~ 30bp，常用为 20bp 左右，引物过短时会造成 Tm 值过低，在酶反应温度时不能与模板很好的配对；引物过长时又会造成 Tm 值过高，超过酶反应的最适温度，且合成长引物还会使费用大大增加。

②引物碱基构成。引物的 G + C 含量以 40% ~ 60% 为宜，因为 G + C 含量过高或过低都会直接造成 Tm 值的过高或过低，都不利于 PCR 反应的进行。四种碱基最好随机分布，避免 5 个以上的嘌呤或嘧啶核苷酸的成串排列。

③引物二级结构。应尽量避免引物内部出现二级结构，并且两条引物间不能形成互补结构，特别是 3′端的互补，否则形成引物二聚体，PCR 扩增中产生非特异的条带。引物自身也应无回文对称结构（限制性酶切位点除外），防止形成茎环结构。

④引物 3′端序列。3′端碱基要求与模板严格配对，连续配对的碱基数超过 15bp，以避免因末端碱基不配对而导致 PCR 失败。

⑤引物中酶切位点的引入。引物中一般会引入一至两个酶切位点，便于后期的克隆实验，特别是在用于表达研究的目的基因的克隆工作中，PCR 克隆基因时已将后续方案设计完毕。

⑥引物的特异性。引物应与核酸序列数据库的其他序列无明显同源性，特别是与待扩增的模板 DNA 之间要没有明显的相似序列。

⑦引物量。反应体系中引物的常用浓度为 0.1 ~ 1pmol/mL，以最低引物量产生所需要的结果为好，引物浓度偏高会在反应过程中形成二聚体，过低则扩增效率会降低。

（2）酶及其浓度。PCR 反应中采用的聚合酶是耐热的 DNA 聚合酶，最为常用的是

Taq DNA 聚合酶，它从水生嗜热杆菌 *Thermus aquaticus* 中分离得到的。Taq DNA 聚合酶是一个单亚基，分子量为 94 000 Da。具有 $5'\rightarrow3'$ 的聚合酶活力，$5'\rightarrow3'$ 的外切核酸酶活力，无 $3'\rightarrow5'$ 的外切核酸酶活力，会在 3' 末端不依赖模板加入 1 个脱氧核苷酸（通常为 A，故 PCR 产物克隆中有与之匹配的 T 载体），在体外实验中，Taq DNA 聚合酶的出错率为 $10^{-4}\sim10^{-5}$。Taq DNA 聚合酶的发现极大地促进了 PCR 技术的推广，使 PCR 技术广泛地应用于生物医药各个领域。

（3）dNTP 的质量与浓度。dNTP 的质量与浓度和 PCR 扩增效率有密切关系，dNTP 粉呈颗粒状，如保存不当易变性失去生物学活性。dNTP 溶液呈酸性，使用时应配成高浓度后，以 1M NaOH 或 1M Tris-HCl 的缓冲液将其 pH 值调节到 7.0～7.5，小量分装，－20℃冰冻保存。多次冻融会使 dNTP 降解。在 PCR 反应中，dNTP 应为 50～200mmol/L，尤其是注意 4 种 dNTP 的浓度要相等（等摩尔配制），如其中任何一种浓度不同于其他几种时（偏高或偏低），就会引起错配。浓度过低又会降低 PCR 产物的产量。dNTP 能与 Mg^{2+} 结合，使游离的 Mg^{2+} 浓度降低。

（4）模板 DNA。模板 DNA 的量与纯化程度，是 PCR 成败与否的关键环节之一，传统的 DNA 纯化方法通常采用 SDS 和蛋白酶 K 来消化处理标本。

模板 DNA 投入量对于细菌基因组 DNA 一般在 1～10ng/mL，实验中模板浓度常常需要优化，一般可选择几个浓度梯度（浓度差以 10 倍为一个梯度）。在 PCR 反应中，过高的模板投入量往往会导致 PCR 实验的失败。

（5）Mg^{2+} 浓度。PCR 扩增反应缓冲液中，以 Mg^{2+} 浓度对 PCR 扩增的特异性和产量的影响最为显著。在一般的 PCR 反应中，各种 dNTP 浓度为 200mmol/L 时，Mg^{2+} 浓度为 1.5～2.0mmol/L 为宜。Mg^{2+} 浓度过高，反应特异性降低，出现非特异扩增，浓度过低会降低 Taq DNA 聚合酶的活性，使反应产物减少。一般厂商提供的 Taq DNA 聚合酶均有相应的缓冲液，而 Mg^{2+} 也已添加，如果特殊实验应采用无 Mg^{2+} 的缓冲液，在 PCR 反应体系中添加一定量的 Mg^{2+}。

3. PCR 反应条件

温度与时间的设置：基于 PCR 原理三步骤而设置变性-退火-延伸三个温度点。在标准反应中采用三温度点法，双链 DNA 在 90～95℃变性，再迅速冷却至 40～60℃，引物退火并结合到靶序列上，然后快速升温至 70～75℃，在 Taq DNA 聚合酶的作用下，使引物链沿模板延伸。对于较短靶基因（长度为 100～300bp 时）可采用二温度点法，除变性温度外、退火与延伸温度可合二为一，一般采用 94℃变性，65℃左右退火与延伸（此温度 Taq DNA 酶仍有较高的催化活性）。

4. PCR 反应特点

（1）高特异性。PCR 反应的特异性决定因素包括引物与模板 DNA 特异性的结合；碱基配对原则；Taq DNA 聚合酶合成反应的忠实性以及靶基因的特异性与保守性。其中引物与模板的正确结合是关键，引物与模板的结合及引物链的延伸是遵循碱基配对原则的。聚合酶合成反应的忠实性及 Taq DNA 聚合酶耐高温性，使反应中模板与引物的结合（复性）可以在较高的温度下进行，结合的特异性大大增加，被扩增的靶基因片段也就能保持很高的正确度。再通过选择特异性和保守性高的靶基因区，其特异性程度就更高。

（2）高灵敏度。PCR 产物的生成量是以指数方式增加的，能将皮克（1pg = 10^{-12}g）量级的起始待测模板扩增到微克（1mg = 10^{-6}g）水平。能从 100 万个细胞中检出一个靶细胞；在病毒的检测中，PCR 的灵敏度可达 3 个 RFU（空斑形成单位）；在细菌学中最小检出率为 3 个细菌。

（3）快速简便。PCR 反应用耐高温的 Taq DNA 聚合酶，一次性地将反应液加好后，即在 PCR 仪上进行变性-退火-延伸反应，反应一般在 2 ~ 4h 完成。扩增产物常用电泳分析，操作简单易推广，如采用特殊 PCR 仪（荧光实时定量 PCR 仪）则可全程监测 PCR 反应的结果，故耗时将更短。

（4）低纯度模板。不需要分离病毒或细菌及培养细胞，DNA 粗制品及总 RNA 等均可作为扩增模板。可直接用临床标本如血液、体腔液、洗漱液、毛发、细胞、活组织等粗制的 DNA 扩增检测。

实验一　碱裂解法提取质粒 DNA

质粒是携带外源基因进入细菌中扩增或表达的主要载体，它在基因操作中具有重要作用。质粒的分离与提取是最常用、最基本的实验技术。质粒的提取方法很多，大多包括 3 个主要步骤：细菌的培养、细菌的收集和裂解、质粒 DNA 的分离和纯化。本实验以碱裂解法为例，介绍质粒的抽提过程。

一、实验目的

（1）了解质粒结构特点。
（2）掌握碱裂解法抽提质粒的原理。
（3）掌握碱裂解法抽提质粒的基本操作步骤及各试剂的作用。

二、实验原理

质粒是染色体外的能独立遗传的共价闭合双链 DNA 分子，它存在于细菌和其他一些生物体内，能够提供给宿主细胞一些表型如抗药性，分解复杂有机物的能力。野生质粒经过改造后可以作为基因工程的载体，改造后的质粒载体一般包括复制起点、选择性标记及多克隆位点等结构。在 DNA 重组中，经过改造后的质粒载体可通过连接外源基因构成重组体从而携带外源基因，经过基因表达后使其宿主细胞表现相应的性状。因此，这种质粒载体在生物医药领域中具有极广泛的应用价值。质粒的分离与提取也是生物技术制药最常用、最基本的实验技术之一。

质粒的提取常采用碱裂解法、煮沸法、一步提取法以及在碱裂解法基础上的试剂盒法等。本实验我们采用碱裂解法从细菌当中提取质粒 DNA。

碱裂解法提取质粒 DNA 是基于染色体 DNA 与质粒 DNA 的变性与复性的差异而达到分离目的的。

在 pH 值为 12.0 ~ 12.6 碱性环境中，细菌的线性大分子量染色体 DNA 氢键断裂，双螺旋解链变性分开，而共价闭环的质粒 DNA 虽然大部分氢键断裂，但超螺旋共价闭合的两条互补链不会完全分开，而是依然处于拓扑缠绕状态。随后，当利用 pH = 4.8 的 NaAc（或 KAc）高盐缓冲液将溶液 pH 调至中性时，变性的质粒 DNA 又迅速复性，仍为可溶状态，而染色体 DNA 则难以复性而形成网状结构、蛋白质则在 SDS 的作用下变性。通过离心，大部分细胞碎片、染色体 DNA、RNA 及蛋白质 - SDS 复合物等形成沉淀被除去，质粒 DNA 尚在上清中，然后用酚/氯仿抽提进一步纯化质粒 DNA。多数公司生产的商品化的质粒提取试剂盒多采用在碱裂解法的基础上通过特殊的吸附柱来纯化质粒 DNA 的方法。

三、仪器与试剂

1. 仪器

恒温培养箱、恒温摇床、台式离心机、高压蒸汽灭菌锅、微量移液器。

2. 材料

含有质粒 pUC18 载体的大肠杆菌菌液。

3. 试剂

溶液Ⅰ：葡萄糖 50mmol/L，EDTA 10mmol/L（pH = 8.0），Tris-Cl 25mmol/L（pH = 8.0）。

溶液Ⅱ：NaOH 0.2mol/L，SDS 1%（现用现配）。

溶液Ⅲ：KAc 5mol/L 60mL，冰乙酸 11.5mL，去离子水 28.5mL。

Tris 饱和酚，氯仿，无水乙醇，TE 缓冲液。

四、实验步骤

（1）取 1mL 培养菌体置于离心管中，12 000r/min 离心 1min，弃上清液，离心管倒扣于干净的吸水纸上吸干。

（2）加 150μL 冰预冷的溶液Ⅰ充分混合。室温下放置 10min。

（3）加入 200μL 溶液Ⅱ（新鲜配制），加盖后温和颠倒离心管数次混匀（千万不要振荡），冰浴 5 min。

（4）加入 150μL 预冷溶液Ⅲ，轻轻颠倒数次混匀，置于冰浴 15min。

（5）12 000r/min 离心 10min，取上清液于另一离心管中。

（6）上清液中加入等体积酚/氯仿（1∶1）混匀，4℃、12 000r/min 离心 5min。

（7）小心吸取上层液体至一新的离心管，弃去中层的蛋白质和下层的有机相。

（8）上清液中加入 2 倍体积的无水乙醇混匀，室温下放置 5 ~ 10min，以 12 000r/min，离心 5 ~ 15min，取沉淀。

（9）1.0mL 预冷的 70% 乙醇洗涤沉淀 1 ~ 2 次（5 000r/min，5min），沉淀在室温下晾干。

（10）加入 50μL TE 缓冲液（pH = 8.0，20μg/mL RNaseA）溶解质粒粗提物，在 - 20℃保存。

五、结果与讨论

（1）取 $5\mu L$ 提取物，琼脂糖凝胶电泳检测提取结果。

（2）溶液Ⅰ、溶液Ⅱ、溶液Ⅲ中的主要试剂是什么？在质粒提取过程中分别起到了什么作用？

（3）TE 缓冲液的作用。

实验二 DNA 的琼脂糖凝胶电泳

一、实验目的

琼脂糖凝胶电泳是常用的检测核酸的方法，具有操作方便、经济快速等优点。

（1）掌握 DNA 琼脂糖凝胶电泳的实验技术。

（2）掌握利用琼脂糖凝胶电泳法分离 DNA 并初步判断 DNA 大小的方法。

（3）学习并掌握识读电泳图谱的方法。

二、实验原理

琼脂糖凝胶电泳是常用的用于分离、鉴定 DNA、RNA 分子混合物的方法，这种电泳方法以琼脂凝胶作为支持物，利用 DNA 分子在泳动时的电荷效应和分子筛效应，达到分离混合物的目的。DNA 分子在高于其等电点的溶液中带负电，在电场中向阳极移动。在一定的电场强度下，DNA 分子的迁移速度取决于分子筛效应，即分子本身的大小和构型是主要的影响因素。DNA 分子的迁移速度与其相对分子量成反比。不同构型的 DNA 分子的迁移速度不同。如环形 DNA 分子样品，其中，有三种构型的分子：共价闭合环状的超螺旋分子（cccDNA）、开环分子（ocDNA）和线形 DNA 分子（lDNA）。这三种不同构型分子进行电泳时的迁移速度大小顺序为：cccDNA > lDNA > ocDNA。

核酸分子是两性解离分子，在 pH = 3.5 时碱基上的氨基解离，而三个磷酸基团中只有一个磷酸解离，所以，分子带正电，在电场中向负极泳动；而 pH 值为 8.0~8.3 时，碱基几乎不解离，而磷酸基团解离，所以，核酸分子带负电，在电场中向正极泳动。不同的核酸分子的电荷密度大致相同，因此，对泳动速度影响不大。在中性或碱性时，单链 DNA 与等长的双链 DNA 的泳动率大致相同。

三、仪器与试剂

（1）材料：1kb Marker（分子量标准）；DNA 样品（实验一所得质粒 DNA，或其他实验所得 DNA 均可）。

（2）试剂：加样缓冲液（6×）；溴酚蓝；蔗糖；琼脂糖；溴化乙锭（EB）；0.5 × TBE 电泳缓冲液。

（3）仪器：电泳系统：电泳仪、水平电泳槽、制胶板、凝胶成像仪等。

四、实验步骤

（1）按所分离的 DNA 分子的大小范围，称取适量的琼脂糖粉末，放到一锥形瓶中，加入适量的 0.5×TBE 电泳缓冲液。然后置微波炉加热至完全溶化，溶液透明。稍摇匀，得胶液。冷却至 60℃ 左右，在胶液内加入适量的溴化乙锭溶液至浓度为 0.5μg/mL。

（2）取有机玻璃制胶板槽，有透明胶带沿胶槽四周封严，并滴加少量的胶液封好胶带与胶槽之间的缝隙。

（3）水平放置胶槽，在一端插好梳子，在槽内缓慢倒入已冷至 60℃ 左右的胶液，使之形成均匀水平的胶面。

（4）待胶凝固后，小心拔起梳子，撕下透明胶带，使加样孔端置阴极端放进电泳槽内。

（5）在槽内加入 0.5×TBE 电泳缓冲液，至液面覆盖过胶面。

（6）把待检测的样品，按"1μL 加样缓冲液（6×）＋5μL 待测 DNA 样品"的量，在洁净载玻片上将样品与缓冲液小心混匀，用移液枪加至凝胶的加样孔中。

（7）接通电泳仪和电泳槽，并接通电源，调节稳压输出，电压最高不超过 5V/cm，开始电泳。点样端放阴极端。根据经验调节电压使分带清晰。

（8）观察溴酚蓝的带（蓝色）的移动。当其移动至距胶板前沿约 1cm 处，可停止电泳。

（9）将凝胶取出，平铺在凝胶成像仪的样品台上，关上样品室外门，打开紫外灯（360nm 或 254nm），通过图像采集系统或观察孔进行观察，并利用图像采集系统照相。

五、结果与讨论

（1）记录所观察的电泳图谱，注意每条带的相对位置及浓淡等，将电泳图打印并粘贴在实验记录本上。

（2）判断实验一中提取的质粒的相对分子量的大约数值，分析解释实验结果。

（3）说明如何通过分析电泳图谱评判基因组 DNA、质粒 DNA 等提取物的质量。

（4）说明影响核酸分子泳动率的因素主要有哪些。

六、注意事项

（1）电泳中使用的溴化乙锭（EB）为中度毒性、强致癌性物质，务必小心，勿沾染于衣物、皮肤、眼睛、口鼻等。所有操作均只能在专门的电泳区域操作，戴一次性手套，并及时更换。

（2）预先加入 EB 时可能使 DNA 的泳动速度下降 15% 左右，而且对不同构型的 DNA 的影响程度不同。所以为取得较真实的电泳结果可以在电泳结束后再用 0.5μg/mL 的 EB 溶液浸泡染色。若胶内或样品内已加 EB，染色步骤可省略；若凝胶放置一段时间后才观察，即使原来胶内或样品已加 EB，也建议增加此步。

（3）加样进胶时不要形成气泡，需在凝胶液未凝固之前及时清除，否则，需重新制胶。

（4）以 0.5 × TBE 作为电泳缓冲液时，溴酚蓝在 0.5% ~ 1.4% 的琼脂糖凝胶中的泳动速度大约相当于 300bp 的线性 DNA 的泳动速度，而二甲苯青 FF 的泳动速度相当于 4kb 的双链线形 DNA 的泳动速度。

实验三　细菌基因组 DNA 的提取和鉴定

一、实验目的

（1）了解细菌基因组 DNA 性质及结构特点。

（2）掌握提取细菌基因组 DNA 的方法。

（3）复习 DNA 的琼脂糖凝胶电泳法。

二、实验原理

细菌细胞和动物细胞不同，它有一层细胞壁，很不容易破裂。从细菌细胞分离 DNA，首先需要破碎细胞壁。裂解细菌细胞可通过 3 种方法：①机械方法，如超声波、玻璃珠磨以及些特殊破碎机械等；②化学方法，如用 SDS 等化学试剂；③溶菌酶与化学试剂相结合的方法，先用溶菌酶处理，再用 SDS 等化学试剂处理。用机械方法进行破碎时，很容易引起 DNA 分子断裂。目前，制备 DNA 一般不用机械方法裂解细菌细胞。许多细菌的细胞壁比较厚，单纯用化学试剂一般难以充分裂解。因此，一般情况下都是先用溶菌酶处理，再用 SDS 等化学试剂裂解。溶菌酶处理是最常用的方法。

三、仪器与试剂

（1）菌株。大肠埃希氏菌（*Escherichia coli*）。

（2）试剂。

TES 溶液：Tris-HCl 50mmol/L，NaCl 50mmol/L，EDTA 5mmol/L，pH = 8.0。

蔗糖 – TES 溶液：蔗糖 10%，Tris-HCl 50mmol/L，NaCl 50mmol/L，EDTA 5mmol/L，pH = 8.0。

0.25mol/L EDTA、10% SDS（w/v）、溶菌酶、Tris 饱和酚、氯仿-异戊醇（24∶1）、冷无水乙醇、70% 冷乙醇、RNase、TE、TAE 缓冲液（50 ×）（pH = 8.0）；溴酚蓝-甘油指示剂；0.5μg/mL 溴乙锭染液。

（3）仪器。锥形瓶（250mL），1.5mL 离心管，水浴锅，离心机，电泳槽，电泳仪，摇床，移液枪，洁净工作台，电磁炉，紫外成像仪。

四、实验步骤

（1）取对数生长期的细菌 1.5mL，室温 4 000g 离心 10min。

（2）弃去上清液，用等体积（1.5mL）的 TES 溶液洗涤 1 次，离心弃上清。

（3）称量菌体的重量，按每克湿菌体大致 1mL 的体积计算加入 5 倍体积预冷的蔗糖-

TES 溶液，在冰浴中用移液枪充分悬浮。加入溶菌酶至终浓度为 1 mg/mL。充分混匀后在 0℃ 处理 15min。

（4）加入 0.25mol/L EDTA 至终浓度为 0.1mol/L，轻轻混匀后处理 10min，充分抑制 DNase 活性。

（5）再加入 SDS 溶液至终浓度为 1%（w/v），混匀后于室温裂解 30min。

（6）加入等体积的饱和酚，轻轻上下倒置离心管约 5min，以使蛋白质变性。

（7）12 000g 离心 2min。

（8）用吸管将上层水相移至另一新的 1.5mL 小离心管中，再加入等体积酚去除蛋白质，重复步骤（7）和（8）的操作，直至几乎看不到蛋白层为止。

（9）加入等体积的氯仿-异戊醇（24∶1），混合后，于 12 000g 离心 5min，随后用吸管轻将上层水相移入另一支 1.5mL 离心管中。

（10）加入 2 倍体积的冷无水乙醇，-20℃，沉淀 DNA 30min。4℃ 12 000g 离心 5min，倒掉上清。

（11）沉淀用 70% 冷乙醇洗涤 2 次，离心，去上清。室温风干沉淀。随后加入 50μL TE 缓冲液溶解沉淀。

（12）加入终浓度为 50μg/mL 核糖核酸酶，置于 37℃ 保温 30min。

说明：核糖核酸酶在使用前应于 100℃ 水浴中煮沸 10min，以使 DNase 失活。

（13）加入 2 倍体积冷无水乙醇，于 -20℃ 放置 2h，沉淀 DNA。

（14）将沉淀 DNA 再用 70% 乙醇溶液洗涤 1 次。离心，弃去上清液。使 DNA 沉淀干燥，最后将 DNA 沉淀悬于 50μL TE 缓冲液中。准备电泳检测。

（15）依实验二所述进行琼脂糖凝胶电泳。

①制胶：称取琼脂糖粉末，置于三角瓶中，加入 TAE 缓冲液配成 0.8% 的浓度，加热使琼脂糖全部融化于缓冲液中，然后加入 0.5mg/mL 溴乙锭，染色。待溶液温度降至 65℃ 时，立即倒入制胶槽中，插入样品梳。在室温放置 0.5～1h，待凝胶全部凝结后，轻轻拔出样品梳。然后在电泳槽中加入电泳缓冲液直到没过凝胶为止。

②加样：取 5μL 样品，加入 1μL 的 6× 上样缓冲液，混匀后小心地加到样品槽中。同时另取一个已知分子量的标准 DNA Marker，在同一凝胶板上进行电泳。

③电泳：维持恒压 100V，电泳 0.5～1h，直到溴酚蓝指示剂移动到距凝胶前端 2cm 左右，停止电泳。

④观察：将凝胶板置于凝胶成像系统中观察并记录结果。

五、结果与讨论

（1）观察并记录电泳结果，将凝胶照片打印并粘贴在实验记录本上，依据电泳情况，判断细菌基因组 DNA 提取效果，并估算基因组 DNA 大小。

（2）为保证 DNA 的完整性，在提取过程中应该注意什么？

六、注意事项

（1）溴乙锭有毒，配制和使用溶液时要戴手套，勿将溶液滴洒在台面或地面上。溴乙锭溶液于室温保存在棕色瓶中。

（2）制备大分子质量细菌 DNA 的注意事项。

①破碎细胞壁时，最好用溶菌酶处理，尽量避免使用超声波等机械方法。不同种属的细菌对溶菌酶的敏感性不同，溶菌酶的用量可以增加或减少。对溶菌酶不敏感的某些菌株或细菌孢子可加入巯基试剂协同处理。溶菌酶处理要在低温进行。

②在溶菌酶处理之前，先将细菌悬浮于高渗的蔗糖 – TES 溶液中。因为在高渗溶液中质膜不易胀破，溶菌酶破碎细胞壁时，不会引起细胞的骤然裂解，保持细胞内部各亚细胞结构的完整，防止 DNA 被 DNase 降解。

③先用 EDTA 充分抑制 DNase 活性，再用 SDS 等去污剂裂解细胞，可防止 DNase 降解，保证 DNA 分子的完整性。

④操作过程中要始终注意使用温和条件，避免剧烈摇动和振荡，尽量减少机械张力所引起的 DNA 降解。

实验四　酿酒酵母总 DNA 的提取

一、实验目的

（1）了解酿酒酵母基因组 DNA 提取的原理。

（2）掌握将基因组 DNA 从细胞各种生物大分子中分离的技术。

二、实验原理

从各种生物材料中提取 DNA 是生物技术制药实验最常见的操作之一。高质量 DNA 的获得是基因组文库构建、基因克隆、序列测定、PCR 及 DNA 杂交等实验的基础。基因组 DNA 提取的方法依实验材料和实验目的而略有不同，但总的原则都是首先将细胞破碎，然后用有机溶剂及盐类将 DNA 与蛋白质、大分子 RNA 及其他细胞碎片分开，用 RNA 酶将剩余的 RNA 降解，最后用乙醇（或异丙醇）将 DNA 沉淀出来。本实验以酿酒酵母（*Saccharomyces cerevisiae*）细胞为材料提取 DNA。酵母具有较厚的细胞壁，所以，先用溶壁酶如 Zymolyase 将细胞壁溶解，然后用 SDS 将细胞裂解并使蛋白质变性，再用醋酸钾（KAc）溶液将 DNA 与其他细胞成分分开，最后用乙醇或异丙醇将 DNA 沉淀。此法的优点是各种操作条件较温和，可获得较完整的基因组 DNA。

三、仪器与试剂

（1）菌种：酿酒酵母 *Saccharomyces cerevisiae*。

（2）培养基：YPD 培养基。

（3）试剂：$1mol/L$ 甘露醇，$0.1mol/L$ Na_2EDTA（pH = 7.5），10% SDS，$5mol/L$ 醋酸钾（pH = 5.5），$50mmol/L$ Tris-Cl（pH = 7.4），$20mmol/L$ Na_2EDTA（pH = 7.5），异丙醇，TE（pH = 8.0），$3mol/L$ 醋酸钠（pH = 7.4），Zymolyase，RNase A 溶液。

四、实验步骤

（1）用接种环（或无菌牙签）从 YPD 平板上刮取新鲜的单菌落，接种在含 5mL YPD 的大试管中，30℃振荡培养过夜。

（2）取过夜培养的菌液，将培养液转至 10mL 离心管中，于室温下以 2 000r/min 离心 5min，倒去上清液。

（3）向沉淀中加入 0.5mL 的 1mol/L 甘露醇，0.1mol/L Na₂EDTA 以重新悬浮细胞，然后用移液枪将悬浮液转至 1.5mL 的 Eppendorf 离心管中。

（4）向离心管中加入 0.02mL 的溶壁酶，37℃水浴反应 60min。

（5）于台式离心机上以 10 000r/min 离心 1min，去上清。

（6）将沉淀悬浮在 0.5mL 的 50 mmol/L Tris-Cl 和 20 mmol/L 的 Na₂EDTA 中。

（7）加 0.05mL 的 10% SDS，充分混匀。

（8）65℃保温 30min（以裂解细胞膜和将蛋白质变性）。

（9）加 0.2mL 的 5mol/L 醋酸钾，将管置冰上 60min。

（10）12 000r/min 离心 5min；用微量移液器小心地将上清转入一新鲜的离心管中（切勿吸到下层沉淀!），加入等体积的异丙醇，轻混匀并置室温 5min，然后 12 000r/min 离心 10s，小心吸去上清，将核酸沉淀物晾干。

（11）将沉淀重新悬浮在 300μL 的 TE（pH=8.0）中。

（12）加 15μL 的 1mg/L RNase A 溶液，37℃水浴反应 20min；

（13）加 30μL（1/10 体积）的 3mol/L 醋酸钠，混匀，再加入 0.2mL 100% 异丙醇沉淀，同步骤（10）离心，收沉淀，室温晾干。

（14）将沉淀重新溶于 0.1~0.3mL 的 TE 中。

（15）琼脂糖凝胶电泳检测纯度和质量。

五、结果与讨论

（1）观察并分析琼脂糖凝胶电泳检测结果，将 DNA 电泳结果图打印并粘贴在实验记录本上，并估算所得 DNA 分子量。

（2）试说明加 0.2mL 的 5mol/L 醋酸钾的作用是什么。

（3）试说明沉淀 DNA 时加 1/10 体积的 3mol/L 醋酸钠的作用。

六、注意事项

（1）酿酒酵母是一种单细胞的低等真核模式生物，培养简单，遗传背景清楚，基因操作简便，广泛应用于遗传学、细胞及分子生物学各方面的研究。

（2）RNase A 来自小牛胰腺，特异性地在 C 和 U 位点处降解单链 RNA。此酶非常耐热，100℃加热 15min，也不能将其灭活；而 DNase 在此温度下已完全失活。

（3）在 30℃培养条件下酵母大约每 1.5 个小时增殖 1 代，过夜培养后菌液将达到饱和。

（4）晾干 DNA 沉淀时，需避免沉淀完全失水过分干燥，否则难于溶在 TE 缓冲液或水中。以沉淀边缘变透明而中间尚为白色（未完全干燥）为宜。

实验五　植物基因组 DNA 提取

一、实验目的

（1）掌握植物总 DNA 的抽提方法和基本原理。

（2）学习根据不同的植物和实验要求设计和改良植物总 DNA 抽提方法。

二、实验原理

通常采用机械研磨的方法破碎植物的组织和细胞，由于植物细胞匀浆含有多种酶类（尤其是氧化酶类）对 DNA 的抽提产生不利的影响，在抽提缓冲液中需加入抗氧化剂或强还原剂（如巯基乙醇）以降低这些酶类的活性。在液氮中研磨，材料易于破碎，并减少研磨过程中各种酶类的作用。

十二烷基肌酸钠（sarkosy）、十六烷基三甲基溴化铵（Cetyl Trimethyl Ammomium Bromide，CTAB）、十二烷基硫酸钠（sodium dodecyl sulfate，SDS）等离子型表面活性剂，能溶解细胞膜和核膜蛋白，使核蛋白解聚，从而使 DNA 得以游离出来。再加入苯酚和氯仿等有机溶剂，能使蛋白质变性，并使抽提液分相，因核酸（DNA、RNA）水溶性很强，经离心后即可从抽提液中除去细胞碎片和大部分蛋白质。上清液中加入无水乙醇使 DNA 沉淀，沉淀 DNA 溶于 TE 溶液中，即得植物总 DNA 溶液。

三、仪器与试剂

（1）植物材料：新鲜的五味子叶片。

（2）试剂：十六烷基三甲基溴化铵（CTAB）、三羟甲基氨基甲烷（Tris）、乙二胺四乙酸（EDTA）、氯化钠、2-巯基乙醇、无水乙醇、氯仿、异戊醇。

（3）仪器：高速离心机、烘箱、冰箱、水浴锅、高压灭菌锅。

四、实验步骤

（1）2% CTAB 抽提缓冲液在 65℃ 水浴中预热。

（2）取少量叶片置于试管中，用小杵磨至粉状。

（3）加入 700μL 的 2% CTAB 抽提缓冲液，轻轻搅动摇匀。

（4）置于 65℃ 的水浴槽或恒温箱中，每隔 10min 轻轻摇动，40min 后取出。

（5）冷却 2 min 后，加入氯仿-异戊醇（24∶1）至满管，振荡 2～3min，使两者混合均匀。

（6）10 000r/min 离心 10min，与此同时，将 600 μL 的异丙醇加入另一新的灭菌离心管中。

（7）10 000r/min 离心 1min 后，移液器轻轻地吸取上清液，转入含有异丙醇的离心管内，将离心管慢慢上下摇动 30s，使异丙醇与水层充分混合至能见到 DNA 絮状物。

（8）10 000r/min 离心 1min 后，立即倒掉液体，注意勿将白色 DNA 沉淀倒出。

（9）加入 800μL 75% 的乙醇，将 DNA 洗涤 30min。

（10）10 000r/min 离心 30s 后，立即倒掉液体，干燥 DNA（自然风干或用风筒吹干）。

（11）加入 50 μL 0.5 × TE 缓冲液，使 DNA 溶解。

（12）取 5μL DNA 溶液，0.8% 琼脂糖凝胶电泳检测提取结果，其余置于 -20℃ 保存、备用。

五、结果与讨论

（1）观察实验结果并进行分析，保留电泳检测结果的图片，估算所得 DNA 分子量。

（2）本实验中 CTAB 的作用是什么？

六、注意事项

（1）研磨过程中，叶片磨得越细越好。

（2）注意移液器的正确使用，避免由于错误操作造成液体量取不准确，影响实验结果。

（3）由于植物细胞中含有大量的 DNA 酶，因此，除在抽提液中加入 EDTA 抑制酶的活性外，第一步的操作应迅速，以免组织解冻，导致细胞裂解，释放出 DNA 酶，使 DNA 降解。

实验六 动物组织 DNA 的提取

一、实验目的

（1）学习并掌握动物组织总 DNA 的提取方法及其原理。

（2）从肝脏组织中提取到一定量的纯净的 DNA 样品。

二、实验原理

DNA 是一切生物细胞的重要组成成分，主要存在于细胞核中。通过研磨和 SDS 作用破碎细胞；苯酚和氯仿可使蛋白质变性，用其混合液（酚：氯仿：异戊醇）重复抽提，使蛋白质变性，然后离心除去变性蛋白质；利用 RNase 降解 RNA，从而得到纯净的 DNA 分子。

三、仪器与试剂

（1）材料：-80℃ 冷冻保存的小鼠肝脏。

（2）试剂：生理盐水、十二烷基硫酸钠（SDS）、三羟甲基氨基甲烷（Tris）、5mmol/L 乙二胺四乙酸（EDTA）、饱和酚、氯仿、异戊醇、无水乙醇、75% 乙醇、蛋白酶 K、RNase 酶。

（3）仪器：低温冷冻离心机、烘箱、冰箱、水浴锅、微量移液器、高压灭菌锅、手术剪刀、镊子、吸水纸、研钵、1.5mL 离心管、一次性手套、1.5mL 离心管架、记号笔。

四、实验步骤

（1）组织块解冻，用生理盐水洗去血污，剪取约 0.5g 组织，放入 1.5mL 离心管中，剪碎。

（2）加入 0.45mL TES 混匀，再加入 50μL 10% SDS，5μL 蛋白酶 K（20mg/mL），充分混匀后，于 56℃保温 4~6h，每 2h 摇 1 次。

（3）放置到室温，加入等体积 Tris 饱和酚（500μL），颠倒混匀，10 000r/min，离心 10min，分离水相和有机相，小心吸取上层含核酸的水相到一个新的 1.5mL 离心管。

（4）加入等体积酚：氯仿：异戊醇（25∶24∶1），颠倒混匀，10 000r/min，离心 10min，取上层转移到新的 1.5mL 离心管中。

（5）加入等体积氯仿：异戊醇（24∶1），颠倒混匀，10 000r/min，离心 10min，取上层清液到一个新的 1.5mL 离心管。

（6）加入 2.5 倍体积的 -20℃预冷的无水乙醇，沉淀 30min，观察现象。

（7）12 000r/min，离心 10min，弃乙醇。

（8） -20℃保存的 75% 乙醇洗涤，10 000r/min，离心 5min，去乙醇，真空浓缩仪挥干水分。

（9）加入适量 TE 溶解 DNA（一般 30~50μL，具体依 DNA 的多少而定），-20℃保存备用。

五、结果与讨论

（1）仔细观察提取 DNA 过程中出现的实验现象，分析原因。

（2）对电泳检测结果进行分析，上交电泳检测照片，估算所得基因组 DNA 分子量。

（3）在提取 DNA 过程中，沉淀物加入 SDS 溶液会变得黏稠，而加入一定量固体 NaCl 后又变得稀薄，为什么？

（4）在提取与测定 DNA 过程中，影响 DNA 纯度的因素有哪些？如何排除这些因素？

六、注意事项

（1）抽提过程中，每一步的用力要柔和，避免剧烈震荡产生的机械剪切力对 DNA 造成损伤。

（2）取上层清液时，注意不要吸起中间的蛋白质层。

（3）乙醇漂洗去乙醇时，不要荡起 DNA。

（4）离心后，不要晃动离心管，拿管要稳，斜面朝外。

实验七　采用 Trizol 溶液提取细菌总 RNA

一、实验目的

（1）掌握应用 Trizol 法提取细菌总 RNA 的实验原理及方法。

（2）熟悉相关仪器的使用。

二、实验原理

Trizol 主要物质是异硫氰酸胍，它可以破坏细胞使 RNA 释放出来的同时，保护 RNA 的完整性。加入氯仿后离心，样品分成水样层和有机层。RNA 存在于水样层中。收集上面的水样层后，RNA 可以通过异丙醇沉淀来还原。无论是人、动物、植物还是细菌组织，Trizol 法对少量的组织（50～100 mg）和细胞（5×10^6）以及大量的组织（$\geqslant 1$ g）和细胞（$>10^7$）均有较好的分离效果。Trizol 试剂操作上的简单性允许同时处理多个的样品。所有的操作可以在 1h 内完成。Trizol 抽提的总 RNA 能够避免 DNA 和蛋白的污染。故而能够作 RNA 印迹分析、斑点杂交、poly（A）选择、体外翻译、RNA 酶保护分析和分子克隆。

三、仪器与试剂

（1）材料：大肠杆菌。

（2）试剂：Trizol、氯仿、异丙醇、75% 乙醇、DEPC 水。

（3）仪器：超净工作台、2 mL 离心管、移液枪、紫外分光光度计、石英比色皿、电泳槽和模具、电泳仪、凝胶成像系统。

四、实验步骤

1. 采用 Trizol 溶液提取细菌的总 RNA

（1）挑取大肠杆菌单菌落，培养至稳定期，取菌液 2mL（约含 1×10^5 个大肠杆菌）离心得菌体于 2 mL 离心管。

（2）每管加入 1mL Trizol 溶液，盖紧管盖，激烈振荡 15s，室温静置 5min。

（3）4℃，12 000g，离心 10min，取上清转入（约1mL）新的 1.5mL 离心管中。

（4）每管加入 0.2mL 的氯仿（相对于 Trizol 用量的 0.2 倍体积），盖紧盖，剧烈振荡 15s，室温静置 3 min。

（5）4℃，12 000g，离心 10min，小心吸取上层水相，转入另一新的 1.5mL 离心管，测量其体积。

（6）加入等体积的氯仿，盖紧盖，剧烈振荡 15 s，室温静置 3min。

（7）4℃，12 000g，离心 10min，小心吸取上层水相，转入另一已编号新的 1.5mL 离心管。

（8）向离心管中加入 0.5mL 的异丙醇（相对于 Trizol 用量的 0.5 倍体积），轻轻颠倒混匀，室温，静置 10 min。

（9）4℃，12 000g，离心 10min，RNA 沉于管底。

（10）小心倒去上清，加 1mL 75% 的乙醇（预冷，并用 DEPC 水与无水乙醇配制），并轻柔颠倒，洗涤沉淀。

（11）4℃，7 500g，离心 5min；小心弃上清，微离，吸去剩余乙醇，室温干燥 10min。

（12）加入 50μL DEPC 处理过的双蒸去离子水溶解，－80℃贮存。

2. RNA 浓度的测定

取 10μL RNA 样品以 DEPC 水稀释至 2mL，转入预先以无水乙醇隔夜浸泡后晾干的石英比色皿中，小心排除气泡，以等体积的双蒸水作为空白对照，在紫外分光光度计中分别测定 260nm、280nm、360nm（参比波长）的光吸收值，根据公式计算 RNA 的浓度。

$$RNA 浓度（μg/μL）= OD_{260} × 稀释倍数（200）× 40（μg/mL）/1\,000$$

纯 RNA 样品的 OD_{260}/OD_{280} 比值为 1.8 ~ 2.0，若低于该值，表明存在蛋白质污染，可重新用酚 / 氯仿抽提。该值为 2.0 时，RNA 纯度为最高。

3. RNA 质量检测

将 RNA 进行琼脂糖凝胶电泳检测，目的在于检测 28S 和 18S 条带的完整性和它们的比值，或者是 mRNA smear 的完整性。一般认为，如果 28S 和 18S 条带明亮、边缘清晰，并且 18S 的亮度在 18S 条带的两倍以上，则 RNA 的质量较好。

五、结果与讨论

（1）提交琼脂糖凝胶电泳检测结果的图像，分析所提取的 RNA 质量。

（2）计算所得 RNA 的 OD_{260}/OD_{280} 比值，分析所得 RNA 纯度，并估算所得 RNA 浓度。

（3）实验过程中，哪些因素会引起 RNase 污染，应如何避免？

六、注意事项

（1）提取时要做到超净台内操作、操作带一次性手套、EP 管及 Tip 头都要用 0.1% DEPC 处理（0.1% DEPC 浸泡过夜后，高压蒸气灭菌）避免 RNase 的污染。另外，在 RNA 提取过程中，混匀等操作振荡幅度要小、避免剧烈振动引起的机械剪切力破坏 RNA 的完整性。

（2）RNA 电泳应该是采用甲醛变性电泳（见后续实验内容）。但由于甲醛变性凝胶电泳操作较繁琐，因此，一般定性检验 RNA 也可采用普通的琼脂糖凝胶电泳。但要求上样量稍微大些，并且跑电泳的时间越短越好，跑完电泳立刻观察（这样主要是为了减少外界 RNase 对 RNA 的降解）。

实验八　动物组织 mRNA 的提取

一、实验目的

（1）了解 Trizol 法的原理。
（2）掌握从动植物组织中提取 RNA 的实验操作。

二、实验原理

Trizol 提取 RNA 的原理就是利用变性剂将细胞裂解，释放出蛋白质、DNA、RNA，之后根据它们在不同 pH 值和不同极性溶剂中溶解度不一样。

Trizol 法适用于人类、动物、植物、微生物的组织或培养细菌，样品量从几十毫克至几克。用 Trizol 法提取的总 RNA 绝无蛋白和 DNA 污染。RNA 可直接用于 Northern 斑点分析，斑点杂交，Poly（A）+ 分离，体外翻译，RNase 封阻分析和分子克隆。由于 mRNA 末端含有多 poly（A）+，当总 RNA 流径 oligo（dT）纤维素时，在高盐缓冲液作用下，mRNA 被特异的吸附在 oligo（dT）纤维素柱上，在低盐浓度或蒸馏水中，mRNA 可被洗下，经过两次 oligo（dT）纤维素柱，可得到较纯的 mRNA。

三、实验材料、试剂和仪器

（1）材料： -80℃保存的小鼠肝组织。

（2）试剂：无 RNA 酶灭菌水、75% 乙醇、1×层析柱加样缓冲液、洗脱缓冲液。

（3）仪器：研钵，冷冻台式高速离心机，低温冰箱，冷冻真空干燥器，紫外检测仪，电泳仪，电泳槽。

四、实验步骤

1. 小鼠肝组织总 RNA 提取—Trizol 法

（1）将组织在液氮中磨成粉末后，再以 50~100mg 组织加入 1mL Trizol 液研磨，注意样品总体积不能超过所用 Trizol 体积的 10%。

（2）研磨液室温放置 5min，然后以每 1mL Trizol 液加入 0.2mL 的比例加入氯仿，盖紧离心管，用手剧烈摇荡离心管 15s。

（3）取上层水相于一新的离心管，按每毫升 Trizol 液加 0.5mL 异丙醇的比例加入异丙醇，室温放置 10min，12 000g 离心 10min。

（4）弃去上清液，按每毫升 Trizol 液加入至少 1mL 的比例加入 75% 乙醇，涡旋混匀，4℃下 7 500g 离心 5min。

（5）小心弃去上清液，然后室温或真空干燥 5~10min，注意不要干燥过分，否则会降低 RNA 的溶解度。然后将 RNA 溶于水中，必要时可 55~60℃水溶 10min。RNA 可进行 mRNA 分离，或贮存于 70% 乙醇并保存于 -70℃。

2. mRNA 提取

（1）用 0.1mol/L NaOH 悬浮 0.5~1.0g oligo（dT）纤维素。

（2）将悬浮液装入灭菌的一次性层析柱中或装入填有经 DEPC 处理并经高压灭菌的玻璃棉的巴斯德吸管中，柱床体积为 0.5~1.0mL，用 3 倍柱床体积的灭菌水冲洗柱床。

（3）用 1×柱层析加样缓冲液冲洗柱床，直到流出液的 pH 值小于 8.0。

（4）将步骤（1）中提取的 RNA 液于 65℃温育 5min 后迅速冷却至室温，加入等体积 2×柱层析缓冲液，上样，立即用灭菌试管收集洗出液，当所有 RNA 溶液进入柱床后，加入 1 倍柱床体积的 1×层析柱加样溶液。

（5）测定每一管的 OD_{260}，当洗出液中 OD 为 0 时，加入 2~3 倍柱床体积的灭菌洗脱缓冲液，以 1/3 至 1/2 柱床体积分管收集洗脱液。

（6）测定 OD_{260}，合并含有 RNA 的洗脱组分。

（7）加入 1/10 体积的 3M NaAc（pH = 5.2），2.5 倍体积的冰冷乙醇，混匀，－20℃ 30min。

（8）4℃下 12 000g 离心 15min，小心弃去上清液，用 70% 乙醇洗涤沉淀，4℃下 12 000g 离心 5min。

（9）小心弃去上清液，沉淀空气干燥 10min，或真空干燥 10min。

（10）用少量水溶解 RNA 液，即可用于 cDNA 合成（或保存在 70% 乙醇中并贮存于 －70℃）。

五、结果与讨论

（1）观察所得结果，描述其性状。

（2）为什么 mRNA 的质量是 cDNA 合成成败的关键？

六、注意事项

（1）整个操作要戴口罩及一次性手套，并尽可能在低温下操作。

（2）加氯仿前的匀浆液可在 －70℃ 保存一个月以上，RNA 沉淀在 70% 乙醇中可在 4℃ 保存一周，－20℃ 保存一年。

（3）mRNA 在 70% 乙醇中 －70℃ 可保存一年以上。

（4）oligo（dT）纤维素柱用后可用 0.3mol/L NaOH 洗净，然后用层析柱加样缓冲液平衡，并加入 0.02% 叠氮钠（NaN_3）冰箱保存，重复使用。每次用前需用 NaOH 水层析柱加样缓冲液依次淋洗柱床。

实验九　DNA 的酶切

一、实验目的

（1）通过本实验学习、了解限制性内切酶的特性。

（2）掌握利用限制性内切酶切割 DNA 的基本操作。

二、实验原理

利用限制性核酸内切酶切割 DNA 是 DNA 重组过程中的关键步骤之一。成功的酶切为后续工作提供了有效的实验材料。限制性内切酶是细菌体内限制修饰系统内部切断的内切酶。根据限制性内切酶的特性可分为Ⅰ、Ⅱ、Ⅲ 3 种类型。本实验使用其中的Ⅱ型酶对 DNA 分子进行切割，并得到黏性末端或平末端。

限制性内切酶的活性以酶的活性单位表示，1 个酶单位（1U）指的是在指定缓冲液中，37℃下反应 60min，完全酶切 1μg 的纯 DNA 所用的酶量。

在酶切反应中，DNA 的纯度、缓冲液中的离子强度、Mg^{2+} 等因素均可影响反应，一般可通过增加酶的用量，延长反应时间等措施以达到完全酶切。

三、实验材料、试剂和仪器

（1）材料：标准质粒样品 pUC19、自提质粒样品 pUC19。

（2）试剂：EcoR I 及其缓冲液（10U/μg）；Tris-HCl 或 KCl；DTT（Dithothreitol）二硫苏糖醇；Mg^{2+} 甘油；ddH_2O。

（3）仪器：恒温水浴锅。

四、实验步骤

（1）取质粒样品于 0.5mL 离心管中，按照下表加入试剂混匀（表 5-1）。

表 5-1　试剂混合表

	反应1（标准 pUC19）	反应2（自提 pUC19）
DNA 样品	10	10
酶切缓冲液	1.5	1.5
EcoR I	1.0	1.0
无菌水	2.5	2.5
总体积	15	15

（2）将上述样品 4 000r/min 离心 30s，甩至管底，37℃恒温孵育 2h，进行酶切反应。

（3）将 Eppendorf 管置 65℃水浴中，保温 20min 使酶失活以终止反应。

（4）12 000 r/min 离心 5s，将管盖及管壁上的水离下。

（5）取 10μL 消化产物，与 2μL 6×上样缓冲液混匀，琼脂糖凝胶电泳检测消化效果，凝胶成像仪观察检测。电泳条件：约 100 V 30~60 min。

（6）-20℃保存待用。

五、结果与讨论

（1）比较酶切结果，并将电泳图片粘贴到实验记录本中。

（2）影响限制性内切酶活性的因素有哪些？怎样解决？

六、注意事项

（1）酶切反应体系依不同的酶、不同的酶切目的而异。

（2）37℃保温一段时间后可取少量样品电泳检测。若已达到酶切目的可结束反应。

（3）使用加热使酶失活应视限制性内切酶的特性而异；也可使用 EDTA 使酶失活。

实验十　DNA 的连接

一、实验目的

（1）掌握 DNA 连接的一般方法及其原理。

（2）熟悉 DNA 连接实验的基本操作。

二、实验原理

DNA 分子的体外连接就是在一定条件下，由 DNA 连接酶催化两个双链 DNA 片段组邻的 5'端磷酸与 3'端羟基之间形成磷酸二酯键的生物化学过程，DNA 分子的连接是在酶切反应获得同种酶互补序列基础上进行的。

带有相同末端（平端或黏端）的外源 DNA 片段必须克隆到具有匹配末端的线性质粒载体中，但是在连接反应时，外源 DNA 和质粒都可能发生环化，也有可能形成串联寡聚物。因此，必须仔细调整连接反应中两个 DNA 的浓度，以便使"正确"连接产物的数量达到最佳水平，此外还常常使用碱性磷酸酶去除 5'磷酸基团以抑制载体 DNA 的自身环化。利用 T4 DNA 连接酶进行目的 DNA 片段和载体的体外连接反应，也就是在双链 DNA 5'磷酸和相邻的 3'羟基之间形成新的共价键。如载体的两条链都带有 5'磷酸（未脱磷），可形成 4 个新的磷酸二酯键；如载体 DNA 已脱磷，则只能形成 2 个新的磷酸二酯键，此时产生的重组 DNA 带有两个单链缺口，在导入感受态细胞后可被修复。

三、实验材料、试剂和仪器

（1）材料：用限制性核酸内切酶消化后的质粒和外源 DNA。

（2）试剂：酚/氯仿、10 × T4 DNA 连接酶 buffer、klenow buffer、500μg/mL BSA、T4 DNA 连接酶、5mM ATP、聚乙二醇（PEG8000）、氯化六氨合高钴。

四、实验步骤

（1）在无菌 Eppendorf 管中加入以下溶液。

①10μL 体积反应体系中：取载体 50 ~ 100ng，加入一定比例的外源 DNA 分子（一般线性载体 DNA 分子与外源 DNA 分子摩尔数为 1∶1 ~ 1∶5），补足 ddH₂O 至 8μL。

②轻轻混匀，稍加离心，于 45℃水浴 5min 使重新退火的黏端解链，迅速将混合物转入冰浴。

③加入含 ATP 的 10 × Buffer 1μL，T4 DNA 连接酶合适单位，用 ddH₂O 补至 10μL。

（2）盖上管盖，充分混匀，台式离心机上离心 5s。

（3）16℃下过夜连接反应。

（4）连接结束后，向反应体系中加入 1μL EDTA/Glycogen Mix 用以终止反应。

（5）72℃加热 5min，使连接酶失活，取 1μL 连接产物进行琼脂糖凝胶电泳检测连接结果。

（6）连接产物放置于 -20℃冰箱冷冻保存。

反应过程中需再设立两个对照反应，其中含有：

①只有质粒载体；

②只有外源 DNA 片段。如果外源 DNA 量不足，每个连接反应可用 50 ~ 100ng 质粒 DNA，并尽可能多加外源 DNA，同时保持连接反应体积不超过 10μL。

五、结果与讨论

（1）电泳检查试验结果，记录电泳图谱，说明带型含义。

（2）简述 T4 DNA 连接酶作用机理。

（3）试述连接反应中应如何提高连接效率。

六、注意事项

（1）连接反应的温度：DNA 连接酶的最适反应温度为 37℃，但在此温度下，黏性末端的氢键结合很不稳定，折中方法是 16℃过夜。

（2）DNA 的平末端和黏性末端：由于内切酶产生的 DNA 末端有平末端和黏性末端，因而连接反应中就有平末端连接和黏性末端连接。二者连接效率不同。黏性末端效率高，因而在底物浓度，酶浓度选择上会有所差异。

（3）碱性磷酸酶处理质粒载体：为了提高连接效率，一般采取提高 DNA 的浓度，增加重组子比例。这样就会出现 DNA 自生连接问题，为此通常选择对质粒载体用碱性磷酸酶处理，除去其 5'末端的磷酸基，防止环化，通过接反应后形成的缺口可在转化细胞后得以修复。

（4）连接反应的检测：连接反应成功与否，最后的检测要通过下一步实验，转化宿主菌，阳性克隆的筛选来确定。

（5）如果要检验连接酶和连接酶专用的缓冲液是否有效，可重新连接酶切后的 λDNA。若连接成功，则说明有效。

实验十一　脉冲场凝胶电泳（PFGE）

一、实验目的

（1）了解脉冲凝胶电泳的工作原理。

（2）通过本实验学习和掌握有关的操作技术及相关仪器的使用方法。

二、实验原理

大分子 DNA（一般长度超过 20kb，在某些情况下，超过 40kb）在电场作用下通过孔径小于分子大小的凝胶时，将会改变无规卷曲的构象，沿电场方向伸直，与电场平行从而才能通过凝胶。此时，大分子通过凝胶的方式相同，迁移率无差别（也称"极限迁移率"），不能分离。脉冲场凝胶电泳技术解决了这一难题，它应用于分离纯化大小在 10～2 000kb 的 DNA 片段。这种电泳是在两个不同方向的电场周期性交替进行的，DNA 分子在交替变换方向的电场中作出反应所需的时间显著地依赖于分子大小，DNA 越大，这种构象改变需要的时间越长，重新定向的时间也越长，于是在每个脉冲时间内可用于新方向泳动的时间越少，因而在凝胶中移动越慢。反之，较小的 DNA 移动较快，于是不同大小的分子被成功分离。在许多实用的 PFGE 方法中，倒转电场凝胶电泳（FIGE）是最简单最常用的方法。通过把一个在不同电场方向有不同脉冲方式的脉冲电场加在样品上，倒转电场凝胶电泳（FIGE）设备能把大小范围在 10～2 000kb 的 DNA 片段分开。FIGE 也可通过重新确定一个对准完全固定好角度的电场，这样会进一步扩展其分离极限达到 10Mb。

三、实验材料、试剂和仪器

（1）制备 DNA 样品所需材料。

TEN 缓冲液、SeaPlaque 琼脂糖（EC 缓冲液中浓度为 2%）、EC 缓冲液、ESP 缓冲液、5mg/mL 溶葡萄球菌素、10mg/mL RNase、胶模（由常规琼脂糖凝胶制得或购买成品）、苯甲基磺酰氟（PMSF）（17.4mg/mL 乙醇溶液）、0.5μg/mL 溴化乙锭。

（2）分离、纯化大的 DNA 片段所需材料。

紫外递质、10mg/mL tRNA、5mol/L NaCl、苯酚/氯仿、3mol/L NaAc（pH = 5.2）、95% 乙醇。

（3）仪器。

Wide Mini-Sub Cell 凝胶电泳设备、变速泵或蠕动泵（Bio-Rad Laboratory）、IBI FIJI 600 HV 程序性开关设备、缓冲液冷却循环器（Fotodyne，New Britain，WI）或 Mini Chiller（Bio-Rad Laboratory）。

四、实验步骤

1. 脉冲电场凝胶电泳的 DNA 样品的制备

为避免大分子 DNA 在提取过程中断裂，细胞需在琼脂糖凝胶块中进行原位裂解，在本实验中，我们使用金黄色葡萄球菌作为例子。

（1）取 100mL 对数生长期金黄色葡萄球菌细胞于 4℃，5 000g 离心 5min。

（2）用 20mL TEN 缓冲液冲洗沉淀，同样条件离心 5min。之后用 10mL EC 缓冲液使细胞悬浮。

（3）取 1.5mL 细胞样品与相同体积含 2% SeaPlaque 琼脂糖的 EC 缓冲液迅速混合混匀并等分流溶液至封闭的模块中于 4℃ 凝固，混合前加热至琼脂糖熔解并冷却至 50℃。

（4）对于每一个菌株，需要 15 ~ 20 个凝胶块，将它们放至含有 30 ~ 45μg/mL RNase（50mL 的 10mg/mL 的 RNase）的 10mL EC 缓冲液中，于 37℃ 振摇过夜。

（5）去掉裂解缓冲液，换为 10mL ESP 缓冲液于 50℃ 轻度振摇温育 48h。

（6）将凝胶块放在 10mL 含有 174μg/mL 苯甲基磺酰氟（PMSF）的 TE 缓冲液中，室温温育 4h（2h 换液一次），以灭活 ESP 中的蛋白酶 K。

（7）用 TE 清洗琼脂块 6h（2h 换液一次），置于 TE 中 4℃ 保存。

2. 限制酶消化

提高 PFGE 的分辨率取决于 100 ~ 1 000kb 片段电泳结果的重复率，它与酶切关系密切，可在琼脂糖凝胶块中使用合适的内切酶消化。

（1）25μL 10 × 反应缓冲液，30U 限制性核酸内切酶，加双蒸水至 250μL 混匀。

（2）取一个凝胶块置其中，核酸内切酶最适反应温度下温育过夜，用 TE 缓冲液洗涤并贮存。

3. 应用 PFGE 对样品 DNA 进行分析

（1）用 0.5×TBE 缓冲液制备一个 0.8% SeakemHGT 琼脂糖凝胶，胶的厚度尽量与样品凝胶块相符。若用 Wide Minisub Cell 进行电泳的话，50mL 该溶液即可。

（2）胶凝后，小心移去样品梳。将凝胶块用小刀切成与加样孔一致的大小，将样品小心地插入加样孔，避免产生气泡（若样品在溶液中，以 1:1 的比率与 50℃ 2% SeaPlaque 琼脂糖相混合，迅速注入加样孔中）。

（3）把胶放入电泳槽内，加缓冲液，刚好覆盖胶的表面即可，缓冲液事先 14℃ 冷却。

（4）将电泳槽和一个连着稳压电源的程序性开关设备相连。打开电源，调节蠕动泵到适当流速（5~10mL/min）或打开变速泵至 40。

（5）通过计算机启动极性转换程序。大于 50kb 的限制性片段在 1.2s 和 0.4s 正向和反向的电脉冲下得以分离，时间一般为 3.5h 或更长。小于 50kb 的限制性片段在 0.4s 正向和 0.2s 反向的电脉冲（比率为 2:1）下得以分离，时间为 3~5h。

（6）在 0.5 μg/mL 溴化乙锭中进行染色并拍照。

4. 分离、纯化大的 DNA 片段

（1）凝胶染色、分析后，在目的条带前（靠近正极处）切一个 0.25cm² 左右的槽，注入 0.8% Seaplaque 琼脂糖，使之凝固。

（2）重新打开极性转换开关，用紫外递质检测 DNA 的迁移，当目的带进入 Seaplaque 凝胶中时，关闭开关，切下目的带，移至 1.5mL EP 管中。

（3）加入 2μL 的 tRNA，30μL 5mol/L NaCl，370μL 蒸馏水，在 65~70℃，化胶并保温 10min。

（4）苯酚/氯仿 500μL 抽提两次。

（5）用 2.5 倍体积 95% 乙醇和 1/10 体积 NaAc（3mol/L，pH=5.2）于 -70℃ 沉淀水相 10min。再用 70% 乙醇洗两次并将沉淀溶于 TE 缓冲液中。

五、结果与讨论

（1）观察实验结果，上交电泳照片。

（2）为什么要将细胞在琼脂糖凝胶块中进行原位裂解？

六、注意事项

（1）换缓冲液时尽可能小心不要碰坏琼脂糖凝胶。

（2）PMSF 是一个强烈的蛋白酶共价抑制剂，既有毒又挥发，操作时应在通风橱中进行。

（3）用蛋白酶 K 包埋的材料时 50℃ 温育时间很长（24~48h），有些学者提出如此长时间不必要（Mortimer et al. 1990），且可能造成高分子质量 DNA 降解。在实验中可视情况而定。

（4）琼脂糖凝胶块在 TE（pH=7.6）中 4℃ 可存放数年，如在 0.5mol/L EDTA 中可存放更长时间。

（5）一些高压电源并不适合脉冲电场凝胶电泳，因为这些电源设计时均带有保护电路，它可以检测到负载的突然降低并且引发外加电源自动关闭。

（6）由于电压较高，电泳过程中会产生热量，为了保证温度为 14℃，需要冷却设备（缓冲液冷却循环器或 MiniChiller）。此外，把电泳系统放在一个敞口的冰盒中也可保持恒温。

实验十二　　RNA 琼脂糖变性胶电泳分析

一、实验目的

（1）了解琼脂糖变性胶电泳的原理和用途。
（2）掌握利用变性凝胶分析 RNA 的基本方法。

二、实验原理

RNA 分子是以单链形式存在的，但在局部仍有双链结构形成。由于这种局部双链结构的干扰，使得在非变性凝胶上对 RNA 分子完整性的鉴定及其分子量大小的检测，变得不十分可靠。通过加入乙二醛-二甲基亚砜、氢氧化甲基汞、甲醛等变性剂进行变性处理，使其局部双链变为单链。再进行电泳，RNA 的泳动距离与其片段大小的对数值就形成良好的线性关系，从而可对 RNA 的分子大小及完整性程度作准确的分析。

三、实验材料、试剂和仪器

（1）材料：已制备的植物 RNA 或其他 RNA 样品。
（2）试剂：$10 \times$ MOPS 电极缓冲液、甲醛、去离子甲酰胺、加样缓冲液、分子量标准参照物、琼脂糖、无菌重蒸水、DEPC、MOPS、甲酰胺、溴酚蓝、Na_2EDTA、氢氧化钠、醋酸钠、甲醛、甘油。
（3）仪器：电泳槽，电源，水浴锅，微波炉。

四、实验步骤

1. 琼脂糖变性胶制备

（1）将电泳槽、胶模及样品梳先在 3% H_2O_2 中浸泡 10～30min，之后用无菌无 RNase 的双蒸水彻底冲洗，干燥备用。

（2）取一个干净的 250mL 三角瓶，加入 40mL 无菌双蒸水和 0.5g 琼脂糖，在微波炉或沸水浴上加热使琼脂糖彻底融化。

（3）待融化的琼脂糖冷却至 60～70℃时，依次加入 9mL 甲醛、5mL MOPS 缓冲液和 0.5μL 溴化乙锭，轻轻摇动混合均匀。

（4）将胶模两端的开口用胶带封好，水平放置在桌面上，在一端放上样品梳，梳齿高于底板 0.5～1mm。

（5）将凝胶溶液倒在胶模上，厚度 3～5mm，室温放置 30min，使胶完全固化。

（6）撕去两端的胶带，将胶模放在样品槽中。加入 1 × MOPS 电泳缓冲液，液面高出胶面 1～2mm，从胶上小心拔出样品梳，检查样品孔是否完整。

2. 样品处理

（1）取经 DEPC 处理过的微量离心管，依次加入 10 × MOPS 2μL，甲醛 3.5μL，去离子甲酰胺 10μL，RNA 样品 4.5μL，混匀。

（2）将离心管置于 60℃ 水浴中保温 10min，再在冰上静置 2min。

（3）加入 3μL 上样缓冲液，混匀。

3. 电泳

（1）用 20μL 加样枪将上述样品加到样品孔内。同时加分子标准作为参照。

（2）加样端接负极，另一端接正极。于 7.5 V/cm 电压下电泳，当溴酚蓝泳动至凝胶的 3/4 距离时，停止电泳。

（3）凝胶成像系统中观察和照相。在凝胶成像系统中观察，完整的总 RNA 样品应呈现三条带，即 28S、18S 和 5S rRNA。其中 28S rRNA 条带的亮度应该为 18S rRNA 条带的两倍。反之，说明部分 28S rRNA 已经降解。若无清晰条带，则说明样品 RNA 已严重降解；若加样孔内或孔附近有荧光区带，则说明有 DNA 污染。

五、结果与讨论

（1）观察并记录所得到的电泳图谱，注意每条带的相对位置及亮度等。分析解释实验结果。

（2）试述如何判断 RNA 提取物的质量。

实验十三　真菌 ITS 序列的 PCR 扩增

一、实验目的

（1）通过本实验加深对 PCR 工作原理的理解。
（2）通过本实验学习并熟练操作 PCR 仪。
（3）了解真菌 ITS 序列特点及其在分子鉴定中的意义。

二、实验原理

PCR 指在引物指导下由酶催化的对特定模板（克隆或基因组 DNA）的扩增反应，是模拟体内 DNA 复制过程，在体外特异性扩增 DNA 片段的一种技术，在生物技术研究中有广泛的应用，包括用于 DNA 作图、DNA 测序、分子系统遗传学等。

PCR 基本原理是以单链 DNA 为模板，4 种 dNTP 为底物，在模板 3′末端有引物存在的情况下，用酶进行互补链的延伸，多次反复的循环能使微量的模板 DNA 得到极大程度的扩增。在微量离心管中，加入与待扩增的 DNA 片段两端已知序列分别互补的两个引物、适量的缓冲液、微量的 DNA 膜板、四种 dNTP 溶液、耐热 Taq DNA 聚合酶、Mg^{2+} 等。反应时先将上述溶液加热，使模板 DNA 在高温下变性，双链解开为单链状态；然后降低溶液温度，使合成引物在低温下与其靶序列配对，形成部分双链，称为退火；再将温度升至合适温度，在 Taq DNA 聚合酶的催化下，以 dNTP 为原料，引物沿 5'→3' 方向延伸，形成新的 DNA 片段，该片段又可作为下一轮反应的模板，如此重复改变温度，由高温变性、低温复性和适温延伸组成一个周期，反复循环，使目的基因得以迅速扩增。因此，PCR 循环过程为三部分构成：模板变性、引物退火、热稳定 DNA 聚合酶在适当温度下催化 DNA 链延伸合成。

真菌的 rDNA-ITS 序列为真菌鉴定的特征序列，通过对其测序并与 GenBank 中的已知序列进行比对可确定真菌所处分类地位，真菌 ITS 序列的测定已称为现今真菌鉴定的重要手段之一。

三、实验材料、试剂和仪器

（1）试剂：模板 DNA（真菌基因组 DNA）、Taq DNA 聚合酶、10×缓冲液、2.5mM dNTP。

（2）扩增引物：Primer1　5'-TTAAGTCCCTGCCCTTTGTA-3'

　　　　　　　　Primer2　5'-GCATTCCCAAACAACTCGACTC-3'

（3）器材：Eppendorf 管，PCR 专用薄壁管（200μL）、微量移液器枪头、微量移液器、离心机、PCR 仪、超净工作台。

四、实验步骤

（1）按如下体积将各组成部分依次加入 PCR 薄壁管中，混匀，快速离心除去挂壁液滴，将薄壁管放入 PCR 仪中。

	样品组	对照组
模板 DNA（真菌基因组）	1μL	0μL
10×PCR buffer（含 Mg^{2+}）	7μL	7μL
dNTP（2.5mM）	4μL	4μL
Primer1（10μM）	2μL	2μL
Primer2（10μM）	2μL	2μL
Taq 酶（5U/μL）	0.35μL	0.35μL
ddH$_2$O	33.65μL	34.65μL
总体积	50μL	50μL

（2）按如下程序设置 PCR 反应循环参数。

	94℃预变性	5min
	94℃变性	30s
30 个循环	55℃退火	30s
	72℃延伸	1min
	72℃延伸	10min

（3）反应结束后，取扩增产物 5μL，经 0.8% 琼脂糖凝胶电泳检测，鉴定 PCR 扩增是

否成功。扩增片段长度应为 800~1 000bp。

五、Mastercycler ep PCR 仪操作流程

（1）打开电源，仪器进行自检。约 1min 后自检结束，窗口显示 User Login 界面。

（2）设置新用户名。

①在 User Login 界面的 User 中选择_ admin，输入 PIN（密码）：123456，登录后出现 Top Lexel 界面，在此页面设定新用户。

②在 Top Lexel 界面，点击新用户 New User 功能键，进入 New User 界面，输入用户名，可在键盘 Keybd 上输入字母，也可用数字键盘输入相应的字母。

③利用下光标或 Next 键进入 PIN 域，输入要设定的 PIN（密码）；再次转换至确认域，再次输入 PIN。

④按 OK，确认输入，界面将转为 Top Lexel 界面，新建立的用户将被显示出来。

（3）用户登录。

①在 User Login 界面，点击 Enter 键打开用户选择菜单，移动上下光标选择用户名，点击 Enter 键确认用户。

②利用下光标或 Next 键进入 PIN 域，输入已设定的 PIN（密码），按 OK 确认。

（4）创建文件夹。

在 User Level 界面，选择已登录的用户名，按新文件夹 New Folder 功能键，进入 New Folder 界面，输入文件夹名，点击 OK 键确认输入的文件夹名。

（5）创建程序。在 Folder Level 界面，选择已登录用户名下的文件夹，按新程序 New 功能键，进入 New Cycler Program 界面，输入程序名，点击 OK 键确认输入的程序名。

（6）程序设计。

①选择已登录用户名下文件夹中程序名，点击 Edit 键，打开程序编辑器。

②利用方向键移动光标转至相应的输入域，通过数字键输入所需的温度、保持时间及循环数，按 Enter 键确认。

③点击 Save 键，保存已编辑的新程序。

④点击 Exit 键，退出编辑器。

（7）运行程序。在 Cycler Program Level 界面，选择用户已保存程序，将装有样品的 PCR 管放入 PCR 仪的热室中，关闭 ESP 热盖，按 Start 键，进入 Runtime-Values 界面，按需要选择 Tubes 或 Plate，按 Enter 确认，运行程序。程序结束后，按 OpenLid 键开启热盖，即可推回后方原来的位置，取出样品，关闭热盖。按 Exit 键，退回到 Cycler Proram Level 界面。

（8）关闭系统。在 Cycler Program Leve 界面，移动光标选择 System，按 Shutdowns 键退回到 Shutdowns system 界面，按 Shutdowns 键关闭该系统，等到显示屏出现 Please turn off power 时，即可关闭 PCR 仪的开关，切断电源。

六、结果与讨论

（1）观察并记录琼脂糖凝胶电泳检查结果，确定扩增是否成功，并提交凝胶图像

一张。

（2）试验中空白对照的作用是什么？

（3）为什么采用真菌 ITS 序列作为真菌分子鉴定的依据，采用 ITS 序列作为鉴定手段有哪些优点与不足。

七、注意事项

（1）非特异性扩增产物的出现。有时，扩增产物不止一种，即在电泳过程中出现 2 条甚至 2 条以上的扩增条带，通常与以下几种情况有关。

①背景 DNA 与引物同源性高。可通过在两个引物的内侧序列上再使用另外一对对扩增产物 DNA 再次进行 PCR 扩增。

②退火温度太低。引物和模板的配对是一个动态过程，分子的热运动使引物与模板结合与解离而达到最佳配对位点上。退火温度太低，造成引物与模板的非特异性位点部分配对而解离不下来，这种不正确的配对，进入 PCR 反应过程就可扩增出非特异性的产物DNA。提高退火的温度将可改善结果。

③过量的酶、引物和模板 DNA 可使 PCR 反应造成混乱，强行扩增出非特异性产物DNA，适当降低这些试剂的量有助于问题的解决。

（2）无特异性扩增产物带，即 PCR 扩增失败。造成扩增失败的原因可能包括。

①引物溶液反复冻融或污染了 DNA 酶类，造成引物降解。

②模板 DNA 制备时模板已降解。

③Taq 酶有失活或有杂酶污染。

④缓冲液条件不当。

⑤引物不正确。

实验十四　菌落 PCR

一、实验目的

（1）掌握菌落 PCR（Colony PCR）的原理。

（2）学习利用菌落 PCR 技术筛选阳性重组子的方法。

二、实验原理

菌落 PCR（Colony PCR）可不必提取基因组 DNA，不必酶切鉴定，而是直接以菌体热解后暴露的 DNA 为模板进行 PCR 扩增，省时少力。建议使用载体上的通用引物。通常利用此方法进行重组体的筛选或者 DNA 测序分析。最后的 PCR 产物大小是载体通用引物之间的插入片断大小。

菌落 PCR 与我们通常的普通 DNA 的 PCR 的不同在于，直接以单个菌作为模板。是一种可以快速鉴定菌落是否为含目的质粒的阳性菌落。操作简单、快捷，阳性率较高，在转化鉴定中较常见。

三、实验材料、试剂和仪器

（1）试剂：PCR 混合液、LB 琼脂培养基。

（2）仪器：PCR 仪。

四、实验步骤

（1）常温下随机挑选转化板上的转化子，用灭菌的牙签或枪头挑取单个菌落（强调单个，不能是双克隆），在 LB 琼脂糖平板上轻点，做一拷贝；然后将沾有菌体的牙签或枪头置于相应的装有 PCR 管中或者 96 孔 PCR 反应板（管子做好记号，如平板上点的是 1#，则管子上也标 1#，以便筛选到克隆后的扩到培养），挑好单克隆菌落后将之前配制好的 PCR 混合液加入体系是 30μL。

（2）将混有菌体的 PCR 混合物置于 PCR 仪中，按常规条件扩增。

（3）将扩增出来的反应液中加入溴酚蓝或是其他染料，电泳检测是否得到目的片断。如有则为阳性克隆。

（4）将已经接种有菌落的平板置 37℃ 培养箱培养过夜，使菌落扩增；翌日挑选阳性克隆做进一步筛选或培养。步骤（2）也可以不点板，直接接种摇菌，如果早上做 PCR 的话，下午就可以提质粒，得到重组载体。

五、结果与讨论

（1）观察电泳检测结果，对实验结果进行分析。提交电泳成像图片和菌落和阳性克隆照片。

（2）菌落 PCR 扩增鉴定阳性重组子的依据是什么？

（3）在菌落 PCR 过程中有哪些注意事项。

六、注意事项

（1）设计引物很关键。一般如果是定向克隆，用载体上的通用引物即可；如 pET 系列可用 T7 通用引物。如果是非定向克隆（如单酶切或平末端连接），一条引物用载体，一条引物用目的基因上的，这样就可以比较方便的鉴定了，而且错误概率很低。PCR 条件的选择接近最佳，同时挑取的菌体不宜太多，否则会有非特异性扩增。

（2）使用的引物浓度不能太高，浓度过高会导致非特异性扩增，反应的循环数也不能太多，一般不超过 25 个。同时因为扩增的片段的 GC 含量问题，有的 GC 含量很低，有的又很高，导致菌落 PCR 不容易扩增出目的条带，在此建议在设置 PCR 程序时以高 GC 的温度为上限，每一循环降 0.2 度左右。

实验十五　DD-PCR 技术

一、实验目的

（1）通过本实验了解 DD-PCR 技术的基本原理。

（2）通过本实验掌握 DD-PCR 基本操作步骤。

二、实验原理

高等生物体内的基因通常只有不到 15% 得以表达，并且在生命代谢的不同阶段，在不同的环境条件下有不同的基因表达，基因表达差异性是生物体性状多样性，适应能力多样性的物质基础。对同一品种在不同环境条件下的基因差异表达研究，可以了解基因与性状间的关系，并进一步确定一些特殊的基因，差异显示 PCR（DD-PCR）是近年来发展起来的基因差异表达研究的手段之一。该技术利用 mRNA 3' 端具有 poly（A）的特点，采用不同细胞或组织的总 RNA，分别加入 3 个锚引物：H-T11-C、H-T11-G 和 H-T11-A，令 3 个锚引物的 11 个 T（胸苷）选择性地结合到 mRNA 的 A（腺苷）尾上，在反转录酶的作用下，将所有的 mRNA 反转录成 cDNA。再以这一含 cDNA 的反应液为模板，分别加入以上 3 个锚引物，以及若干随机引物，如 AAGCTTGATTGATTGCC、AAGCTTCGACTGT 等，PCR 放大位于某一特定锚引物与随机引物相应序列的所有 cDNA，反应体中加入 α [^{33}P] dATP 或 α [^{35}S] dATP。将两个或两个以上细胞系或组织的锚引物与随机引物相一致的 PCR 产物相邻上样于变性测序凝胶上，电泳，使不同大小的 PCR 片段得到分离，然后放射自显影。如果两个或两个以上细胞系或组织 mRNA 相同，在相邻泳道对应的胶片上可以见到并列的显影条带；如果转录量不同，则两条片段的深浅、阔窄会不同；如果某一基因仅仅在某一组织独特的表达，则会在对应于该组织的泳道上出现显影条带，而相邻的组织泳道上则空白。之后分离这些独特表达的基因，进行 Northern blot 鉴定、基因重组、测序，并与 GenBank 比较，以明确差异表达的基因是已知或未知的基因。

三、实验材料、试剂和仪器

（1）材料：两个或两个以上细胞系或组织中提取得到的 RNA。

（2）试剂：RNAimage kit（美目 GH 公司，含 3 个锚引物和 8 个随机引物，以及对照样品、一些 RNA 处理和 PCR 试剂）、Amplitaq、α [^{33}P] dATP 或 α [^{35}S] dATP、Repel-silane、四甲基乙二胺、10% 过硫酸铵（4℃ 下保存）、2mol/L NaOH/1mmol/L EDTA、3mol/L NaAc、75% 和 100% 预冷乙醇（4℃ 下保存）、无菌去离子水、5×TBE、40% 丙烯酰胺凝胶、测序用上样染液。

（3）仪器。加热磁力搅拌器、搅拌子、PCR 仪、测序用电源、循环恒温水浴、垂直电泳仪及其附件、台式低温离心机、离心真空干燥器，凝胶真空干燥器、微量移液器、胶片、暗盒等。

四、实验步骤

（1）分子量标准品的标记：分子量标准品经 Hpa II 切割的 pBR322 暴露出 5' 端伸出的 GC 序列。

pBR322	1μL
5×RT Buffer	4μL
0.1mol/L DTT	0.5μL

α $[^{33}P]$ dCTP	5μL
2mmol/L dA/T/GTP	0.5μL
AMV – RT	1μL

42℃ ×30min

2mol/L dNTP	1μL

42℃ ×10min

0.5mol/L EDTA	1μL
TE	108μL

65℃ ×10min，4℃ ×5min

将上清加入 Sephadex G50 柱，2 000r/min 离心 3min。

收集离心产物约 100μL（标记过的不同分子量大小的 pBR322 片段）。测 cpm，1μL 约在 3×10^5。

（2）将 RNA 反转录成 cDNA：取 0.5mL PCR 管，标记编号如下（表 5 - 2），然后依次加入。

表 5 - 2　标记编号表　　　　　　　　　　　　　　　　　　　　　（μL）

	组织 1（Z1）			组织 2（Z2）		
试管号	1	2	3	4	5	6
水	9.4	9.4	9.4	9.4	9.4	9.4
5×RT Buffer	4	4	4	4	4	4
dNTP（250μmol/L）	1.6	1.6	1.6	1.6	1.6	1.6
RNA（0.1μg/μL）	2	2	2	2	2	2
H – T11 – M（每管2μL）	A	C	G	A	C	G
65℃ ×5min，37℃ ×10min，加入：						
MMLV 反转录酶	1	1	1	1	1	1
37℃ ×50min，75℃ ×5min						

以上试管可存入 4℃ 冰箱，或插入冰中，用于 DD - PCR 实验。

（3）DD-PCR 的 PCR 部分（单位：μL）。

①准备 PCR 混合物：

水	60
10×PCR Buffer	12
dNTP（250μmol/L）	9.6
α $[^{33}P]$ dATP	1.5
Taq 酶	1.2

混匀。

②取 0.5mL PCR 管，标记编号如下，然后依次加入（表 5 - 3）。

表 5 - 3　标记编号表

试管号	1 - 1	1 - 2	1 - 3	1 - 4	1 - 5	1 - 6
H - AP - 1	2	2	2	2	2	2
H - T11 - M（每管 2μL）	A	A	C	C	G	G
以上反转录混合物	Z1	Z2	Z1	Z2	Z1	Z2
以上 PCR 混合物	14	14	14	14	14	14
混匀（这里仅以 1 个随机引物 H - AP - 1 为例，通常要求 8 ~ 32 个引物）						
液体石蜡	20	20	20	20	20	20

盖上盖，放入 PCR 仪，按以下程序运行：

94℃ 30s，40℃ 2min，72℃ 30s，40 个循环。72℃ 5min。

（4）电泳、分析：电泳的方法、过程同测序电泳。按试管编号次序上样，每管样品取 3.5μL 加上样染液 2μL，盖上盖，80℃ 水浴 2min，插入冰中，上样。电泳、干胶、曝光等方法同测序。所不同的是在揭胶后，要求利用上样时所剩余的含有上样缓冲液的样品作为标记墨水，分别点于凝胶的上下角上。由于该上样物含有染料和同位素，放射自显影后在 X 光片上会出现相应黑点，与凝胶上的蓝色点对应，以便以后估计不同差异片段方位之用。

（5）差异 DNA 片段的筛选与扩增：将干燥的凝胶上覆盖 X 光再显影胶片。置于 X 光读片箱上，依据实验揭胶时在凝胶角上所点的放射自显影墨水标记，对准胶片与凝胶的位置，使胶片上的条带对应凝胶上相应的位置。然后用铅笔或针依据胶片的位置标记到凝胶上有兴趣的片段位置。一般取 DNA 片段在 300 ~ 500bp 的作进一步分析。用刀片将相应大小的凝胶连同所黏附的 3MM 滤纸一道切割下来。将被切割后的凝胶再重新用 X 光胶片曝光，检测所切割的凝胶是否为有兴趣的片段所在。如果切割正确，则第二次曝光后，该条带会消失，或部分消失。同时可以依据第二次曝光的结果，调整凝胶的切割，以确保所切割的凝胶系有兴趣基因的所在。

将此凝胶小片段，浸没于盛于 1.5mL 微离心管的 100μL 水中，室温下 30min，然后置于沸水中煮 20min，插入冰中。离心 2min，吸取上清。以后取该上清 2 ~ 5μL 作为模板，PCR 放大，PCR 反应容积达 40μL，电泳鉴定放大产物的分子量是否与 DD - PCR 电泳放射自显影的分子量一致，当有足够的 PCR 产物（200 ~ 1 000ng），且分子量一致，则从凝胶中回收 PCR 产物。该产物有两个用途：

①作为探针，做 Northen blot，以鉴定是否确实在两个样品中基因转录存在差异；

②一旦存在差异，将此剩余的 PCR 产物作为插入片段，克隆重组入适当载体，筛选、鉴定，培养放大，质粒小量制备，用于测序和其他用途。

测序结果要求与 GenBank 比较，以明确基因是否为已知基因。如果是已知基因，可以进一步检索其已有报道，了解基因的功能，考虑进一步的研究；如果为新的基因，则建议建立 cDNA 库，并筛选获得该基因的全长 cDNA，以便日后的基因功能研究。

五、结果与讨论

（1）记录实验结果，提交电泳图片。

（2）差异显示技术有哪些应用？

（3）差异表达技术的有何优点及缺点？

六、注意事项

（1）实验之初，要求严格无菌操作，以防 RNA 酶污染。

（2）该实验要求无 DNA 污染的纯净总 RNA，因此，必要时可选用 DNase 去除 RNA 样品中可能残存的 DNA。也可以采用一些 mRNA 分离试剂盒分离和纯化 mRNA。

（3）为防止加样误差，建议做复管。DD－PCR 有着非常好的重复性，表现在绝大部分基因扩增的一致性和这些基因产物数量的一致性。仅在 100bp 分子量大小的区域可能会出现 1～2 个不一致的条带。因此，当条件限制时，可以考虑仅做单管。

（4）DD-PCR 实验的特点是试剂多、试管多，所以要求操作规范严格，避免出错。

（5）DD-PCR 的工作量集中在后续的大量的 Northern blot 验证，以及克隆、测序等，工作量巨大，研究者要有充分的准备。

实验十六　实时定量 PCR

一、实验目的

（1）通过本次试验加深对 RT-PCR 工作原理的理解。

（2）学习 RT-PCR 仪的操作且能够熟练使用。

二、实验原理

实时定量 PCR（real-time PCR）又称荧光定量 PCR 或 qPCR，是美国 PE 公司（Perkin Elmer）于 1995 年研制出的一种新的核酸定量技术。该技术在常规 PCR 基础上运用荧光能量传递（fluorescence resonance energy transfer，FRET）技术，加入荧光标记探针，巧妙地把核酸扩增、杂交、光谱分析和实时检测技术结合在一起，借助于荧光信号来检测 PCR 产物。一方面提高了灵敏度，另一方面还可以做到 PCR 每循环一次就收集一个数据，建立实时扩增曲线，准确地确定 CT 值，从而根据 CT 值确定起始 DNA 的拷贝数，做到真正意义上的 DNA 定量。另外，由于 CT 值是一个完全客观的参数，CT 值越小，模板 DNA 的起始拷贝数越小。因此，利用 CT 值确定 DNA 拷贝数实时 PCR 方法比普通终点定量方法更加准确。

三、实验材料、试剂和仪器

（1）试剂：变性液、水饱和酚、乙酸钠、氯仿、异丙醇、75% 酒精、经 DEPC 处理并高压灭菌的去离子水。

（2）仪器：低温高速离心机、RT-PCR 仪、电泳仪、蛋白核酸分析仪。

四、实验步骤

1. 样品 RNA 的抽提

（1）取冻存已裂解的细胞，室温放置 5min 使其完全溶解。

（2）两相分离。每1mL的Trizol试剂裂解的样品中加入0.2 mL的氯仿，盖紧管盖。手动剧烈振荡管体15s后，15到30℃孵育2~3min。4℃下12 000r/min离心15min。离心后混合液体将分为下层的红色酚氯仿相，中间层以及无色水相上层。RNA全部被分配于水相中。水相上层的体积大约是匀浆时加入的Trizol试剂的60%。

（3）RNA沉淀。将水相上层转移到一干净无RNA酶的离心管中。加等体积异丙醇混合以沉淀其中的RNA，混匀后15~30℃孵育10min后，于4℃下12 000r/min离心10min。此时离心前不可见的RNA沉淀将在管底部和侧壁上形成胶状沉淀块。

（4）RNA清洗。移去上清液，每毫升Trizol试剂裂解的样品中加入至少1 mL的75%乙醇（75%乙醇用DEPC水配制），清洗RNA沉淀。混匀后，4℃下7 000r/min离心5min。

（5）RNA干燥。小心吸去大部分乙醇溶液，使RNA沉淀在室温空气中干燥5~10min。

（6）溶解RNA沉淀。溶解RNA时，先加入无RNA酶的水40μL用枪反复吹打几次，使其完全溶解，获得的RNA溶液保存于-80℃待用。

2. RNA质量检测

（1）紫外吸收法测定。先用稀释用的TE溶液将分光光度计调零。然后取少量RNA溶液用TE稀释（1:100）后，读取其在分光光度计260nm和280nm处的吸收值，测定RNA溶液浓度和纯度。

①浓度测定：A260下读值为1表示40 μg RNA/mL。

②纯度检测：RNA溶液的A260/A280的比值能够反应RNA纯度，比值范围在1.8~2.0为良好。

（2）变性琼脂糖凝胶电泳测定。按实验十四的方法对提取得到的RNA进行变性琼脂糖凝胶电泳，凝胶成像仪中观察并记录电泳结果。要求28S和18S核糖体RNA的带非常亮而浓（其大小决定于用于抽提RNA的物种类型），上面一条带的密度大约是下面一条带的2倍。还有可能观察到一个更小稍微扩散的带，它由低分子量的RNA（tRNA和5S核糖体RNA）组成。在18S和28S核糖体带之间可以看到一片弥散的EB染色物质，可能是由mRNA和其他异型RNA组成。RNA制备过程中如果出现DNA污染，将会在28S核糖体RNA带的上面出现，即更高分子量的弥散迁移物质或者带，RNA的降解表现为核糖体RNA带的弥散。用数码照相机拍下电泳结果。

3. 样品cDNA合成

（1）按如下反应体系，将各组成成分加入无菌薄壁管，充分混匀，6 000r/min快速离心除去挂壁液滴。

逆转录buffer	2μL
上游引物	0.2μL
下游引物	0.2μL
dNTP	0.1μL
逆转录酶MMLV	0.5μL
DEPC水	5μL
RNA模版	2μL

　　总体积　　　　　　　　　　　10μL

（2）混合液在加入逆转录酶MMLV之前先70℃干浴3min，取出后立即冰水浴至管内外温度一致，然后加逆转录酶0.5μL，37℃水浴60min。

（3）取出后立即95℃干浴3min，得到逆转录终溶液即为cDNA溶液，保存于-80℃待用。

4. 梯度稀释的标准品及待测样品的管家基因（β-actin）实时定量PCR

（1）β-actin阳性模板的标准梯度制备。阳性模板的浓度为10^{11}，反应前取3μL按10倍稀释（加水27μL并充分混匀）为10^{10}，依次稀释至10^9、10^8、10^7、10^6、10^5、10^4，以备用。

（2）反应体系如下。

①标准品反应体系：

反应物	剂量
SYBR Green 1 染料	10μL
阳性模板上游引物 F	0.5μL
阳性模板下游引物 R	0.5μL
dNTP	0.5μL
Taq 酶	1μL
阳性模板 DNA	5μL
ddH$_2$O	32.5μL
总体积	50μL

按上述反应体系，将各组成成分加入无菌薄壁管，充分混匀，6 000r/min快速离心除去挂壁液滴。

②管家基因反应体系：

反应物	剂量
SYBR Green 1 染料	10μL
内参照上游引物 F	0.5μL
内参照下游引物 R	0.5μL
dNTP	0.5μL
Taq 酶	1μL
待测样品 cDNA	5μL
ddH$_2$O	32.5μL
总体积	50μL

按上述反应体系，将各组成成分加入无菌薄壁管，充分混匀，6 000r/min快速离心除去挂壁液滴。

（3）制备好的阳性标准品和检测样本同时上机，反应条件为：93℃ 2min，然后93℃ 1min，55℃ 2min，共40个循环。

5. 制备用于绘制梯度稀释标准曲线的 DNA 模板

（1）针对每一需要测量的基因，选择一确定表达该基因的 cDNA 模板进行 PCR 反应。

（2）反应体系：

反应物	剂量
10 × PCR 缓冲液	2.5μL
MgCl$_2$ 溶液	1.5μL
上游引物 F	0.5μL
下游引物 R	0.5μL
dNTP 混合液	3μL
Taq 聚合酶	1μL
cDNA	1μL
加水至总体积为	25μL

按上述反应体系，将各组成成分加入无菌薄壁管，充分混匀，6 000r/min 快速离心除去挂壁液滴。

循环参数：35 个 PCR 循环（94℃ 1min；55℃ 1min；72℃ 1min）；72℃ 延伸 5min。

（3）PCR 产物与 DNA Ladder 在 2% 琼脂糖凝胶电泳，溴化乙锭染色，检测 PCR 产物是否为单一特异性扩增条带。

（4）将 PCR 产物进行 10 倍梯度稀释：设定 PCR 产物浓度为 1×10^{10}，依次稀释至 10^9、10^8、10^7、10^6、10^5、10^4 几个浓度梯度。

6. 待测样品的待测基因实时定量 PCR

（1）所有 cDNA 样品分别配置实时定量 PCR 反应体系。

（2）体系配置如下：

反应物	剂量
SYBR Green 1 染料	10μL
上游引物	1μL
下游引物	1μL
dNTP	1μL
Taq 聚合酶	2μL
待测样品 cDNA	5μL
ddH$_2$O	30μL
总体积	50μL

按上述反应体系，将各组成成分加入无菌薄壁管，充分混匀，6 000r/min 快速离心除去挂壁液滴。

（3）将配制好的 PCR 反应溶液置于 Realtime PCR 仪上进行 PCR 扩增反应。反应条件为：93℃ 2min 预变性，然后按 93℃ 1min，55℃ 1min，72℃ 1min，共 40 做个循环，最后

72℃ 7min 延伸。

7. 数据分析

（1）定量方法。

①绝对定量：进行定量扩增时，除以待测样品 cDNA 为模板外，同时扩增一系列梯度稀释的标准模板，以标准模板的 C_t 值和初始浓度的对数为横纵坐标，绘制标准曲线。待测样品所得的 C_t 值经标准曲线方程可知道其所含基因的初始量（相对于标准品的浓度），就可直接得到样品 cDNA 的绝对浓度（copies/μL），从而实现对待测基因 mRNA 水平的绝对定量。

②相对定量（无需做标准曲线）：以 $2^{-\Delta\Delta C_t}$ 来表示处理组待测基因相对于对照组待测基因表达量的倍数：

$$\text{Folds} = 2^{-\Delta\Delta C_t}$$

$$\Delta\Delta C_t = （C_t 1 - C_t 2） - （C_t 3 - C_t 4）$$

式中，$C_t 1$：处理样品待测基因的临界循环数；

$C_t 2$：处理样品看家基因的临界循环数；

$C_t 3$：对照样品待测基因的临界循环数；

$C_t 4$：对照样品看家基因的临界循环数。

（2）统计分析。所得数据以 m ± s 表示，采用 SPSS16.0 统计软件处理实验数据，多组比较采用单因素方差分析，两两比较采用 Student-Newman-KeμLs 检验。$P < 0.05$ 被认为有统计学意义。

五、结果与讨论

（1）计算样品中待测基因表达量。

（2）降低退火温度、延长变性时间分别对反应有何影响？

（3）循环次数是否越多越好，为什么？

实验十七　Southern 印迹杂交

一、实验目的

（1）通过本实验理解 Southern 印迹杂交技术的原理。

（2）通过本实验学习并掌握 Southern 印迹杂交技术的实验步骤。

（3）通过本实验练习使用相关实验仪器。

二、实验原理

核酸分子杂交技术是生物技术领域中最常用的具体方法之一。其基本原理是：具有一定同源性的两条核酸单链在一定的条件下，可按碱基互补的原则形成双链，此杂交过程是高度特异的。由于核酸分子的高度特异性及检测方法的灵敏性，综合凝胶电泳和核酸内切限制酶分析的结果，便可绘制出 DNA 分子的限制图谱。但为了进一步构建出 DNA 分子的遗传图，或进行目的基因序列的测定以满足基因克隆的特殊要求，还必须掌握 DNA 分子中基因编码区的大小和位置。有关这类数据资料可应用 Southern 印迹杂交技术获得。

Southern 印迹杂交技术包括两个主要过程：一是将待测定核酸分子通过一定的方法转移并结合到一定的固相支持物（硝酸纤维素膜或尼龙膜）上，即印迹（blotting）；二是固定于膜上的核酸同位素标记的探针在一定的温度和离子强度下退火，即分子杂交过程。该技术是 1975 年英国爱丁堡大学的 E. M. Southern 首创的，Southern 印迹杂交因此而得名。

早期的 Southern 印迹是将凝胶中的 DNA 变性后，经毛细管的虹吸作用，转移到硝酸纤维膜上。近年来，印迹方法和固定支持滤膜都有了很大的改进，印迹方法如电转法、真空转移法；滤膜则发展了尼龙膜、化学活化膜（如 APT、ABM 纤维素膜）等。利用 Southern 印迹法可进行克隆基因的酶切、图谱分析、基因组中某一基因的定性及定量分析、基因突变分析及限制性片断长度多态性分析（RFLP）等。

三、实验材料、试剂和仪器

（1）材料：待检测的 DNA、已标记好的探针。

（2）试剂：

10mg/mL 溴化乙锭（EB）；

预杂交溶液：6×SSC，5×Denhardt，0.5% SDS，100mg/mL 鲑鱼精子 DNA，50% 甲酰胺；

杂交溶液：预杂交溶液中加入变性探针即为杂交溶液；

变性溶液：87.75g NaCl，20.0g NaOH 加水至 1 000mL；

中和溶液：175.5g NaCl，6.7g Tris-Cl，加水至 1 000mL；

20×SSC：3mol/L NaCl，0.3mol/L 柠檬酸钠，用 1mol/L HCl 调节 pH 值至 7.0。

（3）仪器：电泳仪、电泳槽、真空烤箱、硝酸纤维素滤膜或尼龙膜、滤纸、瓷盘等。

四、实验步骤

1. 基因组 DNA 的制备（前述）

2. 基因组 DNA 的限制酶切

根据实验目的决定酶切 DNA 的量。一般 Southern 杂交每一个电泳通道需要 $10 \sim 30\mu g$ 的 DNA。购买的限制性内切酶都附有相对应的 10 倍浓度缓冲液，并可从该公司的产品目录上查到最佳消化温度。为保证消化完全，一般用 $2 \sim 4U$ 的酶消化 $1\mu g$ 的 DNA。消化的 DNA 浓度不宜太高，以 $0.5\mu g /\mu L$ 为好。由于内切酶是保存在 50% 甘油内的，而酶只有在甘油浓度 <5% 的条件下才能发挥正常作用，所以加入反应体系的酶体积不能超过 1/10。

具体操作如下，在 1.5mL 离心管中依次加入：

$1\mu g /\mu L$ DNA	20 μg
10×酶切 buffer	4.0 μL
10U/μL 限制性内切酶	5.0 μL
ddH₂O	加至 500 μL

在最适温度下消化 1~3h。消化结束时可取 5μL 电泳检测消化效果。如果消化效果不好，可以延长消化时间，但超过 6h 已没有必要。或者放大反应体积，或者补充酶再消化。如仍不能奏效，可能的原因是 DNA 样品中有太多的杂质或酶的活力下降。

消化后的 DNA 加入 1/10 体积的 0.5M EDTA，以终止消化。然后用等体积酚抽提、等体积氯仿抽提，2.5 倍体积乙醇沉淀，少量 TE 溶解（参见 DNA 提取方法，但离心转速要提高到 12 000g，以防止小片段 DNA 的丢失）。如果需要两种酶消化 DNA，而两种酶的反应条件可以一致，则两种酶可同时进行消化；如果反应条件不一致，则先用需要低离子强度的酶消化，然后补加盐类等物质调高反应体系的离子强度，再加第二种酶进行消化。

3. 基因组 DNA 消化产物的琼脂糖凝胶电泳

（1）制备 0.8% 凝胶：一般用于 Southern 杂交的电泳胶取 0.8%。

（2）电泳：电泳样品中加入 6×Loading 缓冲液，混匀后上样，留 1 或 2 个泳道加 DNA Marker。1~2V/cm，DNA 从负极泳向正极。电泳至溴酚蓝指示剂接近凝胶另一端时，停止电泳。取出凝胶，紫外灯下观察电泳效果。在胶的一边放置一把刻度尺，拍摄照片。正常电泳图谱呈现一连续的涂抹带，照片摄入刻度尺是为了以后判断信号带的位置，以确定被杂交的 DNA 长度。

4. DNA 从琼脂糖凝胶转移到固相支持物

转移就是将琼脂糖凝胶中的 DNA 转移到硝酸纤维膜（NC 膜）或尼龙膜上，形成固相 DNA。转移的目的是使固相 DNA 与液相的探针进行杂交。常用的转移方法有盐桥法、真空法和电转移法。这里介绍经典的盐桥法（又称为毛细管法）。操作步骤如下。

（1）碱变性：室温下将凝胶浸入数倍体积的变性液中 30min。

（2）中和：将凝胶转移到中和液 15min。

（3）转移：按凝胶的大小剪裁 NC 膜或尼龙膜并剪去一角作为标记，水浸湿后，浸入转移液中 5min。剪一张比膜稍宽的长条 Whatman 3MM 滤纸作为盐桥，再按凝胶的尺寸剪 3~5 张滤纸和大量的纸巾备用。转移过程一般需要 8~24h，每隔数小时换掉已经湿掉的纸巾。转移液用 20×SSC。注意在膜与胶之间不能有气泡。整个操作过程中要防止膜上沾染其他污物。

（4）转移结束后取出 NC 膜，浸入 6×SSC 溶液数分钟，洗去膜上沾染的凝胶颗粒，置于两张滤纸之间，80℃烘 2h，然后将 NC 膜夹在两层滤纸间，保存于干燥处。

5. 探针标记

进行 Southern 杂交的探针一般用放射性物质标记或用地高辛标记。放射标记灵敏度高，效果好；地高辛标记没有半衰期，安全性好。这里介绍放射性标记。

探针的标记方法有随机引物法、切口平移法和末端标记法，有一些试剂盒可供选择，操作也很简单。以下为 Promega 公司随机引物试剂盒提供的标记步骤：

（1）取 25~50ng 模板 DNA 于 0.5mL 离心管中，100℃变性 5min，立即置冰浴。

（2）在另一个 0.5mL 离心管中加入：

> Labeling 5×buffer   10μL（含有随机引物）
>
> dNTPmix   2μL（含 dCTP、dGTP、dTTP 各 0.5mM）

       BSA（小牛血清白蛋白）   2μL

       $[a-^{32}P]$ dATP   3μL

       Klenow 酶   5μL

（3）将变性模板 DNA 加入到上管中，加 ddH$_2$O 至 50μL，混匀。室温或 37℃ 1h。

（4）加 50μL 终止缓冲液终止反应。

标记后的探针可以直接使用或过柱纯化后使用。由于 α^{-32}P 的半衰期只有 14d，所以标记好的探针应尽快使用。探针的比活性最好大于 10^9 计数（min/μL）。

6. 杂交

Southern 杂交一般采取的是液-固杂交方式，即探针为液相，被杂交 DNA 为固相。杂交发生于一定条件的溶液（杂交液）中并需要一定的温度，可以用杂交瓶或杂交袋并使液体不断地在膜上流动。杂交液可以自制或从公司购买，不同的杂交液配方相差较大，杂交温度也不同。下面给出的为一杂交液配方：PEG 6000 10%；SDS 0.5%；6×SSC；50% 甲酰胺。该杂交液的杂交温度为 42℃。

（1）预杂交。NC 膜浸入 2×SSC 中 5min，在杂交瓶中加入杂交液（8cm×8cm 的膜加 5mL 即可），将膜的背面贴紧杂交瓶壁，正面朝向杂交液。放入 42℃ 杂交炉中，使杂交体系升到 42℃。取经超声粉碎的鲑鱼精 DNA（已溶解在水或 TE 中）100℃ 加热变性 5min，迅速加到杂交瓶中，使其浓度达到 100μg/mL。继续杂交 4h。鲑鱼精 DNA 的作用是封闭 NC 膜上没有 DNA 转移的位点，降低杂交背景、提高杂交特异性。

（2）杂交。倒出预杂交的杂交液，换入等量新的已升温至 42℃ 的杂交液，同样加入变性的鲑鱼精 DNA。将探针 100℃ 加热 5min，使其变性，迅速加到杂交瓶中。42℃ 杂交过夜。

7. 洗膜与检测

取出 NC 膜，在 2×SSC 溶液中漂洗 5min，然后按照下列条件洗膜：

       2×SSC/0.1% SDS   42℃   10min

       1×SSC/0.1% SDS   42℃   10min

       0.5×SSC/0.1% SDS   42℃   10min

       0.2×SSC/0.1% SDS   56℃   10min

       0.1×SSC/0.1% SDS   56℃   10min

在洗膜的过程中，不断振摇，不断用放射性检测仪探测膜上的放射强度。实践证明，当放射强度指示数值较环境背景高 1~2 倍时，是洗膜的终止点。上述洗膜过程无论在哪一步达到终点，都必须停止洗膜。洗完的膜浸入 2×SSC 中 2min，取出膜，用滤纸吸干膜表面的水分，并用保鲜膜包裹，注意保鲜膜与 NC 膜之间不能有气泡。将膜正面向上，放入暗盒中（加双侧增感屏），在暗室的红光下，贴覆两张 X 光片，每一片都用透明胶带固定，合上暗盒，置 -70℃ 低温冰箱中曝光。根据信号强弱决定曝光时间，一般在 1~3d 时间。洗片时，先洗一张 X 光片，若感光偏弱，则再多加 2d 曝光时间，再洗第二张片子。

影响 Southern 杂交实验的因素很多，主要有 DNA 纯度、酶切效率、电泳分离效果、转移效率、探针比活性和洗膜终止点等。

五、结果与讨论

（1）提交 Southern 印迹杂交显色图片。

（2）Southern 印迹杂交的主要应用有哪些？

六、注意事项

（1）要取得好的转移和杂交效果，应根据 DNA 分子的大小，适当调整变性时间。对于分子量较大的 DNA 片段（大于 15kb），可在变性前用 0.2M HCl 预处理 10min 使其脱嘌呤。

（2）转移用的 NC 膜要预先在双蒸水中浸泡使其湿透，否则会影响转膜效果；不可用手触摸 NC 膜，否则影响 DNA 的转移及与膜的结合。

（3）转移时，凝胶的四周用 Parafilm 蜡膜封严，防止在转移过程中产生短路，影响转移效率，同时注意 NC 膜与凝胶及滤纸间不能留有气泡，以免影响转移。

（4）注意同位素的安全使用。

实验十八　Northern 杂交技术

一、实验目的

（1）了解 Northern 印迹杂交技术的基本原理。

（2）熟悉并掌握 Northern 印迹杂交技术的实验操作。

（3）学习并熟练使用相关实验仪器。

二、实验原理

Northern 杂交是研究真核细胞基因表达的基本方法。与 Southern 印迹杂交相对应，故被称为 Northern 印迹杂交。Northern 杂交是用来检测真核生物 RNA 的量和大小及估计其丰度的实验方法，可从大量的 RNA 样本中同时获得这些信息。这是其他实验方法无法比拟的。其基本原理是通过变性琼脂糖凝胶电泳将 RNA 样品进行分离，再转移到尼龙膜等固相膜载体上，用放射性同位素标记的 DNA 或 RNA 特异探针对固定于膜上的 RNA 进行杂交，洗膜去除非特异性杂交信号，经放射自显影，对杂交信号进行分析。将杂交的 mRNA 分子在电泳中的迁移位置与标准分子量分子进行比较，即可知道细胞中待定的基因转录产物的大小；对杂交信号的强弱比较，可以知道该基因表达 mRNA 的强弱。

三、实验材料、试剂和仪器

（1）试剂：5×甲醛凝胶电泳缓冲液、甲醛凝胶加样缓冲液、溴化乙锭溶液、杂交探针、预杂交液 6×SSC、杂交液 6×SSC、30% H_2O_2、20×SSC（pH = 7.0）。

（2）仪器：电泳仪，电泳槽，恒温水浴箱，恒温干烤箱，同位素探测仪，自动光密度扫描仪，核酸转移装置，紫外照相装置，X 光胶片盒（带增感屏），1.5mL、0.5mL 离心管，移液器，玻璃刻度吸管（1mL、5mL、10mL），塑料封口机，紫外检测仪。

四、实验步骤

1. 甲醛变性电泳分离 RNA 样品

（1）电泳槽的无 RNA 酶处理。电泳槽用去污剂洗干净，蒸馏水冲洗，无水乙醇漂洗干燥，30% H_2O_2 处理 10min，最后用 DEPC 处理过的三蒸水彻底冲洗。

（2）配制 1% 琼脂糖变性胶。将适量琼脂糖加热溶于 DEPC 处理过的三蒸水中，冷却至 60℃，加入 5×甲醛凝胶电泳缓冲液和甲醛至终浓度分别为 1×、2.2mol/L（将 12.3 mol/L 甲醛贮存液、琼脂糖水溶液和 5×甲醛凝胶电泳缓冲液按 1∶3.5∶1.1 比例混合即可）。在化学通风橱内，将凝胶倾倒入电泳槽上，于室温放置 30min 或更长时间，使凝胶凝固。

（3）RNA 样品处理。按以下体积制备 RNA 样品，制备好后 65℃温育 15min，迅速冰浴冷却，快速离心几秒钟。使管内所有液体集中于管底。加 4μL 甲醛凝胶加样缓冲液混合待用。

RNA（总 RNA30μg）	9μL
5×甲醛凝胶电泳缓冲液	4μL
甲醛	7μL
甲酰胺	20μL

（4）电泳。制备的凝胶先预电泳 5min，随后将样品加至凝胶加样孔中。同时加入已知大小的 RNA 混合物作为分子量标准参照物，按 3~4V/cm 电压进行电泳。电泳过程中，每 1~2h，将正负极槽内液体混合后继续电泳。

（5）电泳结果观察。电泳结束后（溴酚蓝迁移出 7~8cm），切下分子量标准参照物的凝胶条，浸入溴化乙锭溶液中染色 30~45min。在凝胶旁放置一透明尺，在紫外灯下照相，以便以后测量照片上每个 RNA 条带至加样孔的距离。以 RNA 片段大小的对数值对 RNA 条带的迁移距离作图，绘制标准曲线，根据标准曲线计算杂交后所检出的 RNA 分子的大小。

2. 变性 RNA 转移至尼龙膜

上述经甲醛琼脂糖变性凝胶电泳分离的 RNA 样品，立即转移到尼龙膜上，方法用毛细管洗脱法。

（1）凝胶的预处理：将凝胶移至一个干烤过的平皿内，将边缘多余部分用眼科解剖刀切去，在加样孔一侧切去一角作凝胶方位标记。并用经 DEPC 处理的三蒸水淋洗数次，除去甲醛。

（2）取一瓷盘，加入溶液。上置一块略大于凝胶的玻璃板作为平台，玻璃板表面铺一张新华二号滤纸，滤纸的两边浸没在 20×SSC 溶液中。去除玻璃板与滤纸之间的所有大小气泡。

（3）把凝胶底向上翻转覆盖在滤纸上，去除二层之间出现的气泡。用保鲜膜围绕在凝胶周边，但不覆盖凝胶，作屏障，以阻止液体自池边直接流至凝胶上方的纸巾中。

（4）裁剪一张尼龙膜，其长与宽大于凝胶1.5cm，并剪下一角作记号以定滤膜方位。先将膜在2×SSC中至少润湿20min，然后放置在凝胶表面上。二层之间不可有气泡存在。

（5）将两张与尼龙膜一样大小经2×SSC溶液润湿过的滤纸，覆盖在尼龙膜上，同样要把气泡赶去。

（6）把一叠同滤纸大小一样的吸水纸（或卫生纸，5～10cm高）放置在滤纸上，在吸水纸上再放一块玻璃板和重约500g的重物。

（7）转移：上述程序就绪，RNA转移即开始进行，需持续18～24h。如果吸水纸过于潮湿，应换新的吸水纸。

（8）固定：转移结束后，揭去凝胶上方的吸水纸和滤纸。取出尼龙膜，不必冲洗、浸泡。转移面朝上置一张滤纸上晾干。将膜夹在两张滤纸中间，80℃干烤固定1～2h，封入塑料袋中保存、待用。

3. 杂交

（1）预杂交：取一只大小适宜的塑料袋。将预先用2×SSC溶液润湿而吸干后的样品膜放在袋内。按200μL/cm² 膜加入预杂交液。排除塑料袋内气泡，用塑料封口机封边，浸没在42℃恒温水浴中温育，预杂交2～4h。

（2）探针的标记：采用随机引物标记法标记。$\alpha-^{32}P$ 标记的探针如为双链DNA则需经变性处理。将标记好的探针置沸水浴中加热5min，然后迅速置冰浴中。

（3）杂交：从水浴中取出塑料袋，剪去一角，弃预杂交液，加入杂交液（按80μL/cm² 膜）及适量的 $\alpha-^{32}P$ 标记探针。小心排除气泡，重新封好口为防止污染应将塑料袋外再套另一塑料袋。将杂交袋置42℃下温育16～24h。

杂交完毕，取出塑料袋，剪去一角，弃所有的杂交液。然后取出样膜，选择下述方法在同位素探测仪监视下洗膜，去除非特异性 $\alpha-^{32}P$ 放射性同位素。

①高严谨性漂洗（mRNA为高丰度，杂交本底较高）依次按下列顺序进行 a. 2×SSC，0.1%SDS）室温洗2次，每次15min；b.（0.1×SSC，0.1%SDS）室温洗2次，每次15min；c.（0.1×SSC，0.1%SDS）55℃洗2次，每次30min。

②低严谨性漂洗（低丰度测量，本底较低）依次按下列顺序进行 a. 6×SSC，0.1%SDS）室温洗2次，每次15min；b.（2×SSC，0.1%SDS）室温洗2次，每次15min；c.（1×SSC，0.1%SDS）50℃洗2次，每次15min。

4. 放射自显影

样膜经漂洗后，置干净滤纸上，吸去膜上多余水分，外面裹一层保鲜膜。暗室安全灯下，在胶片盒中压上两张X线胶片，样膜上下各一张，盖上胶片盒，-80℃放射自显影。时间视杂交强度而定，1～10d。取出胶片盆，恢复至室温。按常规冲洗X线片：

①显影1～5min；

②停显1min；

③定影5min；

④流动水冲洗10min，自然干燥。

五、实验结果

（1）观察并分析放射自显影结果，提交显色图片。

（2）Northern 印迹杂交和 Southern 印迹杂交的不同点是什么？

（3）mRNA 样品在进行变性处理时为什么加甲醛，而不加氢氧化钠？

六、注意事项

（1）避免 RNA 酶污染，特别是在 RNA 变性胶电泳及转移过程中必须防止 RNA 降解。

（2）甲醛、甲酰胺易氧化，37% 甲醛的 pH 值要求在 4.0 以上，低于此值应放弃；甲酰胺最好用混合床树脂处理或新开瓶的甲酰胺。小量分装后 –20℃ 保存备用。

（3）判定 RNA 分子的大小，也可以依照总 RNA 中 28S、18SrRNA 在电泳中产生的两条较明显的条带为分子量标准。28SrRNA 相当于 4.5kb，而 18SrRNA 相当于 2.1kb，以此两种 RNA 的迁移距离，对比欲检测的特异 RNA 杂交后条带的位置，计算分子大小。

（4）由于用尼龙膜杂交本底较高，所以，适当延长预杂交时间，对非特异位点的封闭是有用的。

（5）杂交结果出现几条杂交带，可能是样品中 RNA 由几个不同的基因编码一种蛋白的 RNA，相互间大小不同；也有可能是同一基因转录出的 RNA 在生物体内的加工造成了不同长度的形式存在；洗膜的不严格。使同源性较高的不同 mRNA 分子发生非特异性结合。

（6）杂交条带如为弥散状，则表示 mRNA 样品在电泳前就已降解，如在一条带的下方有弥散状的杂交信号，表明 mRNA 样品有部分降解；无明显的条带全部杂交信号为弥散状，则说明 mRNA 的降解十分严重，样品必须重新制备。

实验十九　原位杂交

一、实验目的

（1）通过本实验学习并熟悉原位杂交的基本原理。

（2）掌握原位杂交技术的基本实验方法。

二、实验原理

原位杂交组织（或细胞）化学（In situ Hybridization Histochemistry，ISHH）简称原位杂交（In Situ Hybridization），属于固相分子杂交的范畴，它是用标记的 DNA 或 RNA 为探针，在原位检测组织细胞内特定核酸序列的方法。根据所用探针和靶核酸的不同，原位杂交可分为 DNA-DNA 杂交，DNA-RNA 杂交和 RNA-RNA 杂交三类。

原位杂交技术的基本原理是利用核酸分子单链之间有互补的碱基序列，将有放射性或非放射性的外源核酸（即探针）与组织、细胞或染色体上待测 DNA 或 RNA 互补配对，结合成专一的核酸杂交分子，经一定的检测手段将待测核酸在组织、细胞或染色体上的位置显示出来。为显示特定的核酸序列必须具备 3 个重要条件：组织、细胞或染色体的固定、具有能与特定片段互补的核苷酸序列（即探针）、有与探针结合的标记物。

RNA 原位核酸杂交又称 RNA 原位杂交组织化学或 RNA 原位杂交。该技术是指运用 cRNA 或寡核苷酸等探针检测细胞和组织内 RNA 表达的一种原位杂交技术。其基本原理是：在细胞或组织结构保持不变的条件下，用标记的已知的 RNA 核苷酸片段，按核酸杂交中碱基配对原则，与待测细胞或组织中相应的基因片段相结合（杂交），所形成的杂交体（Hybrids）经显色反应后在光学显微镜或电子显微镜下观察其细胞内相应的 mRNA、rRNA 和 tRNA 分子。

三、实验材料、试剂和仪器

（1）实验材料：SD 大鼠。

（2）试剂：0.1 M PBS（pH = 7.2）、0.2 M PB（pH = 7.2）、0.1 M 甘氨酸、4% 多聚甲醛、16 × Denhardt 溶液、预杂交液、20 × SSC、抗体稀释液、TSM1、显色液。

（3）仪器：显微镜、烘箱、水浴锅、切片机、微量移液器等。

四、实验步骤

1. 取材、冰冻切片

将动物以 3% 戊巴比妥钠麻醉，打开胸腔，暴露心脏，刺破右心耳，将针尖刺入左心室用生理盐水灌注（灌注量约为动物体重的 2 倍），再注入等量的 4% 多聚甲醛。取材，置于 4% 多聚甲醛中后固定 4h。以 0.1M PBS 浸泡冲洗 4 ~ 5 次（换液：1 次/h）。将组织块加入 30% 蔗糖/0.1M PBS 液（4℃），1 ~ 2d 后冰冻切片，将切片裱贴于原位杂交专用玻片上，切片厚度为 15 ~ 20μm。

2. 探针制备与检测（定量）

（1）随机引物制备 cDNA 核酸探针以 DIG DNA 标记检测试剂盒为例。

①探针制备。

a. 模板 DNA（0.5 ~ 3 μg）15 μL，100℃变性 10 min，冰浴 5 min。

b. 在冰浴中加：Hexanucleotide mix 2 μL，dNTPmix 2 μL，Klenow Enzyme 1 μL，反应总体积为 20 μL。37℃孵育过夜。

c. 在上述 20 μL 的标记产物中加 4 M LiCl 2.5 μL，75 μL 无水乙醇预冷，轻轻混匀，−20℃放置 2 h。4℃离心 12 000g，15min，弃上清。70% 乙醇（预冷）50 μL 洗涤，7 500g，5min，弃上清，晾干沉淀，加 TE 50 μL 溶解沉淀，−20℃保存备用。

②探针敏感性检测。

a. 样品稀释：取 dig -标记探针 1 μL 用 ddH₂O 以 1：10、1：100、1：1 000、1：1 000、1：10 000 梯度稀释。

b. 取一张与点样器大小相近的尼龙膜，标记方向，ddH₂O 中浸泡 1min，6 × SSC 中浸泡 10min，置点样器上，负压抽吸 5 min。

c. 将上述样品点于尼龙膜上，继续抽吸 10min。

d. 取下尼龙膜，置紫外灯下 10cm 处照射 5min，晾干。

e. 将膜置于适量预杂交液（5~10mL）中，37℃预杂交 10min。

f. 加入 Anti-dig 抗体（1∶5 000），37℃杂交 30min。

g. 洗膜：2×SSC/0.1%SDS 室温洗 10min，2 次。

h. 显色：15mL TSM2 中加 300μL 显色液（NBT/BCIP），37℃避光显色 30min。

（2）PCR 法制备 cDNA 核酸探针。

①探针制备：以 PCR DIG Probe Synthesis Kit 为例。

在 0.5mL 离心管中，依次加入：

PCR 引物 1（10pM）	2μL
PCR 引物 1（10pM）	2μL
质粒 DNA 模板（10~100pg）	2μL
PCR DIG mix	2μL
dNTP mix	2μL
10×PCR buffer	5μL
Taq 酶（2 μ/μL）	1μL
ddH$_2$O	加至总体积达到 50μL

a. 将上述混合液稍加离心，立即置 PCR 仪上，执行扩增。

扩增程序：93℃预变性 3~5min，进入循环扩增阶段：93℃ 45s → 58℃ 45s → 72℃ 60s，循环 30~35 次，最后在 72℃ 保温 7 min。

b. 在上述 PCR 产物中加入 4 M LiCl 12.5μL、预冷无水乙醇 375μL，轻轻混合后置于 –20℃ 2h，12 000g，15min，弃上清。70% 乙醇（预冷）120μL 洗涤沉淀，离心 7 500g，5min，弃上清，晾干沉淀，加 TE 50μL 溶解，–20℃保存备用。

②探针检测：琼脂糖凝胶电泳检测，紫外灯下观察 DIG – DNA 探针含量。

3. 原位杂交反应（以 DIG – cDNA 探针为例）

（1）0.1 M PBS（pH=7.2）浸 5~10min。

（2）0.1 M 甘氨酸/0.1M PBS 浸 5min。

（3）0.3% TritonX – 100/0.1 M PBS 浸 10~15min。

（4）0.1 M PBS 洗 5min，3 次，加蛋白酶 K（1 μg/mL），37℃孵育 30min。

（5）4% 多聚甲醛浸 5min。

（6）0.1 M PBS 洗 5min，2 次，浸入新鲜配制的含 0.25% 乙酸酐/0.1M 三乙醇胺中 10min。

（7）预杂交：滴加适量预杂交液，42℃ 30min。

（8）杂交：倾去预杂交液，在每张切片上滴加 10~20 μL 杂交液（将探针变性后稀释在预杂交液中，0.5 ng/μL），覆以盖玻片或蜡膜，42℃ 过夜。

（9）洗片。

4×SSC、2×SSC、1×SSC、0.5×SSC 37℃各洗 20min；

0.2×SSC 37℃洗 10min；0.2×SSC 与 0.1 M PBS 各半洗 10min；

0.05 M PBS 洗 5min，2 次。

（10）3% BSA/0.05 M PBS 包被，37℃ 30min。

（11）滴加抗地高辛-抗血清碱性磷酸酶复合物（以抗体稀释液1∶5 000 稀释）4℃孵育过夜。

（12）0.05M PBS 洗 15min，4 次；TSM1 10min，2 次；新鲜配制 TSM2 10min，2 次。

（13）显色：在玻片上滴加适量显色液，4℃避光过夜。

（14）将玻片置于 TE 中 10～30min 以终止反应。酒精梯度脱水、二甲苯脱脂、中性树胶封片。

（15）显微镜下观察结果。

五、结果与讨论

（1）在显微镜下找到较好的视野，观察实验结果，简单绘出显微镜下观察到的图像。

（2）通过实验总结荧光原位杂交实验的技术关键。

（3）实验中是否会出现假阳性，为什么？

六、注意事项

（1）作为 DNA-RNA 的杂交，需防 RNase 的污染。

（2）cDNA 探针在杂交时必须变性解链。具体方法是：将探针置100℃加热 5min，冰浴骤冷。

（3）组织取材与固定：组织取材应尽可能新鲜。由于组织 RNA 降解较快，所以新鲜组织和培养细胞最好在 30min 内固定。细胞或染色体的固定目的主要有保持细胞结构；最大限度地保持细胞内 DNA 或 RNA 的水平；使探针易于进入细胞或组织。

最常用的固定剂是多聚甲醛，与其他醛类固定剂（如戊二醛）不同，多聚甲醛不会与蛋白质产生广泛的交叉连接，因而不会影响探针穿透入细胞或组织。

（4）增强组织通透性和核酸探针穿透性的方法。

①稀酸处理和酸酐处理：为防止探针与组织中碱性蛋白之间的静电结合，以降低背景，杂交前标本可用 0.25% 乙酸酐处理 10min，经乙酸酐处理后，组织蛋白中的碱性基团通过乙酰化而被阻断。组织和细胞标本亦可用 0.2 M HCl 处理 10min，稀酸能使碱性蛋白变性，结合蛋白酶消化，容易将碱性蛋白移除。

②去污剂处理：去污剂处理的目的是增加组织的通透性，利于杂交探针进入组织细胞，最常应用的去污剂是 Triton X－100。注意，过度的去污剂处理不仅影响组织的形态结构，而且还会引起靶核酸的丢失。

③蛋白酶处理：蛋白酶消化能使经固定后被遮蔽的靶核酸暴露，以增加探针对靶核酸的可及性。常用的蛋白酶有蛋白酶 K（proteinase K），还有链霉蛋白酶（pronase）和胃蛋白酶（pepsin）等。

（5）防止污染：由于在手指皮肤及实验室用玻璃器皿上均可能含有 RNA 酶，为防止其污染影响实验结果，在整个杂交前处理过程中都需要戴消毒手套，实验所用玻璃器皿及镊子都应于实验前一日置高温烘烤（180℃）以达到消除 RNA 酶的目的。杂交前及杂交时所用的溶液均需经高压消毒处理。

（6）双链 DNA 探针和靶 DNA 的变性：杂交反应进行时，探针和靶核酸都必须是单链的。如果用双链 DNA 探针进行杂交（包括检测 RNA 时），双链 DNA 探针在杂交前必须进行变性。探针变性后要立即进行杂交反应，不然解链的探针又会重新复性。

（7）杂交液：杂交液内除含一定浓度的标记探针外，还含有较高浓度的盐类、甲酰胺、硫酸葡聚糖、牛血清白蛋白及载体 DNA 或 RNA 等。

杂交液中含有较高浓度的 Na^+ 可使杂交率增加，可以减低探针与组织标本之间的静电结合。甲酰胺可使 Tm 降低，杂交液中含每 1% 的甲酰胺可分别使 RNA：RNA，RNA：DNA，DNA：DNA 的杂交温度降低 0.35℃，0.5℃ 和 0.65℃。所以，杂交液中加入适量的甲酰胺，可避免因杂交温度过高而引起的组织形态结构的破坏以及标本的脱落。硫酸葡聚糖能与水结合，从而减少杂交液的有效容积，提高探针有效浓度，以达到提高杂交率的目的（尤其对双链核酸探针）。

在杂交液中加入牛血清白蛋白及载体 DNA 或 RNA 等，都是为了阻断探针与组织结构成分之间的非特异性结合，以减低背景。

（8）探针的浓度：探针浓度依其种类和实验要求略有不同，一般为 $0.5 \sim 5.0$ μg/mL（$0.5 \sim 5.0$ ng/μL）。最适宜的探针浓度要通过实验才能确定。

（9）探针的长度：一般应在 $50 \sim 300$ 个碱基，最长不宜超过 400 个碱基。探针短易进入细胞，杂交率高，杂交时间短。

（程玉鹏）

第六章 蛋白分析技术

蛋白质是由 20 种不同的氨基酸组成的聚合物。不同蛋白质间的区别在于组成的氨基酸种类和氨基酸排列顺序的差异，这些差异导致不同蛋白质具有不同分子结构和功能。蛋白质既可以作为食物能量的来源，如人体必需的 8 种氨基酸（赖氨酸、色氨酸、甲硫氨酸、亮氨酸、苯丙氨酸、苏氨酸、异亮氨酸和缬氨酸），也可以作为生物结构的组成成分，如细胞壁、细胞膜和肌肉组织等，还可以作为生物催化剂，如催化各种代谢的酶。蛋白质分析是指对蛋白质的类型、浓度、分子结构和功能属性进行分析。

一、选择沉淀

蛋白纯化的第一步是大量提取蛋白的粗提物（非纯化）以增加蛋白的特殊活性。这一步是根据蛋白的不同溶解性进行沉淀。蛋白的溶解性是由位于蛋白表面的亲水或疏水的侧链决定的，在特定的溶液中，蛋白与溶剂的相互作用使蛋白溶于溶剂中，而蛋白间的相互作用则会使蛋白凝集而沉淀。蛋白选择性沉淀中最常用的盐类是硫酸铵，硫酸铵具有很高的离子强度并有极高的水溶性。用饱和的硫酸铵提取粗蛋白。当继续添加其他的盐类，则杂蛋白沉淀出来，这样的沉淀可以丢弃。最终达到目的蛋白的析出点，通过对溶解蛋白的检测可以判断是否达到了目的蛋白的析出点，如果利用对目的蛋白特殊检测方法在溶解的蛋白中没有检测到目的蛋白，则说明该析出点为目的蛋白析出点。达到目的蛋白析出点后，丢弃溶解液的中的杂蛋白，回收目的蛋白沉淀并重新溶解。

二、蛋白质的聚丙烯酰胺凝胶电泳

蛋白电泳可分为非变性条件下电泳（Under nondenaturing conditions）、变性条件下电泳（Under denaturing conditions）和等点聚焦电泳（Isoelectric focusing）。

这些技术用于分析蛋白的等电点、组成蛋白的复合物、蛋白的纯度和蛋白的大小等。变性的聚丙烯酰胺凝胶电泳中含有 SDS（SDS-PAGE）和还原剂 DTT。

1. 不连续的聚丙烯酰胺凝胶电泳（Discontinuous Polyacrylamide Gel Electrophoresis）

这类胶有两部分构成：较大部分的泳动分离胶（跑胶）［larger running（resolving）gel］和位于上面的较短的堆积胶（shorter upper stacking gel）。跑胶的丙烯酰胺的浓度较高（通常 10% ~ 15%），Tris-HCl 缓冲液为 pH = 8.8。堆积胶通常含 5% 的丙烯酰胺，Tris-HCl 缓冲液为 pH = 6.8。电泳缓冲液（SDS-PAGE）为 Tris－甘氨酸（pH = 8.3）。

2. 利用 SDS-PAGE 分析蛋白的分子量

由于蛋白包裹了 SDS，所以带有较强的负电荷，泳动的速率受分量大小的限制，小分子泳动是速率更快。泳动的速率和分子量呈线性的对数关系。

三、双向凝胶电泳（Two-Dimensional Gel Electrophoresis）

双向凝胶电泳是加利福尼亚大学的 Patrick O'Farrell 于 1975 年发明的，该技术是利用蛋白的两种不同的特性，将混合蛋白进行分离。首先用胶条将不同等电点的蛋白分离（一向），然后将胶条放在饱和的聚丙烯酰胺凝胶的顶部电泳（二向：SDS-PAGE），二向电泳根据不同分子量将相同等电点的蛋白分离。将分离的独立蛋白从凝胶上回收并消化成多肽，然后再用质谱分析。双向电泳能够分离细胞中绝大多数的蛋白。由于分辨率强，双向电泳能用于检测不同条件下细胞内蛋白的变化，如对比细胞的不同发育阶段或不同生物间的蛋白变化等。然而，双向电泳技术也有局限性，该技术不适合，如大分子量蛋白的区分，也不适于高疏水性或细胞内低拷贝的蛋白分析。

四、蛋白浓度检测

最简单而又普遍采用的测蛋白浓度的方法是吸光度。该方法是利用紫外分光光度计，根据特定的波长的吸收吸光度来判定溶液的浓度。由于在组成蛋白的 20 种氨基酸中含有酪氨酸和色氨酸，他们的吸收波长为 280nm，如果所测的蛋白中含有一定比例的该种氨基酸的话，就可依据上述的波长的吸光度来判定蛋白的浓度了。另一种方法化学分析法，如双缩脲法（Lowry or Biuret technique），根据反应的颜色来判断蛋白的浓度。

实验一　植物中叶片蛋白质的提取

一、实验目的

（1）熟悉植物叶蛋白的几种提取原理。
（2）掌握植物叶蛋白的提取方法。
（3）了解植物叶蛋白提取的意义及其应用价值。

二、实验原理

植物叶蛋白或称绿色蛋白浓缩物（leaf protein concentration，LPC），是从新鲜植物叶片中提取的高质量浓缩蛋白质，不仅是畜禽生长发育和生产畜产品的主要营养物质，而且目前也正成为人类的保健营养理想食品之一。天然蛋白存在于为数甚多的植物体内，对其分离应依据人们的利用目的及提取蛋白含量和品质加以考虑。

天然蛋白质一般在溶液中呈稳定的亲水胶体状态，故 LPC 亦称叶蛋白胶。其特点是：
①水化作用，即蛋白质分子表面附有能有效防止蛋白质分子沉淀析出的水化膜；
②电荷排斥作用，水化膜外还有电荷层（具阴、阳离子）能有效地防止蛋白质分子的凝集。故溶液蛋白质颗粒（溶质）呈溶解状态。

欲提取植物组织中的蛋白质必须利用溶解度的差异进行分离纯化（如盐析、有机溶剂分级沉淀法、疏水层析、结晶、加热、离心分离等法），利用分子大小和形状差异进行分离纯化（分子筛层析法）；还可利用电荷性质的差异分离纯化（离子交换法）。只要创造上述影响因素，即可使蛋白质从植物叶片中分离并沉淀出来。

植物叶蛋白提取一般遵循如下基本原则：尽可能提高样品蛋白的溶解度，抽提最大量的总蛋白，减少蛋白质的损失；减少对蛋白质的人为修饰；破坏蛋白与其他生物大分子的相互作用，并使蛋白质处于完全变性状态。根据该原则，植物叶蛋白制备过程中一般需要有 4 种试剂：

①离液剂，尿素和硫脲等；

②表面活性剂，又称去垢剂，早期常用 NP–40、TritonX–100 等非离子型去垢剂，离子型去垢剂有 SDS、胆酸钠、LiDS 等，还有像 CHAPS（含它的蛋白溶液可以冻存）与 Zwittergent 等双性离子去垢剂；

③还原剂，DTT、DTE、TBP、Tris-base 等；

④蛋白酶抑制剂及核酸酶，EDTA、PMSF、蛋白酶抑制剂混合物（Protease inhibitor cocktails）等，如为了去除缓冲液中存在的痕量重金属离子，可在其中加入 $0.1 \sim 5\text{mmol/L}$ EDTA，同时使金属蛋白酶失活。

三、实验材料、试剂和仪器

（1）材料：新鲜五味子叶片（其他种类的草本植物、木本植物叶片等都可）。

（2）试剂：20mL 样品提取缓冲液、10mL 上样缓冲液、$-20℃$下预冷丙酮（含 0.07% β–巯基乙醇）、$-20℃$ 预冷的 80% 丙酮（含 0.07% β–巯基乙醇）、饱和硫酸铵溶液、0.05mol pH 值为 7.0 的磷酸缓冲液。

（3）仪器：离心机、移液器、研钵、离心管、冰箱。

四、实验步骤

植物叶蛋白的提取主要有盐析法、有机溶剂沉淀法、加热法（含逐步和快速加热）、离心分离法、结晶和重结晶法等。依据今后的开发方向（以饲料为基础，以食品、饮品为开发方向）及简便易行和使用的原则，主要采用盐析法、加热法和有机溶剂法分离提取叶蛋白（冷提和热提）。不同的提取方法，对样品的处理方式、程度和要求不同，结果也有差异。

1. $(NH_4)_2SO_4$ 沉淀法提取叶蛋白

取 0.3g 植物叶蛋白，用液氮充分研磨转入离心管中，加入 3mL 提取缓冲液，摇匀并放在 4℃条件下提取 1h，充分溶解蛋白后，4℃ 10 000r/min 离心 20min，弃沉淀，上清液中加入 $(NH_4)_2SO_4$，混匀 1h，按 1:2 (V/V) 加入 $-20℃$预冷的 80% 丙酮，混匀后 4℃ 12 000r/min 离心 10min，沉淀在 $-20℃$冰箱中放置 20min，使丙酮完全挥发后加适量上样缓冲液，待沉淀充分溶解后，4℃ 12 000r/min 离心 5min，取上清液即为所提取的叶蛋白溶液。

2. 改良丙酮沉淀法提取叶蛋白

取 0.3g 左右的植物叶片，用液氮研磨，色素多的可按材料鲜重的 10% 加入 PVP，并将充分研磨过的样品转入离心管中，加入 4mL 的提取缓冲液，摇匀并放在 4℃条件下提取 1h，充分溶解蛋白。放置后的样品充分摇匀，4℃ 10 000r/min 离心 30min，弃沉淀，上清液中加入 2.5~3 倍体积的丙酮 -20℃ 条件下过夜，让蛋白充分沉淀。之后，4℃ 10 000r/min 离心 30min，取其上清液，沉淀置于 -20℃ 下，使丙酮完全挥发，如有必要加入上样缓冲液溶解沉淀。缓冲液用量 300μL，沉淀充分溶解后，转移至 1.5mL 离心管中，4℃ 12 000r/min 离心 15min，取上清液即为所提取的叶蛋白溶液。

该方法提取的蛋白质，提取效率高，杂质干扰少，电泳结果蛋白条带清晰，数量多。

3. 三氯醋酸—丙酮沉淀法

（1）在液氮中研磨适量的叶片。

（2）悬浮于含 10% 的三氯醋酸和含 0.07% β-巯基乙醇（可用 DTT 代替）的丙酮溶液在 -20℃ 条件下冰浴。

（3）让蛋白质沉淀过夜后离心（4℃ 10 000r/min 离心 30~60min），弃去上清液。

（4）重悬沉淀浮于含 0.07% β-巯基乙醇的预冷丙酮溶液中。

（5）离心（同上）后真空干燥沉淀。

（6）用上样缓冲液溶解沉淀，离心。

（7）Bradford 法定量蛋白，然后分装至 Eppendorf 管中保存在 -80℃ 备用。

4. 分步提取可溶性叶蛋白

（1）蛋白质浸出。①水溶性蛋白质浸出：用 0.05mol pH=7.0 的磷酸缓冲液（或蒸馏水）将样品制成匀浆液，然后离心 15min（4 000r/min），收集上清液即蛋白质浸出液，再将沉淀物按上述操作重复两次。②盐溶性蛋白质浸出用 10% NaCl 将前者剩余沉淀物分离提取两次，收集蛋白质浸出液。

（2）蛋白质沉淀。用 0.1mol 醋酸将蛋白质浸出液 pH 值调至蛋白质等电点（pH=4.5 左右），即 8 体积蛋白质浸出液加入 1 体积 0.1mol 醋酸，混匀，离心 15min（3 000r/min），弃去上清液，沉淀物即为可溶性叶蛋白。

（3）蛋白质收集于沉淀物中加入 95% 乙醇，混匀，用定量滤纸过滤或抽滤，待风干后收集。

五、结果与讨论

（1）观察并分析所得实验结果，收集所得叶蛋白。

（2）试述测定植物体内可溶性蛋白质含量的意义和用途。

实验二　动物组织蛋白质的提取

一、实验目的

（1）了解提取动物组织蛋白质的实验原理。

（2）掌握动物组织蛋白质的提取方法及其实验操作。

二、实验原理

由于蛋白质种类很多，性质上的差异很大，即使是同类蛋白质，因选用材料不同，使用方法差别也很大，且又处于不同的体系中，因此不可能有一个固定的程序适用各类蛋白质的分离。但多数分离工作中的关键部分基本手段还是共同的，大部分蛋白质均可溶于水、稀盐、稀酸或稀碱溶液中，少数与脂类结合的蛋白质溶于乙醇、丙酮及丁醇等有机溶剂中。因此可采用不同溶剂提取、分离及纯化蛋白质。蛋白质在不同溶剂中溶解度的差异，主要取决于蛋白分子中非极性疏水基团与极性亲水基团的比例，其次取决于这些基团的排列和偶极矩。故分子结构性质是不同蛋白质溶解差异的内因。温度、pH 值、离子强度等是影响蛋白质溶解度的外界条件。提取蛋白质时常根据这些内外因素综合加以利用，将细胞内蛋白质提取出来，并与其他不需要的物质分开。但动物材料中的蛋白质有些以可溶性的形式存在于体液（如血浆、消化液等）中，可以不必经过提取直接进行分离。蛋白质中的角蛋白、胶原及丝蛋白等不溶性蛋白质，只需要适当的溶剂洗去可溶性的伴随物，如脂类、糖类以及其他可溶性蛋白质，最后剩下的就是不溶性蛋白质。蛋白质经细胞破碎后，用水、稀盐酸及缓冲液等适当溶剂，将蛋白质溶解出来，再用离心法除去不溶物，即得粗提取液。

本实验采用 CWBio 公司的蛋白抽提试剂盒（该试剂盒带有蛋白酶抑制剂混合物，可有效避免蛋白提取过程中蛋白的降解）提取动物组织总蛋白。

三、实验材料、试剂和仪器

（1）材料：昆明种小鼠。

（2）试剂：0.9% NaCl、动物组织蛋白裂解缓冲液、PMSF/异丙醇储备液 100mM（174mg/10mL）于 −20℃储存、−20℃储存的冰块、1.5 mL 离心管。

四、实验步骤

（1）颈椎脱臼处死小鼠，75%酒精擦拭皮肤，剪开腹部，剪开肝脏组织，称取 0.6g，置于含预冷 0.9% NaCl（6mL）的平皿中。

（2）在平皿中剪碎肝脏，转移到匀浆器中。

（3）在预冷的裂解液中添加 PMSF/异丙醇储备液（20μL/2mL）。

（4）迅速将 2mL 预冷的裂解缓冲液加入到匀浆器中，冰浴条件下充分研磨。

（5）将组织研磨液转移到 1.5mL 的离心管中，于 4℃离心（14 000r/min，10min）。

（6）离心完毕取上清液移至新的 1.5mL 的离心管中，即为组织蛋白粗提取液。

（7）所获蛋白提取液可保存于 −20℃用于后续实验或用考马斯亮蓝等方法进行蛋白质浓度测定后保存备用。

五、结果与讨论

（1）观察并描述各个步骤的实验现象，收集实验结果。

（2）实验过程中，应注意哪些问题？

实验三　蛋白质的定量（BCA 法）

一、实验目的

（1）了解 BCA 法测定蛋白质含量的基本原理。

（2）学习并掌握 BCA 法测定蛋白质含量的实验方法。

（3）熟悉试剂盒的使用方法。

二、实验原理

BCA（Bicinchoninic Acid）蛋白定量法是目前广泛使用的蛋白定量方法之一，可对蛋白质进行快速、稳定、灵敏的浓度测定。其原理是在碱性环境下蛋白质分子中的肽链结构能与 Cu^{2+} 络合生成络合物，同时将 Cu^{2+} 还原成 Cu^+。BCA 试剂可敏感特异地与 Cu^+ 结合，形成稳定的有颜色的复合物。在 562 nm 处有高的光吸收值，颜色的深浅与蛋白质浓度成正比，可根据吸收值的大小来测定蛋白质的含量。用已知浓度的蛋白作为标准品制作标准曲线，根据标准曲线查出未知蛋白浓度。

三、实验材料、试剂和仪器

（1）试剂：BCA 蛋白定量试剂盒。

①BCA 试剂的配制。

a. 试剂 A，1L：分别称取 10g BCA（1%），20g $Na_2CO_3 \cdot H_2O$（2%），1.6g $Na_2C_4H_4O_6 \cdot 2H_2O$（0.16%），4g NaOH（0.4%），9.5g $NaHCO_3$（0.95%），加水至 1L，用 NaOH 或固体 $NaHCO_3$ 调节 pH 值至 11.25。

b. 试剂 B，50mL：取 2g $CuSO_4 \cdot 5H_2O$（4%），加蒸馏水至 50mL。

c. BCA 试剂：取 50 份试剂 A 与 1 份试剂 B 混合均匀。此试剂可稳定一周。

②标准蛋白质溶液：称取 40mg 牛血清白蛋白，溶于蒸馏水中并定容至 100mL，制成 400μg/mL 的溶液。

③样品溶液：配制约 50μg/mL 的牛血清白蛋白溶液作为样品。

（2）仪器：试管及试管架、吸管、分光光度计。

四、实验步骤

（1）依据下表，采用逐级稀释法配制牛血清蛋白标准溶液，制作标准曲线（表 6-1）。

表 6-1　标准曲线表

管号	稀释液用量（μL）	BSA 标准品用量（μL）	BSA 标准品最终浓度（μg/mL）
1	0	100	2 000
2	200	200	1 000
3	200	200（从 2 管中取）	500
4	200	200（从 3 管中取）	250

管号	稀释液用量（μL）	BSA 标准品用量（μL）	BSA 标准品最终浓度（μg/mL）
5	200	200（从 4 管中取）	125
6	400	100（从 5 管中取）	25
7	200	0	0（空白）

（2）稀释样品溶液。

样品 1：取 20μL 蛋白样品加入 180μL 稀释液。

样品 2：取 10μL 蛋白样品加入 190μL 稀释液。

（3）配置 BCA 工作液：取试剂 A 20mL，加入试剂 B 0.4 mL，混匀（注意新配制的 BCA 工作液室温密封条件下可稳定保存 24 h）。

（4）向步骤（1）和步骤（2）的试管中各加入 2 mL BCA 工作液，充分混匀，37℃水浴中孵育 30min。

（5）将各管冷却至室温。

（6）以第 7 管为对照，用分光光度计测定 562nm 处各 BSA 标准品溶液的吸光值，同时做好记录。以牛血清白蛋白含量为横坐标，以吸光值为纵坐标，绘制标准曲线（注意 BCA 法测定蛋白浓度时，吸光度会随着时间的延长不断加深。因此所有样品的测定需在 10min 内完成，否则会影响蛋白定量的准确度）。

（7）测量样品溶液在 562nm 处吸光度，依据标准曲线，计算样品中的蛋白浓度（注意数据处理时需要去除明显错误的值，未知样品浓度可以从标准曲线中查得，实际浓度需要乘以样品的稀释倍数。如果是计算机绘制得曲线，可以从计算机给出的线性方程式计算出未知样品的浓度）。

五、结果与讨论

（1）记录分光光度计结果，绘制标准曲线，计算样品中蛋白质含量。

（2）BCA 法与其他方法相比它有什么特点和优势？

实验四　蛋白质 SDS-PAGE 电泳

一、实验目的

（1）学习 SDS-PAGE 测定蛋白质分子量的原理。

（2）掌握 SDS-PAGE 的基本实验步骤。

（3）能够熟练操作电泳仪、电泳槽。

二、实验原理

十二烷基磺酸钠（SDS）是一种去污剂，能打开蛋白质的氢键、疏水键，并结合到蛋白质分子上，形成蛋白质-SDS 复合物，在一定条件下，结合的比例为 1.4g SDS/1g 蛋白质。由于十二烷基磺酸根带负电荷，使蛋白质-SDS 复合物都带上相同密度的、数量很大的负电荷，因而掩盖了不同种类蛋白质间原有的电荷差别。SDS 与蛋白质结合后，还引起了蛋白质构象的改变，它们在水溶液中的形状，近似于长椭圆棒，不同蛋白质的 SDS 复合物的短轴长度都一样，而长轴则随蛋白质的相对分子质量成正比地变化，椭圆棒的长度也就是蛋白质相对分子质量的函数。

本实验所采用的变性条件下一维凝胶电泳是指在 0.1% SDS 存在的条件下，当蛋白质通过聚丙烯酰胺凝胶介质向正搬移动时，其分辨率或泳动率完全取决于蛋白质分子的大小，与蛋白质自身所带的电荷数无关。该电泳又称为 SDS 聚丙烯酰胺凝胶电泳（SDS-PAGE）。所谓不连续凝胶电泳指的是电泳中采取了电泳基质的不连续体系，即指凝胶层的不连续性、pH 值的不连续性、缓冲液成分的不连续性及电位梯度的不连续性，其目的是使蛋白质样品在不连续的两相间积聚浓缩成很薄的电泳起始区带，然后再进行电泳分离。

SDS-PAGE 的另一个特点是蛋白质样品在加到凝胶样品孔之前，先在含 SDS 的样品缓冲液中煮沸至蛋白质完全溶解；样品缓冲液中还含有还原剂 2-巯基乙醇（2-ME）或二巯基苏糖醇（DTT），它们能还原二硫键，使蛋白质以亚单位的形式存在。因此，在用 SDS-PAGE 测定具有四级结构的蛋白质相对分子质量时，得到的将是蛋白质每一个亚基的相对分子质量，而不是整个同源或异源聚合体的相对分子质量。

三、实验材料、试剂和仪器

（1）材料：小鼠肝脏蛋白提取物。

（2）试剂。

A 液（凝胶储液）、B 液（浓缩胶缓冲液）、C 液（分离胶缓冲液）、D 液（电极缓冲液储液）、E 液（10% SDS 溶液）、F 液（10% 过硫酸铵溶液，AP）、G 液（N，N，N'，N'，-四甲基乙二胺原液，TEMED）、H 液（样品缓冲液）、蛋白标准分子量 Marker。

A 液：称取 29.0g 丙烯酰胺（acr）和 1g N，N-甲叉基双丙烯酰胺（bis），加 dH_2O 至 100mL，过滤去除沉淀后，储于棕色瓶内，4℃避光保存。溶液的 pH 值不得小于 7.0，使用期不超过两个月。注意，acr 在聚合前有毒性，称量时应戴口罩。

B 液：6g Tris 碱溶于 40mL dH_2O 中，用 1 mol/L HCl（约 48mL）调节至 pH=6.8，再加水稀释到 100mL 的终体积，即成 pH=6.8 的 0.5 mol/L Tris-HCl 缓冲液。过滤后于 4℃保存。

C 液：36.6g Tris 碱和 1 mol/L HCl（约 48mL）混合后，调节至 pH=8.8，加水稀释到 100mL 的终体积，即成 pH=8.8 的 3.0 mol/L Tris-HCl 缓冲液。过滤后于 4℃保存。

D 液：30.3g Tris 碱、144.0g 甘氨酸、10.0g SDS，用 dH_2O 稀释至 1 000mL，即得 pH=8.3 的 0.25mol 与 L Tris 与 1.92mol/L 甘氨酸电极缓冲储液。临用前稀释 10 倍。

E 液：0.1g SDS 溶于 1mL 蒸馏水中，即成 10% SDS 溶液。

F 液：10% 过硫酸铵（AP），宜当天配制，最多不超过一周。

H 液：8mL 0.5mol/L，pH=6.8 Tris-HCl 缓冲液、6.4mL 甘油、12.8mL 10% SDS 溶液、3.2mL 巯基乙醇、1.6mL 0.05% 溴酚蓝、32.0mL 蒸馏水混合备用。然后以 1：1 或 1：2 的比例与蛋白质样品混合，在沸水中煮 10min，混匀后，加入样品孔。待分离蛋白质样品的浓度一般为 2~5mg/mL，常用 1 mg/mL。

（3）仪器：电泳仪、垂直电泳槽、制胶材料（玻璃板、梳子、封条等）、微量加液器、10μL 加样器头、100μL 加样器头。

四、实验步骤

1. 制胶、封口和灌腔

按下列比例配制浓缩胶和分离胶。

	10%分离胶（mL）	5%浓缩胶（mL）
A 液	5.00	1.00
B 液	0.00	0.75
C 液	1.90	0.00
E 液	0.15	0.06
F 液	0.63	0.06
G 液	0.015	0.015
H_2O	7.30	4.10
总计	15	6

垂直电泳系统凝胶模具由一个压制成"U"形的硅橡胶带、两块长短不同的玻璃板和样品孔模板（样品梳）3 部分组成，胶带内侧有两条凹槽，将大小不同的两块玻璃板分别嵌入各自的凹槽后，玻璃板之间形成一个 2～3mm 的间隙，制好的凝胶即灌入其中。灌胶前，先把玻璃板洗净，不挂水珠，干燥后装入腔带凹槽内，并安装在电泳槽具上，拧紧外部的螺丝夹。

注意，此时长玻璃板的底部与橡胶带底部之间有 2～3mm 的空隙，灌入的凝胶通过此狭缝与一侧电极槽相通。为避免灌胶时胶液由此狭缝中漏出，可先用 1% 的琼脂糖溶液（电极缓冲液配制）将狭缝口封住，凝固后，再灌胶时就不会漏出，通电后又可作为盐桥。

封口时，也应用热琼脂糖同时将两侧玻璃板与橡胶带间的缝隙封住。将另一较短的玻璃板的三边也嵌入胶带中，其上端略低，可使另一侧的电极槽缓冲液没过顶部而又不超过长玻璃板的顶都。这样，凝胶的顶部也与另一侧电泳槽及电极相通。

灌胶时，用滴管沿着两片玻璃之间的空隙先加入分离胶，不要产生气泡。将胶液加至离顶部约 3cm 处，改加入蒸馏水，直到顶部。待 15～30min，可看到水相和凝胶相之间出现界面，说明分离胶已聚合。可将水吸出，再把滤纸条插入狭缝，吸干水分。随后用滴管将配好的浓缩胶液加入，胶面离顶部 1cm 时，即将梳子插入胶液。待浓缩腔聚合后，将整个凝胶模具放入电泳槽中，组装好，拧紧螺旋，倒入电极缓冲液，然后拔去梳子，顶部便形成加样孔。电泳前，将标准相对分子质量蛋白和处理过的样品液分别加在样品梳孔中。

制胶关键是胶的聚合时间，最好控制在 20～30min。可通过调节过硫酸铵和 TEMED 的加入量来控制。过硫酸铵（AP）最好临用前新鲜配制。

2. 加样

在进行 SDS-PAGE 电泳时，样品缓冲液中含有 SDS、巯基乙醇（或 DTT），与样品混合后（视蛋白质样品浓度，以 1：1 或 1：2 的比例混合），沸水中煮 5～10min，冷却后使用。

加样时，标准相对分子质量蛋白按 1μg/μL 的比例配制。一般加入 10～30μL。蛋白质样品加入量视其浓度而定，一般每孔加 0～60μL 为宜。

3. 电泳

电极缓冲液中含 0.1% SDS（见 D 液），电压 100～200V，蛋白质是从负极向正极方向泳动。电泳 5～6h，直至溴酚蓝染料指示剂前沿移至凝胶末端 1cm 处，即停止电泳。

电极缓冲液可以反复使用 2～3 次，但注意上、下槽的缓冲液不能混合和互换，因下槽液中混入了催化剂和氯离子。

4. 固定和染色

电泳结束后，取出凝胶模具，用一只带长针头的注射器（针头约长 8cm），吸满水后将针头缓慢插入凝胶和玻璃板壁之间，一边注入水分，一边推针前进，靠水流压力和润滑力将凝胶与玻璃内壁分开。胶的另一面的剥离也可同样操作，但不必将针头全部插入，只要将凝胶的一端剥离后，可用双手轻轻地提起这端胶面，由下至上即可将胶全部掀起。

将胶块放在 10% 三氯乙酸溶液中或放在固定液中浸泡 1h（57.0g 三氯乙酸，17.0g 磺基水杨酸，150mL 甲醇，加水至 500mL），防止已分离的蛋白质条带扩散。

染色液的染料可用考马斯亮蓝 R250 或 G250。两者的配方略有不同。由于染料中含有甲醇，也可以不经固定步骤直接将电泳后剥离下来的胶块放入染色液中，兼有染色和固定的双重作用。

考马斯亮蓝 G250：0.5g 考马斯亮蓝 G250 加入 12.5% 三氯乙酸溶液 500mL 中，染色 2～3h。

考马斯亮蓝 R250：0.25g 考马斯亮蓝 R250 加入 230mL 甲醇中，再加入 46mL 冰乙酸和 230mL H_2O（如有沉淀可过滤），染色 2～4h。

5. 脱色

一般用 5% 甲醇和 7.5% 乙酸混合液，经常振摇和更换新的脱色液。可在容器一角放置一块海绵，轻轻振荡，有助于染料的吸收。

6. 干胶

最好放在干胶仪上干燥。如果没有干胶仪，可使用如下一种简单的方法。

（1）将完成染色和脱色的凝胶用 30% 甲醇、7% 乙酸、2%～5% 甘油混合液振荡处理 1h。

（2）取两张乙酸纤维素膜并在水中浸泡 1min，把第一张膜平铺于干胶架平板上，将甘油处理过的凝胶平铺于第一张膜上后加盖第二层膜。

（3）用一根移液管在膜上滚动以除去气泡，将干胶框压在干胶平板上，并用夹子将四周夹紧。

（4）放置在通风处干燥 12h 以上。

五、结果与讨论

（1）观察凝胶电泳结果，并分析条带，上交电泳结果照片。

（2）SDS-PAGE 电泳凝胶中各主要成分有哪些作用？

（3）提高 SDS-PAGE 电泳分辨率的途径有哪些？

六、注意事项

（1）加分离胶应加至离短板上沿 2.5cm 左右，积层胶的目的使得样品能够在同一条水平线上进入分离胶，加入分离胶过多，积层胶相对较少，结果可能会受影响，不够精确。

（2）制胶过程中，当凝胶溶液配好后要及时灌胶，不可在烧杯中停留时间太长，以防凝胶在烧杯中凝聚。

（3）插梳子和抽梳子的时候要均匀用力，不然会造成泳道不平整，影响结果。

（4）凝胶不平整的可能原因：①玻璃板未洗干净；②AP 和 TEMED 加量不合适；③没有充分摇匀。

（5）胶不凝固的原因可能是：①试剂过期；②APS 和 TEMED 过少；③配置的 pH 不对；④环境温度过低，以 25℃合适。

实验五　蛋白质双向电泳

一、实验目的

（1）熟悉双向电泳的基本原理。

（2）掌握双向电泳实验的操作步骤。

（3）学习并练习相关仪器的使用及操作。

二、实验原理

双向电泳（two dimensional electrophoresis，2DE）是 1975 年 O'Farrell 首先创建的。它是采用聚丙烯酰胺凝胶为电泳介质，由两个单向电泳组合而成，即在第一向电泳后再使其与第一向电泳垂直方向进行第二向电泳，以达到精细分离蛋白质的目的。双向电泳可以将含有 5 000 余种的蛋白质混合物逐一分离成蛋白质的单一组分，是目前在整体水平上分离不同蛋白组分的较好方法，也是一种分辨率最高、信息量最大的电泳技术。

双向电泳的基本原理为：依据蛋白质等电点和分子量的不同，利用 pH 梯度凝胶，按蛋白质的等电点进行等电聚焦电泳（isoelectrc focusing，IEF），然后再利用 SDS（十二烷基硫酸钠）－聚丙烯酰胺凝胶（sodium dodecylsulfate polyacrylamide gels electrophoresis，SDS-PAGE）按蛋白质的分子量进行电泳。因此，2DE 又称为 IEF/SDS-PAGE。蛋白质样品经过以上电荷和质量的两次分离以后，得到精细分离，分离所得到的是点而不是通常电泳分离所得到的条带，这样可以收集到少量且十分纯净的可用于氨基酸序列分析和制备抗体的蛋白质，同时也可以得到某些蛋白质的分子量、表达量和等电点等信息。

双向电泳的第一向（等电聚焦 IEF）是在宽 3mm、厚 0.5mm 充分溶胀的 IPG 凝胶条上进行的。使用固相 pH 梯度等电聚焦作第一向，不但可以检测碱性蛋白，并且可以得到整个 pH 值范围的双向图谱。固相 pH 梯度的 pH 值范围可在 2.5 ~ 11，所以几乎在一张双向电泳图上可以得到整个细胞产物的蛋白分离斑点。由于同相 pH 梯度等电聚焦技术的高分辨特性，使以它作为第一向的双向电泳的分辨率更高。固相 pH 梯度凝胶介质是丙烯酰胺的衍生物，它与聚丙烯酰胺共价结合，pH 梯度在凝胶聚合时就已经形成，不受脱水、重新水化和电场等因素的影响，pH 梯度十分稳定，不会产生 pH 梯度的漂移，能分离酸、碱性蛋白；并且固相 pH 梯度凝胶上样量大，平衡时蛋白质不易被洗脱，易进入第二向凝胶，而且重复性好，操作方便。

三、实验材料、试剂和仪器

（1）样品：大鼠血液总蛋白。

（2）试剂：尿素、硫脲、二硫苏糖醇（DTT）、DeStreak Reagent、CHAPS、SB3－10、溴酚蓝、矿物油、IPG Buffer、Ready Strip Buffer（胶条溶胀缓冲液，pH = 5 ~ 8，pH 值为 7 ~ 10）、IPG 胶条：按照实验需要的长度和 pH 范围可选择 Immobilice TM Dry Strip 或 Ready Strip TM IPG Strip。

胶条溶胀缓冲液配制（不含 IPC；Buffer 或 Ready Strip Buffer）：

尿素（MW60.06）	3g
硫脲（MW76.12）	1.5g
CHAPS（MW614.9）	0.2g
SB3－10	0.2g
溴酚蓝（储备液 Q）	20μL
去离子水	补足至 10mL

配制后以 0.45μm 滤膜过滤，分装在 1.5mL 离心管中，1mL/管，-20℃ 保存；使用前每管加入 DTT 10mg（终浓度 1% 或 65mmol/L）或 DeStreek Reagent 12μL。IPG Buffer 或 Ready Strip Buffer 的加入量依据不同仪器设备和运行的方式不同其缓冲液的浓度不同。

注意，选择的 IPG Buffer 的 pH 值范围应与 IPC 胶条的 pH 值范围一致。含有尿素的缓冲液，加液时温度不应超过 37℃，以免蛋白质氨甲酰化。

（3）仪器：IPG 胶条溶胀盘、IEF 电泳样品杯及固定条、电极固定装置、电泳池、胶条盘、IEF 电极纸条、IEF 加样纸屑、Multiphor Ⅱ 多功能电泳系统（Multiphor Ⅱ 电泳槽，EPS 3500XI，电泳仪，Multiphor Temp Ⅲ 恒温循环水浴）、摇床、精密天平、微量移液器、自动双重纯水蒸馏器、封口膜、层析滤纸。

四、实验步骤

1. IPG 胶条的溶胀

（1）根据 IPG 胶条长度，吸取适当体积的溶胀液放于溶胀盘的凹槽内。

（2）由 IPG 胶条的酸性端轻轻地揭去保护膜，注意 IPG 胶条高 pH 端黏性较大，与保护膜结合紧密，操作时要轻，以免损坏凝胶表面。

（3）将胶条有凝胶的面向下，轻轻地放入溶胀盘的凹槽中，轻轻地前后移动胶条，以便解除胶条下面的气泡。注意，胶条下面要有充分的溶胀液，以避免胶条与溶胀盘凹槽表面直接接触黏附，使胶条破损。为便于取放胶条，要将胶条一端的塑料边缘放置于溶胀盘底部圆形凹孔上方。

（4）溶胀盘内放入 2~3mL 矿物油，使其完全覆盖胶条和溶胀液，盖上溶胀盘顶盖，室温溶胀 12~16h。

2. IEF 实验操作

（1）打开 Multiphor Ⅱ 电泳槽顶盖，检查 Multiphor Temp 恒温循环水浴与冷却盘间连接，打开循环水浴电源开关，将温度调至 20℃。

（2）将电泳槽和冷却盘调水平。

（3）加 5mL 矿物油于冷却盘表面上，轻轻地放上电泳池电极固定器。固定器电极方向应与电泳槽电极方向一致。并注意，固定器玻璃板与冷却盘之间不应有气泡。

（4）加 10mL 矿物油于电泳池的电极固定器内，待矿物油侵入玻璃板后，放入胶条塑料盘。注意矿物油不要溢到塑料盘表而。

（5）轻轻用镊子将溶胀的胶条从溶胀盘中取出，用三蒸水冲洗胶条表面，胶面向上，平行放置于玻璃板上。

（6）用三蒸水湿润的滤纸覆盖胶条，以便吸干胶条表面的水珠。

（7）用镊子央住胶条塑料边缘端，将胶条转移到胶条塑料盘的浅凹槽内，胶条酸性端朝向固定器阳极（远端），碱性端朝向阴极（近端）。

（8）取两条 11cm 长的 IEF 电极纸条，用三蒸水浸湿并用滤纸吸去多余的水分。

（9）浸湿的电极纸条与胶条两端表面亲密接触。

（10）安装电极，让电极铂丝刚好搭在电极纸条的中央，阳极标志应与电极固定器阳极插孔对应，阴极标志端与固定端阴极插孔对应。如果采用蛋白质样品溶胀上样方式进入胶条，安装好电极后，加入 40~50mL 矿物油完全覆盖胶条，盖上电泳槽的安全盖，设置电泳参数进行 IEF 电泳；如果采用样品杯上样，安装好电极后，安装样品杯。

（11）将加样杯轻轻地固定在样品杯固定条上。加样杯的高度以不接触到 IPG 胶条为准。

（12）将带有样品杯的固定条安装在电极固定器上，样品杯一定面向电极。

（13）调节样品杯的位置，使每个样品杯均位于一根 IPG 胶条的上方，然后沿垂直方向将样品杯压下，与凝胶表面轻轻接触，注意不要损坏胶条表面。

（14）加 70~80mL 矿物油到胶条塑料盘中，使矿物油完全覆盖胶条。检查矿物油是否由样品杯底部浸入杯中，如发生泄漏，则将杯内矿物油吸出，重新调节样品杯的位置。

（15）再加入 200mL 矿物油使样品杯完全覆盖。

（16）每个样品杯一次最多上样 100μL。如果样品体积大于 100μL，需要分步加入。用移液器吸取适量样品，缓慢将样品加入到样品杯底部并检查是否有渗漏。

（17）盖上电泳槽的安全盖，打开电源开关，设置电泳参数，进行等电聚焦电泳（IEF）。

3. IEF 程序及参数设置 IEF 运行程序和参数设置应根据 pH 范围、IPG 胶条长度和蛋白质样品而定。本实验采用如下参数

温度：20℃；最大电压：3 500V；最大电流：0 05mA/IPG。

S1	30v	12h	360vhs	step
S2	500v	1h	500vhs	step
S3	1 000v	1h	1 000vhs	step
S4	8 000v	0.5h	2 250vhs	Grad
S5	8 000v	5h	40 000vhs	step

共计：44 110vhs，19.5h

其中，S1 用于泡胀水化胶条，S2 和 S3 用于去小离子，S4 和 S5 用于聚焦。

IEF 结束后，可以立即进行第二向 SDS-PAGE 电泳，如不立即进行第二向电泳也可用保鲜膜将 IPG 胶条包裹或放入塑料袋中，放入 -80℃ 冰箱中，可保存数月。

4. IPG 胶条平衡

在进行 SDS-PAGE 电泳之前，IPG 胶条需要在 SDS 缓冲系统中平衡，缓冲系统中还原剂要采用碘代乙酰胺。因为碘代乙酰胺的烷基化作用可以保护巯基，防止蛋白质氧化并可以减少电泳图谱中的"纹理"现象。平衡缓冲液须现用现配。

SDS 平衡缓冲液配制如下：

尿素	36g
SDS	2g
丙三醇	20mL
Tris -碱	4.5g
溴酚蓝	200μL
三蒸水加至	100mL

本平衡液适用于连续电泳，过滤后 -20℃ 保存，使用前加入 DTT 或碘代乙酰胺。平衡操作步骤如下。

（1）将 IPG 胶条放入适当大小的玻璃试管中，将有支持膜的一面贴于管壁，加入含有 DTT 的平衡缓冲液，将容器固定于摇床上，室温摇动 10～15min。

（2）将胶取出移入另一含有碘代乙酰胺的平衡液试管中，继续摇动 10～15min。

（3）当使用 TBP 和 HED 作还原剂时，可以省去平衡的第一步操作。

5. SDS-PAGE 电泳实验操作

（1）在胶条平衡的同时，进行如下操作。

①用 1×Tris 氨基乙酸缓冲液配制 0.5% 低熔点琼脂糖溶液（含微量溴酚蓝）：

Tris 碱	60.4g
氨基乙酸	376g
SDS	20g

三蒸水加至　　　　　　　　　2 000mL

室温保存备用。

②在 100mL 量筒中注满 1×Tris 氨基乙酸电泳缓冲液，用移液器吸除表面泡沫。

③倾去 SDS 凝胶表面的水层，用 1×Tris 氨基乙酸电泳缓冲液轻轻冲洗凝胶表面。

④剪电极纸。

⑤用 1×Tris 氨基乙酸缓冲液配制 0.5% 低熔点琼脂糖溶液。

（2）倾去 SDS 凝胶表面的电泳缓冲液，加入适量 0.5% 低熔点琼脂糖溶液。

（3）用三蒸水将平衡后的 IPG 胶条淋洗一次，再在量筒内 1×Tris－氨基乙酸电泳缓冲液中浸润数秒。

（4）将 IPG 胶条轻轻插入 SDS 凝胶表面的琼脂糖溶液中，使之与 SDS 凝胶表面紧密接触，不要有气泡。

（5）用干净的镊子将含有蛋白质分子量标准的上样纸片插入琼脂糖溶液中，靠近 IPG 胶条的碱性端与 SDS 凝胶紧密接触，不要留有气泡。

（6）室温放置 5min，待低熔点琼脂糖凝固后，将胶条固定于电泳槽内，加入电泳缓冲液，调节电压，开始电泳。200V，2h。

6. 染色与分析

（1）配置考马斯亮蓝染色液如下。

无水乙醇	30mL
冰乙酸	100mL
考马斯亮蓝 R250	2.5g
蒸馏水加至	1 000mL

（2）小心地取下凝胶放入染色盘，倒入考马斯亮蓝染色液，液面完全覆盖凝胶。

（3）将染色盘放在脱色摇床上，打开电源，室温染色 30～60min。

（4）染色结束，倾去染色液，以蒸馏水冲洗凝胶数次，加入脱色液（无水乙醇：冰乙酸：水＝3：1：6），在脱色床上室温脱色至蛋白条带清晰为止，其间根据具体情况更换脱色液数次；也可用 1mol/L NaCl 水溶液脱色，但时间较长。

（5）脱色结束的凝胶可放入蒸馏水中暂时保存，并及时扫描保存图像。

由于双向电泳的高分辨率，分离的蛋白斑点无法用肉眼比较和分辨，应该用凝胶扫描或摄录系统对数据进行分析。

五、结果与讨论

（1）观察并分析所得电泳结果，提交电泳结果的照片。

（2）双向电泳第一向进行胶条水化时的两种方式是什么？各有什么特点？

（3）双向电泳中第一向到第二向进行平衡过程的机理是什么？

实验六 Western Blotting

一、实验目的

（1）了解 Western Blot 各个步骤的基本原理。

（2）掌握 Western Blot 的操作。

（3）学习并熟练使用相关仪器。

二、实验原理

Western Blotting（蛋白质免疫印迹法）是将经聚丙烯酰胺凝胶电泳分离的蛋白质样品，转移到固相载体（例如，硝酸纤维素薄膜）上，固相载体以非共价键形式吸附蛋白质，且能保持电泳分离的多肽类型及其生物学活性不变。以固相载体上的蛋白质为抗原，与之对应的第一抗体发生免疫结合反应，一抗再与酶或同位素标记的第二抗体发生免疫结合反应，经过底物显色或放射自显影以检查电泳分离的提取目的蛋白成分。蛋白质印迹技术结合了凝胶电泳分辨力高和固相免疫测定特异性高、敏感等诸多优点，能从复杂混合物中对特定抗原进行鉴别和定量检测。

1. 蛋白质的聚丙烯酰胺凝胶电泳

蛋白质在聚丙烯酰胺凝胶上电泳要确保其解离成单个多肽亚基并尽可能减少其相互聚集。最常用的方法是将强阴离子去污剂 SDS 与某一还原剂并用，并通过加热使蛋白质解离。变性的多肽与 SDS 结合并因此而带负电荷，其在聚丙烯酰凝胶电泳中的迁移率与多肽的大小相关，借助已知分子量的标准参照物，可测算出多肽链的分子量。

SDS – 聚丙烯酰胺凝胶电泳大多在不连续缓冲系统中进行，其电泳槽缓冲度的 pH 与离子强度不同于配制凝胶的缓冲液。当两电极间接通电流后，凝胶中形成移动界面，并带动加入凝胶的样品中的 SDS 多肽复合物向前推进。样品通过高度多孔性的积层胶后，复合物在分离胶表面聚集成一条很薄的区带（或称积层）。由于不连续缓冲系统具有把样品中的复合物全部浓缩于极小体积的能力，故大大提高了 SDS – 聚丙烯酰胺凝胶的分辨率。

2. 蛋白质从 SDS – 聚丙烯酰胺凝胶转移至固相支持物

目前进行的 Western Blot 大多还是从凝胶上直接把蛋白质电转移至滤膜（如硝酸纤维素滤膜）之上。把凝胶的一面与滤膜相接触，然后将凝胶及与之相贴的滤膜夹于滤纸、两张多孔垫料以及两块塑料板之间。把整个结合体浸泡于配备有标准铂电极并装有 pH = 8.3 的 Tris 甘氨酸缓冲液的电泳槽中，使滤膜靠近阳极一侧，然后接通电流 1～3h。在此期间，蛋白质从凝胶中向阳极迁移而结合到滤膜上。

3. 抗体和靶蛋白的结合与检测

蛋白质转移至滤膜后，需要通过免疫反应（抗原-抗体反应或配基-配体反应）检测出靶蛋白。首先将靶蛋白的非标记抗体在封闭液中与滤膜一同温育，使抗体特异性地与靶蛋白结合。有多种不同的蛋白质和配体可用于标记靶蛋白。经洗涤后，再将滤膜与二级试剂——标记的抗免疫球蛋白抗体或 A 蛋白一同温育。进一步洗涤后，通过放射白显影或原位酶反应等来确定抗原-抗体或抗原-抗体- A 蛋白复合物在滤膜上的位置，从而确定靶蛋白的存在与位置。二级试剂的标记可以采用放射性同位素、酶（常用辣根过氧化物酶或碱性磷酸酶）、荧光和化学发光剂、胶体金属颗粒等。

三、实验材料、试剂和仪器

（1）材料：蛋白样品。

（2）试剂：全部溶液均用去离子水配制。

①磷酸盐缓冲液（PBS）、0.1% SDSPBS 溶液（SDS 溶解在 pH = 7.2 的 PBS 中）。

②电印迹缓冲液：20mmol/L Tris，150mmol/L 甘氨酸，pH = 8.0，将 14.5g Tris 碱和 67.0g 甘氨酸加到 4L H_2O 中，调节到 pH = 8.0，再加 1 200mL 甲醇，用 H_2O 调至终体积为 6L。

③0.5% 丽春红 S，1% 乙酸、特异性第一抗体。

④封闭液（1 g 新鲜脱脂奶粉溶于 100mL PBS 中）、辣根过氧化物酶（HRPO）-抗 Ig 偶联物（酶标二抗）。

⑤二氨基联苯胺（3，3' - diaminobenzidineDAB）底物溶液，50mg 3，3，4 -盐酸联苯胺，2mL 1% 氯化钴水溶液，98mL PBS，临用前加入 0.1mL 30% H_2O_2。注意，DAB 是强致癌剂。

（3）仪器：夹心式电泳槽、转移电泳槽、电泳仪、Whatman 3MM 滤纸、Scotch-Brite 垫（3M）或海绵垫、0.45μm 硝酸纤维素薄膜（NC）、电转移仪、可热封闭的塑料袋、塑料盒、照相设备等。

四、实验步骤

蛋白质样品的 SDS-PAGE 分离参见本章第二节。

1. Western 印迹夹层的组装

（1）裁一片 Whatman 3MM 滤纸，和凝胶一样大小，用转移缓冲液湿润，置于 Scotch-Brite 垫（3M）或海绵垫上。

（2）用转移缓冲液湿润凝胶表面后，将凝胶轻放在滤纸上，赶走凝胶和滤纸之间的任何气泡，必要时可将胶提起，驱赶气泡。

注意，操作时必须戴手套，以防止手上的油迹阻碍转移过程。凝胶和滤纸接触的这一侧面，在安放在转移槽中时，应面对负极。

（3）将一片裁好的，做了标记的并和凝胶一样大小的 NC 膜用转移缓冲液湿润后直接贴在凝胶上面。凝胶和 NC 膜接触的这面，在安放在转移槽中时，应面对正电极。

（4）将另一片润湿的 Whatman 3MM 滤纸贴在 NC 膜的上面（即靠正电极的一侧），排除气泡。这张滤纸的上面再放上另一块 Scotch-Brite 垫（3M）或海绵垫。

（5）组装好的凝胶三明治夹层放入塑料夹中，再按正确的方向插入转移中。

2. 电泳转移

（1）转移槽中装满转移缓冲液。连接好转移槽和电泳仪与正、负极之间的导线。

（2）在4℃及14V恒压下（低压大电流转移），电泳1h到过夜，使蛋白质从凝胶中转移到NC薄膜上。

3. 转移蛋白质的可逆染色

（1）将电转移完毕的NC膜直接放入丽春红S溶液中染色5min。

（2）在水中脱色2min。用印度墨水标出蛋白质条带的位置。必要时，可照相。然后在水中彻底脱色，振摇10min。

4. 封闭非特异性结合位点

将NC膜放入盛有封闭液的塑料袋内，密封好。一般每2~3张10cm×15cm大小的NC膜，需加5mL封闭液。置振荡器上，室温缓慢振摇密封袋1h。取出后，倒掉封闭液。

5. 第一抗体鉴定印迹蛋白

（1）用封闭液适当稀释一抗。通常，对来自腹水的单克隆抗体稀释>1∶1 000倍；杂交瘤上清稀释1∶10~1∶1 000倍；多克隆抗体稀释1∶1 000倍。

（2）将NC膜放入盛有稀释好的一抗溶液的塑料袋内，密封好。每2~3张10cm×15cm大小的NC膜加5mL一抗溶液。置振荡器上，室温缓慢振摇密封袋1h，时间可灵活掌握。

6. 洗膜

取出NC膜，放入200mL PBS中，振摇洗涤，共4次，每次15min，均用新鲜的缓冲液。

7. 酶标二抗的呈色反应

（1）用封闭缓冲液稀释HRPO-Ig偶联物。然后，重复操作步骤5（2）和步骤6。

（2）于一塑料盒中，倒入100mL新鲜制备的DAB溶液，覆盖NC膜，显色2~3min，通常几秒钟就会出现颜色。

（3）在水中洗涤，以终止反应。

8. 照相

及时照相保存图片，否则曝光几小时后，颜色将消失。

五、结果与讨论

（1）记录并分析所得实验结果，将图片打印，粘贴在实验记录本上。

（2）电极缓冲液中甘氨酸的作用？

（3）不加封闭液会产生什么样的结果？

六、注意事项

（1）丙烯酰胺和甲叉双丙烯酰胺有神经毒性，注意不要沾在皮肤上，如有沾染可用水洗净。聚合成聚丙烯酰胺后毒性即消失。

（2）电泳槽只能用水冲洗，不能用刷子刷，以免刷断铂电极丝；注意保护玻璃板。

（3）一抗的选择是影响免疫印迹成败的主要因素。多克隆抗体结合抗原能力较强、灵敏度高，但有易产生非特异性的背景；单克隆抗体识别抗原特异性较好，但可能不识别在样品制备时因变性而失去了空间构象的抗原表位，且易发生交叉反应。因此，兼有多克隆抗体和单克隆抗体优点的混合单克隆抗体近年特别被推荐，它是由一组能与抗原分子中的不同且不易变性的抗原表位结合并不易出现交叉反应的单克隆抗体混合构成。

（4）如果反应灵敏度不高，可增加凝胶的厚度到 1.5mm（厚度超过 2.0mm 时，凝胶转移效率受限）；也可在电泳条带不发生变形的前提下，尽量提高蛋白样品的上样量。

（5）滤纸/凝胶/转印膜/滤纸夹层组合中不能存在气泡，可用玻璃棒在夹层组合上滚动将气泡赶出，以提高转膜效率；上下两层滤纸不能过大，避免导致直接接触而引起短路。

（6）如果出现非特异性的高背景，可观察仅用二抗单独处理转印膜所产生的背景强度，若高背景确由二抗产生，可适当降低二抗浓度或缩短二抗孵育时间；并考虑延长每一步的清洗时间。

（7）一抗与二抗的稀释度、作用时间和温度对检测不同的蛋白要求不同，须经预实验确定最佳条件。

（8）一般情况使用 0.45μm 的 NC 膜，0.1 ~ 0.2μm 的小孔径膜只适合于分子量小于 20kD 的蛋白质。

实验七　酶联免疫吸附实验

一、实验目的

（1）掌握酶联免疫吸附试验的基本方法及原理。
（2）掌握酶联免疫吸附试验结果的观察与判断。
（3）了解 ELISA 在生物技术制药研究中的应用。

二、实验原理

酶联免疫吸附试验，即 ELISA（enzyme-linked immunosorbent assay）是应用最广泛、最常用的免疫标记技术（immunolabeling technique）之一，是把抗原抗体特异性反应和酶催化作用的高效性相结合的一种微量分析技术，灵敏度高，可以达到 ng/mL ~ pg/mL 水平，具有特异性强、快速、定性和定量的特点。与其他免疫标记技术相比，如放射免疫法、化学发光法、免疫荧光法等，ELISA 还具有不需要太昂贵的设备、环保、试剂相对便宜和保存期较长等优点。该技术可用于检测抗原或抗体，其中，抗原主要是指蛋白质、多肽类和其他生物大分子物质。

现有 ELISA 的基本方法是将已知的抗原或抗体吸附在固相载体表面，使抗原抗体反应在固相载体表面进行，目前，通常采用聚苯乙烯材料的 96（12 × 8）孔酶标板作为固相载体。实验过程中，用洗涤的方法将液相中未结合的游离成分去除。其核心试剂是酶标记抗体或抗原，是将酶与抗体或抗原通过交联剂等连接起来，这种酶标记物中的抗体或抗原和酶的生物学性质不变，既保留抗原（或抗体）与抗体（或抗原）结合的特异性，同时亦保留酶催化底物的活性。通过酶催化底物生成的可溶性有色产物的颜色深浅，对待测物进行定性或定量分析，常用的标记酶为辣根过氧化物酶（horseradish peroxidase，HRP）和碱性磷酸酶（alkaline phosphatase，AP）等。根据 ELISA 具体操作方法的不同，一般可分为双抗体夹心法、间接法和竞争法 3 种类型。

1. 双抗体夹心法

反应体系为"固相抗体 + 待测抗原 + 酶标抗体 + 底物"，用于检测双价或双价以上的大分子抗原。过程为抗原特异性抗体包被在固相载体表面（96 孔板的小孔）；加待测样品（血清、培养上清、组织匀浆、分泌物和排泄物等），孵育时抗原与抗体结合，洗去多余的未结合的抗原；再加酶标记的抗体使之与抗原结合，洗去多余的未结合的酶标记抗体。此时，包被抗体、待测抗原和酶标抗体就形成了夹心式复合物。加底物反应，显色，待测抗原量与颜色深浅呈正相关，即酶标仪检测光密度（OD）值与待测抗原量成正比。

2. 间接法

反应体系为"固相抗原 + 待测抗体 + 酶标二抗 + 底物"，用于抗体检测的最常用方法，已知抗原包被于固相载体上：加入待测（抗体）标本，洗去多余的未结合的抗体；然后加入酶标二抗与待测抗体结合，洗去多余的未结合的二抗；加底物，显色，待测抗体量与酶标仪检测的光密度值成正比。

3. 竞争法

反应体系为"固相抗原（抗体）+ 待测抗体（抗原）+ 酶标抗体（抗原）+ 底物"，用于检测抗原或抗体。将抗原（或抗体）包被于固相载体；加入待测抗体（或抗原）标本和酶标抗体（或抗原），它们竞争性地与包被于载体上的抗原（或抗体）结合，洗去多余的未结合的待测抗体（或抗原）和酶标抗体（或抗原）；加底物，显色，待测抗体（或抗原）量与酶标仪检测的光密度值成反比。

目前，已开发出大量不同种类的 ELISA 试剂盒，给该技术的应用提供了便利，已成为生命科学研究的基本技术。本实验介绍美国 ADL（Adlitteram Diagnostic Lahoratories）公司检测血清瘦素的试剂盒，该试剂盒应用双抗体夹心法原理设计的 BAS-ELISA（BA 法）定量检测大鼠血清瘦素（leptin）。瘦素是脂肪组织分泌的具有内分泌性质的蛋白质，也是人体第一种被发现的由脂肪组织分泌的激素，由肥胖基因（ob-gene）编码，小鼠和人的肥胖基因已于 1994 年成功克隆。

三、实验材料、试剂和仪器

（1）材料：大鼠血清。

（2）试剂：本实验采用美国 ADL 公司血清瘦素试剂盒，试剂盒组成及试剂配制如下。

①酶标板（酶联板）：一块（96 孔）。

②标准品（冻干品）：2 瓶，每瓶临用前以样品稀释液稀释至 1mL，盖好静置 15min 以上，然后反复振摇以完全溶解，其浓度为 10 000pg/mL，对倍稀释成浓度分别为 5 000pg/mL，2 500pg/mL，1 250pg/mL，625pg/mL，312pg/mL 和 156pg/mL 的标准品，以 10 000pg/mL 作为最高标准浓度，样品稀释液作为 0pg/mL 标准浓度，临用前 15min 内配

制（例如，配制 5 000pg/mL 标准品，取 0.5mL 浓度为 10 000pg/mL 的标准品加入含有 0.5mL 样品稀释液的 EP 管中，混匀即可，其余浓度以此类推）。

③样品稀释液：1×20mL/瓶。

④检测稀释液 A：1×10mL/瓶。

⑤检测稀释液 B：1×10mL/瓶。

⑥检测溶液 A：1×120μL/瓶（1：100）临用前以检测稀释液 A 作 1：100 稀释（如取 1μL 检测溶液 A 加 99μL 检测稀释液 A），混匀，稀释前以 100μL/孔计算好每次实验所需的总量，并多配制 0.1~0.2mL，在使用前 1h 内配制。

⑦检测溶液 B：1×120μL/瓶（1：100）临用前以检测稀释液 B 作 1：100 稀释，稀释方法同检测溶液 A。

⑧底物溶液：1×10mL/瓶。

⑨浓洗涤液：1×30mL/瓶，使用时用蒸馏水稀释 25 倍。

⑩终止液：1×10mL/瓶（1mol/L H_2SO_4）。

（3）仪器：微量移液器，4℃冰箱，台式离心机，酶标仪等。

四、实验步骤

（1）按说明书配置好各溶液。

（2）加样：取 96 孔酶标板，分别设空白孔、标准孔、待测样品孔。空白孔加样品稀释液 100μL，其余孔分别加标准品或待测样品 100μL，加样时注意将样品加于酶标板孔底部，轻轻晃动混匀，酶标板加上盖或覆膜，37℃反应 120min。

（3）弃去孔内液体，甩干，不用洗涤。每孔加 100μL 稀释过的检测溶液 A，37℃，温育 60min。

（4）弃去孔内液体，甩干，洗板 3 次，每次浸泡 1~2min，350μL/孔，甩干（也可在吸水纸上轻拍酶标板，将孔内液体拍干）。

（5）每孔加 100μL 稀释过的检测溶液 B，37℃，温育 60min。

（6）弃去孔内液体，甩干，洗板 5 次，每次浸泡 1~2min，350μL/孔，甩干。

（7）每孔依次加底物溶液 90μL，37℃避光显色（30min 内），其间注意观察标准品孔的颜色变化，标准品的前 3~4 孔有明显的梯度蓝色，后 3~4 孔梯度不明显，立即继续以下操作终止反应。

（8）依底物液的加入顺序每孔加终止溶液 50μL，加终止溶液后蓝色立即转为黄色。

（9）加终止液后 15min 内测定，用酶标仪在 450nm 波长依序测量各孔的光密度（OD）值。

（10）在半对数坐标纸上，以标准物的浓度为横坐标（对数坐标），OD 值为纵坐标（普通坐标）绘出标准曲线，根据样品的 OD 值由标准曲线查出相应的浓度；或用标准物的浓度与 OD 值计算出标准曲线的直线回归方程式，将样品的 OD 值代入方程，计算出样品浓度。如有稀释，所得数值还需乘以稀释倍数。

五、结果与讨论

（1）绘制标准曲线并计算回归方程，并依据方程计算出样品浓度。

（2）酶联免疫吸附主要有几种类型，各自的特点是什么。

六、注意事项

一般来说，应该严格按照试剂盒操作说明进行，除非有特别要求，也需要在充分了解试剂和实验过程的基础上，才能稍作改动。尽管如此，以下几点仍需要重点提醒。

（1）对没有经验的样品或试剂盒，样品是否需要稀释或稀释多少倍，最好通过预实验来确定，否则，待测样品易超出标准曲线范围。

（2）洗涤过程非常重要，洗涤不充分易造成假阳性。

（3）一次加样或加试剂的时间尽可能短（≤5min），如标本数量多，推荐使用排枪。

（4）每次实验均需同时做标准曲线，原则上应该做复孔。

（5）分清各种试剂，并对样品做好标记，避免混淆。

（6）如果被检测的物质是新发现的蛋白、多肽或其他生物大分子，若无相应的 ELISA 试剂盒，一般只要能获得被检测物（以蛋白质、多肽为主）的相应抗体，就可自行完成 ELISA 检测，有关抗体的制备，可交由专业的生物公司完成。

①获取抗原：对于蛋白质抗原，通过常规的蛋白质分离纯化技术可以得到；而多肽抗原由于分子量较小，常规方法不易获取．通过人工合成多肽的办法解决显得更容易。合成多肽应不少于 10 个氨基酸，否则免疫效果差，虽然随着多肽氨基酸数量的增多，免疫效果会提高，但合成多肽的费用也随之增加。

②载体：蛋白质为良好的抗原，制备相应抗体较为容易；但多肽的免疫原性较弱，必须与载体偶联后才能免疫动物制备抗体。常用的载体有血蓝蛋白（keyhole limpet hemocyanin, KLH）、牛血清白蛋白（bovine serum albumin, BSA）、卵白蛋白（ovalbumin, OVA）等。推荐 KLH 为首选，因其来源的动物遗传背景与常见动物相差甚远，不仅免疫效果好，而且应用制备的多克隆抗体时交叉反应少。

③免疫动物的选择：免疫动物决定了一抗的来源（即针对被检物的抗体），通常选用兔，一是可以获得足够的抗体，二是针对一抗的二抗选择余地较大，市售的酶标抗兔抗体比较丰富。对于免疫原性弱、一抗用量也不大的实验研究，选择鸡为免疫动物效果较好，由于鸡的免疫球蛋白是 IgY，少有市售，因此，酶标二抗也多由制备一抗的公司提供。

④抗体的种类：制备多克隆抗体一般可以满足研究需要，而且成本相对低廉。如果有特殊要求需要制备单克隆抗体，技术上没有太大问题，只是成本高许多。如果采用双抗夹心法检测，需要制备能结合于被测物不同抗原决定簇的单克隆抗体。单克隆抗体都是鼠源抗体，酶标抗体选择抗鼠抗体即可。

⑤ELISA 方法：只要有了多克隆一抗，上述提到的双抗夹心法、间接法和竞争法均可使用，以双抗夹心法效果较好。但是，如果被测物为较短的多肽，可能仅有一个抗原决定簇，属单价抗原，此时，没有结合两个抗体的位点，故不能采用双抗夹心法。

实验八　免疫组化实验

一、实验目的

（1）了解免疫组化的原理和用途。

（2）掌握免疫组化技术的实验操作。

（3）能够应用免疫组化原理检测某抗体在某组织中的表达情况。

二、实验原理

免疫组织化学（immunohistochemistry，IHC）技术是以免疫学的抗原、抗体反应为理论基础，利用抗原、抗体间的特异性免疫反应，并通过组织化学手段准确具体地确定抗原在组织或细胞中的分布及其数量，属于一种特殊组织化学技术。免疫组织化学技术与原位杂交类似，均建立在组织学之上，不同之处在于，原位杂交所观察的是核酸的变化，而免疫组织化学技术所观察的主要是蛋白的变化。随着单克隆抗体的制备等技术的不断建立与完善，免疫组织化学技术方法的特异性和敏感性得以不断提高。由于免疫组织化学技术能很好地将形态、功能及代谢有机地结合在一起，为研究某一特定基因的功能活性提供了强有力的方法，目前已经成为进行蛋白水平组织学原位研究的首选技术。

免疫组织化学的基本原理是利用抗原、抗体之间的特异性反应，通过标记抗体与组织细胞中的抗原发生免疫反应，再用适当的显色方法对标记抗体上的标记物进行显色反应，通过显微镜对显色物的观察确定待检测抗原的组织细胞学位置和抗原的数量，对其进行定位、定性及定量的研究。

三、实验材料、试剂和仪器

（1）实验材料：小鼠肝脏石蜡切片。

（2）试剂：多聚赖氨酸、SABC 法小鼠 Fas 检测试剂盒（包括封闭血清、一抗、二抗、SABC 复台物等）、DAB 显色试剂盒、0.01mol/L 枸橼酸盐缓冲液（pH = 6.0）–抗原修复液、低熔点石蜡、乙醇、二甲苯、苏水精、中性甲醛、中性树胶等。

抗体稀释液：将 10mL 于 56℃ 30min 灭活的小牛血清加到 90mL 0.01mol/L PBS 液中，混合后 4℃存放（不超过两周，最好临用前配制）。

（3）仪器：烤箱、微波炉、显微镜、37℃温箱、通风橱、加样器、滴管、玻片。

四、实验步骤

（1）石蜡切片常规脱蜡至水。

（2）PBS 冲洗，5min × 3 次。

（3）抗原修复。将切片放入盛有枸橼酸盐缓冲液的容器中，并将此容器置于盛有一定数量自来水的大器皿中，电炉上加热煮沸，从小容器的温度到达 92~98℃起开始计时15~20min，然后端离电炉，室温冷却 20~30min。蒸馏水冲洗，PBS 洗 2min × 3 次。

（4）0.3% 过氧化氢，80% 甲醇室温孵育 15min，消除内源性过氧化物酶。

（5）PBS 冲洗，5min×3 次。

（6）每张切片加 1 滴或 50μL 5%～10% 封闭血清，室温孵育 10min。倾去血清，勿洗。

（7）每张切片加 1 滴或 50μL 一抗，37℃孵育 1～2h 或 4℃过夜。

（8）PBS 冲洗，5min×3 次。

（9）每张切片加 1 滴或 50μL 生物素标记的二抗，37℃孵育 10～30min。

（10）PBS 冲洗 5min×3 次。

（11）每张切片加 1 滴或 50μL 链霉素抗生物素蛋白-过氧化物酶溶液（SABC），37℃孵育 10～30min.

（12）PBS 冲洗 5min×4 次。

（13）每张切片加 2 滴或 100μL 新鲜配制的 DAB 溶液，3～10min，显微镜下观察，控制显色时间。

（14）自来水流水冲洗，苏木素复染。

（15）梯度酒精脱水，二甲苯透明，中性树胶封片。

（16）显微镜下观察阳性细胞，并计数。

五、结果与讨论

（1）观察实验结果并进行分析。

（2）实验过程中如何区别假阳性与假阴性？

六、注意事项

（1）组织处理。手术切除标本或活检组织离体后，须及时切取组织和处理，一般在 30min 内完成。用于冰冻切片的组织应立即制片，切片短时可存放于 −20℃冰箱内 3～5d，长期存放时应放于 −70℃冰箱或 −196℃的液氮容器中。

（2）由于一些组织标本在前期处理中经过甲醛固定、石蜡包埋，常常导致蛋白交联，封闭了组织中的抗原，降低了免疫反应活性。通过蛋白酶消化和高温处理进行抗原修复，可以增加免疫反应的敏感性。但要注意不同的抗原应选用不同的修复方法。抗原的热修复过程中，切片放入盛有枸橼酸盐缓冲液的容器后，不能直接放在电炉上加热至沸腾，这样很可能会造成脱片。热处理过程中缓冲液应足量，避免切片蒸干。热修复后应自然冷却。

（3）抗体的选择原则为特异性强、敏感性高和适应广。适应广指该抗体适应于各种固定剂和包埋剂处理的组织，而仍能用免疫组织化学技术将组织中相应抗原显示出来的能力。商品化的各种抗体均注明最佳稀释度，每一种新抗体，仍需按注明的稀释度先试染，找出最佳工作浓度。

（4）与原位杂交一样，染色反应孵育过程需要在湿盒里进行。

（5）在 DAB 显色时，如果 H_2O_2 的浓度过高，常常使反应过快，导致染色背景加深。

（6）区别真阳性与假阳性。反应真阳性反应指抗体与相应抗原发生特异性反应而显示的阳性结果，其最重要的特征是分布的不均匀性或异质性，这种不均匀分布可出现在单个细胞内、一群细胞中或整个组织中。弥漫一致浅染的反应极有可能是非特异性反应。而组织切片皱褶、重叠、刀痕处，组织受挤压处，组织固定不及时表面干燥处和出血坏死区可出现非特异性假阳性反应，黏附性强的成分（如胶原）显色时呈色剂沉积（色淀），也可出现假阳性反应。各种血细胞、退变坏死细胞和某些腺上皮分泌物中含较多内源性过氧化物酶，可呈现假阳性反应。抗体的交叉反应也可呈现假阳性反应。排除假阳性要做空白对照（PBS 代替一抗）或阴性对照（用不含目的抗原的组织切片做对照），通常空白对照是首选，是必须做的。

（7）区别真阴性与假阴性。反应真阴性反应指抗体与无关抗原不发生反应而显示的阴性结果。而假阴性指标本固定不当或固定过久，抗体效价过低、特异性差、久置或反复冻融，一抗与二抗匹配错误，其他如试剂久置、过度稀释、切片过厚或过薄，组织中黏稠基质、分泌物或多层细胞膜阻隔抗原等所产生的非阳性结果。排除假阴性要做阳性对照（用已肯定具有目的抗原表达的组织切片做对照）。

（程玉鹏）

第七章　组织与细胞培养技术

动植物的细胞与组织培养是指从活的机体中取出组织或细胞，模拟机体内生理条件，在体外建立无菌、适温和一定营养条件等，使之生长和生存，并维持其结构和功能的技术。

一、动物组织培养

早在 1885 年，Wilhelm Roux 首先对鸡胚进行了人工培养，1907 年动物学家 Ross Granville Harrison 证明蛙的神经细胞可以在淋巴培养基中生长。到了 1996 年，人们开始用人工培养的组织来替换体内的组织。目前，动物组织培养中，细胞培养的应用更为普遍，技术也相对成熟，细胞主要来源于供体生物、原代细胞和永生化细胞。

由于组培模型在体外更易于操作和分析，如今组织培养技术已经成为对细胞或多细胞组织生物学特性研究的一个重要工具。

体外培养的细胞由于失去了神经体液的调节和细胞间的相互影响，易发生如下变化：分化现象减弱；形态功能趋于单一化或生存一定时间后衰退死亡；或发生转化获得不死性，变成可无限生长的连续细胞系或恶性细胞系。按培养状态，体外培养的动物细胞可分为贴附型和悬浮型。大多数培养细胞属于贴附型，包括以下 4 型：成纤维细胞型、上皮型细胞、游走细胞型和多型细胞型。悬浮型仅见于少数特殊的细胞，如某些类型的癌细胞及白血病细胞等，易于大量繁殖。

正常细胞培养时，大致都经历以下 3 个阶段：原代培养期、传代期和衰退期。重新接种培养的细胞所经历的周期为"一代"。细胞传一代后，一般要经过以下 3 个阶段：潜伏期、指数增生期和停滞期。根据体外培养细胞的性质和来源又可分为初代培养又称原代培养、细胞系、克隆细胞株、二倍体细胞、遗传缺陷细胞和肿瘤细胞系或株。

动物细胞培养的一般过程主要包括准备、取材、培养、冻存与复苏等。

1. 准备工作

准备工作对开展细胞培养异常重要，工作量也较大，应给予足够的重视，准备工作中某一环节的疏忽可导致实验失败或无法进行。准备工作的内容包括器皿的清洗、干燥与消毒，培养基与其他试剂的配制、分装及灭菌，无菌室或超净台的清洁与消毒，培养箱及其他仪器的检查与调试，具体内容可参阅有关文献。

2. 取材

在无菌环境下从机体取出某种组织细胞（视实验目的而定），经过一定的处理（如消化分散细胞、分离等）后接入培养器血中，这一过程称为取材。如是细胞株的扩大培养则无取材这一过程。机体取出的组织细胞的首次培养称为原代培养。理论上讲各种动物和人体内的所有组织都可以用于培养，实际上幼体组织（尤其是胚胎组织）比成年个体的组织容易培养，分化程度低的组织比分化高的容易培养，肿瘤组织比正常组织容易培养。取材后应立即处理，尽快培养，因故不能马上培养时，可将组织块切成黄豆般大的小块，置4℃的培养液中保存。取组织时应严格保持无菌，同时也要避免接触其他的有害物质。取病理组织和皮肤及消化道上皮细胞时容易带菌，为减少污染可用抗生素处理。由组织并分离分散细胞的方法可参阅有关文献。

3. 培养

将取得的组织细胞接入培养瓶或培养板中的过程称为培养。如系组织块培养，则直接将组织块接入培养器皿底部，几个小时后组织块可贴牢在底部，再加入培养基。如系细胞培养，一般应在接入培养器皿之前进行细胞计数，按要求以一定的量（以每毫升细胞数表示）接入培养器皿并直接加入培养基。细胞进入培养器皿后，立即放入培养箱中，使细胞尽早进入生长状态。正在培养中的细胞应每隔一定时间观察一次，观察的内容包括细胞是否生长良好，形态是否正常，有无污染，培养基的 pH 是否太酸或太碱（由酚红指示剂指示），此外对培养温度和 CO_2 浓度也要定时检查。

一般原代培养进入培养后有一段潜伏期（数小时到数十天不等），在潜伏期细胞一般不分裂，但可贴壁和游走。过了潜伏期后细胞进入旺盛的分裂生长期。细胞长满瓶底后要进行传代培养，将一瓶中的细胞消化悬浮后分成 2～3 瓶继续培养。每代一次称为"一代"。二倍体细胞一般只能传几十代，而转化细胞系或细胞株则可无限地传代下去。转化细胞可能具有恶性性质，也可能仅有不死性（Immortality）而无恶性。培养正在生长中的细胞是进行各种生物医学实验的良好材料。

4. 冻存及复苏

为了保存细胞，特别是不易获得的突变型细胞或细胞株，要将细胞冻存。冻存的温度一般用液氮的温度 −196℃，将细胞收集至冻存管中加入含保护剂（一般为二甲亚砜或甘油）的培养基，以一定的冷却速度冻存，最终保存于液氮中。在极低的温度下，细胞保存的时间几乎是无限的。复苏一般采用快融方法，即从液氮中取出冻存管后，立即放入 37℃水中，使之在 1min 内迅速融解。然后将细胞转入培养器皿中进行培养。冻存过程中保护剂的选用、细胞密度、降温速度及复苏时温度、融化速度等都对细胞活力有影响。

二、植物组织培养

植物组织培养（Plant tissue culture）是指在无菌条件下，在已知成分的培养基中保持植物的细胞、组织或器官的生长。植物组织培养被广泛地应用于植物的无性繁殖。

相对于传统的繁殖方法，植物组织培养的主要优点包括：①对具有优良性状的植物进行精确的拷贝，特别是好的花卉、水果或其他的优良性状；②植物成熟的快；③对没有种子或需花粉传播产生种子的植物的扩繁；④利用遗传修饰（转基因）的细胞再生植株；⑤植物在无菌环境中繁殖，减少了病虫害的传播；⑥繁育种子萌发率低的植物；⑦在农业或园艺生产中制造清洁的无毒（无病毒及其他传染病）的洁净种质库；⑧通过大规模的植物细胞液体培养生产有价值植物次生代谢产物和重组蛋白。

由于植物的全能性，很多植物细胞可以再生为一个完整的植株。因此，在含有营养和植物激素的培养基上，无论是单细胞、原生质体（无细胞壁）、茎、芽或者叶片的一部分都能再生为植株。

现代的植物组织培养操作是在无菌的超净工作台中进行的。通常植物表面会附着环境中微生物，所以要进行表面消毒，常用的表面消毒剂有乙醇、次氯酸钠或次氯酸钙或升汞。用于再生植物的组织也称为外植体。外植体包括茎、叶、芽花的一部分或为没分化的单细胞。然而，不同植物不同器官的外植体的再生效率也不同，甚至有的不能生长。外植体（Explants）可以是单倍体也可是多倍体。组培植物的再生可以通过以下 3 中方式获得：①分裂组织，如顶尖分生组织；②全能性的细胞，如直接来源于分生组织的或间接来源愈伤组织的细胞；③胚性组织，胚性组织可以直接来源于外植体或间接来源于愈伤组织。愈伤组织（Callus）为一团未分化的薄壁组织。如果植物受到损伤，那么周围未受伤的薄壁组织就会在伤口处形成具有分生能力的组织，有时可以封闭伤口。外植体通常置于固体培养基的表面，而悬浮细胞的培养则直接放在液体培养基中。培养基的主要成分有：无机盐、少量营养有机物、维生素和植物激素等。

实验一　哺乳动物细胞的原代培养

一、实验目的

（1）掌握细胞培养过程中的无菌操作的基本要求。

（2）掌握制备哺乳动物细胞原代培养的基本程序。

（3）熟练原代培养细胞的培养和观察方法。

二、实验原理

动物细胞的原代培养也称初代培养，是直接从动物体得到组织细胞后在体外进行的首次培养。从动物体内取出所需的组织，经酶消化处理，使分散成单个游离的细胞，在人工条件下培养，使其不断地生长繁殖。

原代培养是建立各种细胞系的第一步。虽然原代培养是获取细胞的主要手段，但原代培养的组织由多种细胞成分组成，比较复杂。即使生长出同一类型细胞，如成纤维细胞或上皮样细胞，细胞间也有很大差异。原代培养的最基本和常用的有两种方法：组织块培养法和消化培养法。

三、实验材料、试剂和仪器

（1）材料：胎鼠或新生小鼠；公鸡静脉血。

（2）试剂：DMEM 培养基（含 10% 小牛血清）；0.25% 胰蛋白酶；0.85% 生理盐水；Hank's 液；碘酒；酒精；DMSO；Alsever 溶液；GKN 溶液；50% PEG 溶液；双蒸水等。

（3）仪器：CO_2 培养箱；培养瓶；青霉素瓶；小玻璃漏斗；平皿；吸管；移液管；纱

布；手术器械；血球计数板；离心机；水浴箱；倒置显微镜；培养箱；超净工作台；冰箱；液氮罐；冻存管；注射器；微量加样器等。

四、实验步骤

1. 组织块培养法

（1）取材：将妊娠 10 ~ 14d 的母鼠用拉颈椎方法处死，然后将其整个浸入盛有 75% 乙醇的烧杯中 5s，取出后放入已经消毒的肾形解剖盘中，用普通手术剪、手术镊在动物躯干中部环形切开皮肤，并将两侧皮肤分别拉向头尾把动物反包，暴露躯干。用眼科剪、眼科镊切开动物腹肌和腹膜，并取出含有胎儿的两侧子宫放入 60cm 培养皿中，剖开子宫体，取出胎儿，在 Hank's 液内洗去血液、羊水、胎膜等杂物后放入另一培养皿。

（2）剪切：去除胎儿头、尾及内脏，只留下胎儿四肢及躯干部分，在 Hank's 液内洗 2 ~ 3 次去除血污后，放入 60mm 培养皿或青霉素小瓶内，用眼科剪将小鼠胎儿剪成 $1mm^3$ 的小块。

（3）接种：用剪去尖头的枪头吸取若干小组织块，置于培养瓶中，均匀地铺展在培养瓶底部，调整小块之间的相互距离，每 25mL 培养瓶可接种 20 ~ 30 小块。

（4）黏附培养：组织块布置好之后，稍微倾斜培养瓶，使瓶内的液体倾至培养瓶的一角，吸出瓶中的培养液，轻轻地将培养瓶翻转，让接种组织块的瓶底面向上。盖好瓶盖，将培养瓶放置于 CO_2 培养箱内 37℃ 培养 2 ~ 4h，使组织块粘着在培养瓶底上。

（5）培养：从培养箱中取出培养瓶，开盖，瓶底朝上，从瓶底角部加入 1mL DMEM + 10% ~ 20% FBS + 抗生素的培养液，然后缓慢翻转培养瓶，让培养液覆盖附着于瓶底的组织块，放置培养箱中培养，待细胞从组织块游出数量较多时，再补加培养液至 3mL。注意培养过程中需拧松培养瓶盖，以利空气通过。

在翻转培养瓶和加液过程中，动作一定要慢，勿使组织块受到冲击漂浮起来。若组织块不易贴壁，可预先在瓶壁涂上薄层、胎汁或鼠尾胶原等。

组织块培养也可以不用翻转，即在接种组织块后，向瓶内仅加入少量的培养液，以能保证组织块湿润即可，放入培养箱内 24h 再补加培养液。

2. 消化培养法

（1）取材与剪切：同组织块培养法。

（2）消化：将剪切后的组织小块移到 10mL 离心管内，加 2mL 的 0.25% 胰蛋白酶 + 0.02% EDTA 组成的消化液，室温下消化 5 ~ 20min，期间吹打数次，并随时吸取少量的消化液在显微镜下观察，如发现组织已分散成细胞团或单个细胞，则立即加入 8mL 含 5% FBS 的 Hank's 液终止消化。

（3）用吸管反复吹打组织块，分散单细胞，用 100μm 不锈钢网筛过滤，收取滤出液，1 000r/min 离心 10min，弃去上清液。

（4）用 2mL DMEM + 10% FBS 培养液悬浮细胞，计数并稀释细胞浓度至 1×10^6 ~ 5×10^6/mL，每个培养瓶加细胞悬液 2.5mL，使细胞数 < 1×10^5 个/cm^2。置 CO_2 培养箱，37℃、5% CO_2、饱和湿度下静置培养，24h 后，更换新培养液，此后每 3d 换液 1 次。

五、结果与讨论

（1）观察和记录原代细胞的形态、培养细胞的贴壁时间、增殖时间、完全汇合时间。

（2）比较组织块培养法和消化培养法获得原代培养物的效果和优缺点。

（3）观察原代培养细胞中的细胞类型，并根据以往的知识初步分析哪些细胞属于成纤维细胞，哪些属于上皮样细胞？

（4）如何提高原代细胞培养的成功率？

六、注意事项

（1）自取材开始，保持所有组织细胞处于无菌条件。细胞计数可在有菌环境中进行。

（2）在超净台中，组织细胞、培养液等不能暴露过久，以免溶液蒸发。

（3）凡在超净台外操作的步骤，各器皿需用盖子或橡皮塞，以防止细菌落入。

（4）无菌操作的几个注意事项如下。

①操作前要洗手，进入超净台后手要用75%酒精或0.2%新洁尔灭擦拭。试剂等瓶口也要擦拭。

②点燃酒精灯，操作在火焰附近进行，耐热物品要经常在火焰上烧灼，金属器械烧灼时间不能太长，以免退火，并冷却后才能夹取组织，吸取过营养液的用具不能再烧灼，以免烧焦形成碳膜。

③操作动作要准确敏捷，但又不能太快，以防空气流动，增加污染机会。

④不能用手触已消毒器皿的工作部分，工作台面上用品要布局合理。

⑤瓶子开口后要尽量保持45°斜位。

⑥吸溶液的吸管等不能混用。

实验二　哺乳动物细胞的传代培养

一、实验目的

（1）掌握细胞培养过程中的无菌操作的基本要求，掌握哺乳动物细胞传培养的基本程序。

（2）熟练传代培养和观察方法。

二、实验原理

动物细胞的原代培养也称初代培养，是直接从动物体得到组织细胞后在体外进行的首次培养。从动物体内取出所需的组织，经酶消化处理，使分散成单个游离的细胞，在人工条件下培养，使其不断地生长繁殖。细胞在培养瓶长成致密单层后，为使细胞能继续生长，数量扩增，就必须进行传代培养，也是一种将细胞种保存下去的方法。悬浮型细胞可直接分瓶，而贴壁细胞需经消化后才能分瓶。

三、实验材料、试剂和仪器

（1）材料：长满原代培养细胞或传代培养细胞的细胞培养瓶。

（2）试剂：DMEM 培养基（含 10% 小牛血清）；0.25% 胰蛋白酶；0.85% 生理盐水；Hank's 液；碘酒；酒精；DMSO；Alsever 溶液；GKN 溶液；50% PEG 溶液；双蒸水等。

（3）器材：CO_2 培养箱；培养瓶；青霉素瓶；小玻璃漏斗；平皿；吸管；移液管；纱布；手术器械；血球计数板；离心机；水浴箱；倒置显微镜；培养箱；超净工作台；注射器；微量加样器等。

四、实验步骤

（1）将长满细胞的培养瓶中原来的培养液弃去。

（2）加入 0.5～1mL 0.25% 胰蛋白酶溶液，使瓶底细胞都浸入溶液中。

（3）瓶口塞好橡皮塞，放在倒置镜下观察细胞。随着时间的推移，原贴壁的细胞逐渐趋于圆形，在还未漂起时将胰蛋白酶弃去，加入 10mL 培养液终止消化（观察消化也可以用肉眼，当见到瓶底发白并出现细针孔空隙时终止消化。一般室温消化时间为 1～3min）。

（4）用吸管将贴壁的细胞吹打成悬液，分到另外 2～3 瓶中，置 37℃ 下继续培养。第二天观察贴壁生长情况。

五、结果与讨论

（1）试述传代培养的步骤和注意事项，并指出哪些是关键步骤。

（2）细胞传代培养的目的是什么？

（3）判断细胞健康的标准是什么？

（4）如何估计是否传代和传代的方式？

实验三　哺乳动物细胞的冻存与复苏

一、实验目的

（1）掌握细胞培养过程中的无菌操作的基本要求，掌握哺乳动物细胞培养的基本程序。

（2）掌握细胞冻存的方法，熟练进行细胞冻存与复苏操作。

二、实验原理

在细胞培养过程中，为避免培养细胞的污染和老化，可将各类细胞或细胞系低温长期保存。直接冻存的条件下，细胞内和外环境中的水都会形成冰晶，能引起细胞内发生机械损伤、电解质升高、渗透压改变、脱水、pH 改变、蛋白变性等，最终导致细胞死亡。如向培养液加入保护剂，可使冰点降低。目前常用的冷冻保护剂为二甲亚砜（DMSO）和甘油，它们对细胞无毒性，分子量小，溶解度大，易穿透细胞。

目前一般采用缓慢冷冻－快速复苏的方法。在缓慢的冻结条件下，能使细胞内水分在冻结前透出细胞。贮存在 -130℃ 以下的低温中能减少冰晶的形成。细胞复苏时速度要快，使之迅速通过细胞最易受损的 -5 ~ 0℃，细胞仍能生长，活力受损不大。

三、实验材料、试剂和仪器

（1）材料：生长状态良好的原代培养细胞或传代培养细胞。

（2）试剂：DMEM 培养基（含 10% 小牛血清）；0.25% 胰蛋白酶；0.85% 生理盐水；Hank's 液；碘酒；酒精；DMSO；Alsever 溶液；GKN 溶液；50% PEG 溶液；双蒸水等。

（3）器材：CO_2 培养箱；培养瓶；青霉素瓶；小玻璃漏斗；平皿；吸管；移液管；纱布；手术器械；血球计数板；离心机；水浴箱；倒置显微镜；培养箱；超净工作台；冰箱；液氮罐；冻存管；注射器；微量加样器等。

四、实验步骤

1. 冻存

（1）消化细胞（同实验二），将细胞悬液收集至离心管中。

（2）1 000r/min 离心 10min，弃上清液。

（3）沉淀加含保护液的培养，计数，调整至 5×10^6 个/mL 左右。

（4）将悬液分装至冻存管中，每管 1mL。将冻存管口封严。

（5）在冻存管壁上做好记录。写明细胞种类，冻存日期。

（6）封好的冻存管即可直接冻存。

（7）按下列顺序降温：室温→4℃（20min）→冰箱冷冻室（30min）→低温冰箱（-30℃，1h）→气态氮（30min）→液氮。

2. 复苏

（1）从液氮中取出冻存管、迅速置于 37℃ 温水中并不断搅动。使冻存管中的冻存物在 1min 之内融化。

（2）打开冻存管，将细胞悬液吸到离心管中。

（3）1 000r/min 离心 10min，弃去上清液。

（4）沉淀加 10mL 培养液，吹打均匀，再离心 10min，弃上清液。

（5）加适当培养基后将细胞转移至培养瓶中，37℃ 培养，第二天观察生长情况。

五、结果与讨论

（1）列出细胞冻存与复苏的详细过程，并注明各过程应注意的事项。

（2）细胞冻存与复苏的基本原则是什么？

（3）冻存液的作用是什么？

实验四 哺乳动物细胞的融合

一、实验目的

（1）掌握细胞培养过程中的无菌操作的基本要求。

（2）了解细胞融合的基本原理，掌握 PEG 诱导细胞融合的基本技术。

二、实验原理

动物细胞培养过程中，在诱导物（如仙台病毒，聚乙二醇）作用下，相互靠近的细胞发生凝集，随后在质膜接触处发生质膜成分的一系列变化，主要是某些化学键的断裂与重排，进而细胞质沟通，形成一个大的双核或多核细胞（称多核体或异核体）。

三、实验材料、试剂和仪器

（1）材料：胎鼠或新生小鼠；公鸡静脉血。

（2）试剂：DMEM 培养基（含 10% 小牛血清）；0.25% 胰蛋白酶；0.85% 生理盐水；Hank's 液；碘酒；酒精；DMSO；Alsever 溶液；GKN 溶液；50% PEG 溶液；双蒸水等。

（3）器材：CO_2 培养箱；培养瓶；青霉素瓶；小玻璃漏斗；平皿；吸管；移液管；纱布；手术器械；血球计数板；离心机；水浴箱；倒置显微镜；培养箱；超净工作台；冰箱；液氮罐；冻存管；注射器；微量加样器等。

四、实验步骤

（1）在公鸡翼下静脉抽取 2mL 鸡血，加入盛有 8mL 的 Alsever 液中，使血液与 Alsever 液的比例达 1∶4，混匀后可在冰箱中存放一周。

（2）取此贮存鸡血 1mL 加入 4mL 0.85% 生理盐水，充分混匀，800r/min 离心 3min，弃去上清液，重复上述条件离心两次。最后弃去上清液，加 GKN 液 4mL，离去。

（3）弃去上清液，加 GKN 液，制成 10% 细胞悬液。

（4）取上述细胞悬液以血球计数器计数，用 GKN 液将其调整为 1×10^6 个/mL。

（5）取以上细胞悬液 1mL 于离心管，放入 37℃ 水浴中预热。同时将 50% PEG 液一并预热 20min。

（6）20min 后将 0.5mL 50% PEG 溶液逐滴沿离心管壁加入到 1mL 细胞悬液中，边加边摇匀，然后放入 37℃ 水浴中保温 20min。

（7）20min 后，加入 GKN 溶液至 8mL，静止于水浴中 20min 左右。

（8）800r/min 离心 3min，弃去上清液，加 GKN 溶液再离心 1 次。

（9）弃去上清液，加入 GKN 液少许，混匀，取少量悬浮于载玻片上，加入 Janus green 染液，用牙签混匀，3min 盖上盖玻片，观察细胞融合情况。

（10）计算融合率。

融合率 = 视野内发生融合的细胞核总数/视野内所有细胞核总数×100%。

五、结果与讨论

（1）简述动物细胞融合的基本过程。

（2）选一理想视野，根据镜下结果绘图，并以上面公式计算融合率。

（3）进行异种细胞融合的意义是什么？

实验五　兔脾细胞悬液的制备

一、实验目的

（1）掌握细胞悬液的制备方法。

（2）掌握脾细胞计数的方法。

二、实验原理

将组织块用机械方法或酶解法分离成单个细胞，做成细胞悬液，再培养于液体基质上，成单层细胞生长，或在培养液中呈悬浮状态生长的技术称为细胞培养。

Hank's 液是常见的平衡盐溶液（BSS）之一。D – Hank's 液则是无钙镁离子的 Hank's 液。BSS 与细胞生长状态下的 pH 值、渗透压及无菌状态一致，且配方简单，是组织培养基本用液，常用于配制培养基及其他用液，或洗细胞等，细胞在 BSS 中可生存几个小时。

三、实验材料、试剂和仪器

（1）实验材料：家兔。

（2）试剂：Hank's 液、BSS。

（3）器材与材料：眼科镊子、眼科剪子、手术刀、平皿、吸管、100 目不锈钢网、注射器芯（玻璃）、离心机、载玻片、盖玻片、显微镜。

四、实验步骤

（1）处死实验兔，用镊子将腹部提起，再用剪子把腹部剪开，暴露腹腔，摘取脾脏，去除脂肪和结缔组织，用 Hank's 液冲洗。

（2）把不锈钢网放在平皿上，将脾脏移入 100 目不锈钢网上，用剪刀将脾脏剪碎，用注射器芯轻轻研磨脾脏，并用 5mL Hank's 液冲洗，把冲洗到平皿中脾细胞悬液收集 5mL 到离心管中，以 1 000r/min 离心 5min，弃去上清液，脾细胞重新悬浮于 1mL Hank's 液中，吸取少量进行适当稀释，然后滴在血球计数板上，盖上盖玻片，用显微镜观察计数。

五、结果与讨论

（1）显微镜观察计数，计算所得细胞悬液浓度。

（2）实验过程中应注意哪些问题？

实验六　小鼠脾细胞培养实验

一、实验目的

（1）掌握小鼠脾细胞原代细胞培养的基本方法。

（2）学习细胞计数、营养液的配制。

二、实验原理

1. 细胞原代培养

原代细胞培养是指直接从动物体内获取的细胞、组织和器官，经体外培养后，直到第一次传代为止。这种培养，首先用无菌操作的方法，从动物体内取出所需的组织（或器官），经消化，分解成单个游离细胞，在人工培养下，使其不断的生长及繁殖。

细胞培养是一种操作烦琐而又要求十分严谨的实验技术。要使细胞能在体外长期生长，必须满足两个基本要求：一是供给细胞存活所必需的条件，如适量的水、无机盐、氨基酸、维生素、葡萄糖及其有关的生长因子、氧气、适宜的温度，注意外环境酸碱度与渗透压的调节。二是严格控制无菌条件。

2. 细胞死活鉴定

死活细胞的鉴定方法有很多种，常用的有染色法和仪器分析法。染色法是常用的细胞死活鉴定方法，简便，易于操作。不同的死活细胞鉴定方法有各自不同具体的反应机理，但无论采用何种办法，都是利用了死活细胞在生理机能和性质上的差异。

染色法分化学染色法和荧光染色法，根据染色机理的不同，染料或使死细胞着色，或使活细胞着色。死活细胞在生理机能和性质上的差异主要包括如下。

（1）死活细胞细胞膜通透性的差异：活细胞的细胞膜是一种选择性膜，对细胞起保护和屏障作用，只允许物质选择性的通过；而细胞死亡之后，细胞膜受损，通透性增加。常用的以台盼蓝鉴别细胞死活的方法就是利用了这一性质。台盼蓝，又称锥蓝，是一种阴离子型染料，不能透过完整的细胞膜。所以经台盼蓝染色后只能使死细胞着色，而活细胞不被着色。甲基蓝有类似的染色机理。植物细胞的质壁分离也可鉴定死活。

（2）死活细胞在代谢上的差异：是采用美蓝染料鉴定酵母细胞死活的依据。美蓝是一种无毒染料，氧化型为蓝色，还原型为无色。由于活细胞中新陈代谢的作用，使细胞内具有较强的还原能力，能使美蓝从蓝色的氧化性变为无色的还原型，因此，美蓝染色后活的酵母细胞无色；而死细胞或代谢缓慢的老细胞，则因它们的无还原能力或还原能力极弱，使美蓝处于氧化态，从而被染成蓝色或淡蓝色。

除此之外，还有一些细胞器的专有染料。如液泡系的专有染料中性红。中性红是一种低毒性染料，可以使活细胞液泡着红色，而细胞质和细胞核不被着色；死细胞的液泡不被着色或浅染，染料弥散于整个细胞中，细胞核和细胞质被染成红色。有时候为了增加染色效果可以将两种染料结合使用，如甲基蓝－中性红混合染色法。

本次试验采取的是 Tyrpan Blue 染液，活细胞不会被染色而呈无色，死细胞会被其染色而呈蓝色，在光学显微镜下以 10×10 的倍数来观察得细胞总数和活细胞数，可由公式计算出细胞活力。

三、实验材料、试剂和仪器

（1）材料：小鼠。

（2）试剂：细胞培养液（含生长因子），Trypan Blue 染液，PBS 缓冲液。

（3）仪器：剪子，棉球，75% 酒精，移液枪，无菌操作台，正置光学显微镜，倒置光学显微镜，解剖盘，滴管，离心管，离心机，注射器，Eppendorf 管，培养皿，酒精灯，塑料培养皿，载玻片，盖玻片，血细胞计数板等。

四、实验步骤

1. 小鼠脾细胞的原代培养

（1）取材：取小鼠一只，采用断头法处死。清水洗小鼠浸入 75% 酒精中消毒 3min，取出转入超净工作台内的解剖盘中，无菌操作打开腹腔，取出其脾脏，除去其周围的脂肪组织，并用 PBS 液自上而下淋洗 1～2 次，转入无菌培养皿中待用。

（2）分离脾细胞：用滴管向培养皿中注入 30 滴 PBS 缓冲液，再用 L 形针头注射器在皿中吸取 0.2mL PBS 液注入脾脏，注射时沿长轴注射。然后再用针头在脾脏上扎眼，并用 L 形针头轻轻刮出脾细胞。再吹匀脾脏细胞。

吸取上述分离的单个脾细胞悬液，放入 Eppendorf 管中，使量至 1mL，以 1 000r/min 离心 5min。

（3）培养脾细胞：取塑料培养皿一套，用移液枪吸取培养液 2mL 加入塑料皿中，并将皿标记待用。取离心后的 Eppendorf 管，弃去上清液，用移液枪（200μL）吸取塑料皿中的培养液 400μL 加入弃去上清的 Eppendorf 管中，用枪头吹匀管底的脾细胞，吸取 200μL 脾细胞悬液接种于上述塑料皿中，混匀后放入 37℃，5% CO_2 的培养箱中培养。

2. 细胞死活鉴定及计数

（1）试剂配制：用生理盐水配成 5% Tyrpan Blue 染液，备用。

（2）染色计数：取 0.5mL 细胞悬浊液放入试管中，加入 1～2 滴染液。混合。2～5min 后将细胞放在血细胞计数板上观察死活情况，注意不要有气泡产生，放大倍数为 10×10。染色后活细胞不着色，死细胞显示蓝色。注意染色时间不能超过 15min，否则染液将细胞毒杀。

（3）计数：在 10×10 倍的显微镜下观察，计算血细胞计数板的 4 个 4 小方格的细胞数量。包括细胞总数与死细胞数量。压线者计上不计下，计左不计右。

（4）计算细胞活力：根据公式如下。

活细胞率（%）＝活细胞总数/总细胞数×100

五、结果与讨论

（1）制备小鼠原代脾细胞，计算活细胞与死细胞的数量并依据公式算出细胞活力。

（2）Tyrpan Blue 染色时为什么有时间限制，染色时间过长会有何影响？

六、注意事项

（1）严格进行动物消毒，需用75%酒精消毒。

（2）严格进行无菌操作，防止细菌、霉菌、支原体污染，避免化学物质污染。

（3）吸取液体前，瓶口和吸管应进行火焰消毒；吸取液体时，避免碰撞。

（4）离心管入台前，管口、管壁应消毒。

（5）实验者离开超净台时，要随时用肘部关闭工作窗。

（6）器材使用时既要注意用火焰消毒，又要防止烫伤、烫死细胞。

（7）取样计数前，应充分混匀细胞混悬液。在连续取样计数时尤其应注意这一点。否则，前后计数结果会有很大误差。

（8）在计数板上盖玻片的一侧加微量细胞悬液时，加液量不要溢出盖片，也不要过少或带气泡。

（9）在计数过程中，对大方格的边缘压线细胞应按数上不数下，数左不数右的原则进行计数。

实验七　胡萝卜愈伤组织的培养

一、实验目的

（1）掌握组织培养培养基的制备方法。

（2）掌握组织培养的基本程序和操作规程。

二、实验原理

植物组织培养是指将植物的任何部分，无论是细胞、组织或器官，从母体上分离出来，在无菌的人工培养基上培养，并使之生长发育的技术。

细胞全能性：生物体的每一个细胞都包含有该物种所特有的全套遗传物质，都有发育成为完整个体所必需的全部基因，从理论上讲，生物体的每一个活细胞都应该具有全能性。

外植体：在无菌条件下，从活植物体上切下进行培养的那部分组织或器官，就是外植体。

愈伤组织：离体的植物器官、组织或细胞，在培养一段时间以后，通过细胞分裂，形成一种高度液泡化、无定形状态薄壁的细胞组成的排列疏松无规则的组织。

三、实验材料、试剂和仪器

（1）实验材料：健康无病害的胡萝卜。

（2）试剂：MS培养基：大量元素（10×）、微量元素（200×）、铁盐（200×）、有机成分（200×）；蔗糖；琼脂粉；2，4 - D（0.5mg/mL，相当于250×）；6 - BA

（0.5mg/mL，相当于2500×）；HCl（1mol/L）；NaOH（1mol/L）；75%乙醇；0.1%升汞。

（3）实验仪器：量筒、电子天平、烧杯、三角瓶、玻璃棒、硫酸纸、移液管、灭菌锅、pH试纸、试剂瓶、培养皿、小烧杯、蒸馏水、玻璃棒、解剖刀及刀柄、镊子、废液缸（不需灭菌）、滤纸（不需灭菌）。

四、实验步骤

1. 配制培养基

（1）母液的配制：为了减少工作量，减少多次称量所造成的误差，一般将常用药品配成比所需浓度高10~100倍的母液。

母液取量=培养基的需要量/母液的倍数

（2）配制培养基：按比例称取MS培养基母液，将各母液统一加入800mL蒸馏水混匀，随后加入30g蔗糖，充分溶解，用1mol/L NaOH或1mol/L HCl溶液调节培养基的pH值至5.8。加蒸馏水定容至1 000mL。加入8~10g琼脂粉，加热使之溶解，趁热分装，每个组培瓶中加入50mL培养基。

在1.1kg/cm²压力（约121℃）高压灭菌锅中灭菌15~20min，灭菌结束后，待培养基稍微冷却但未凝固时（约50℃），无菌条件下，用微量移液器按用量向组培瓶中添加6-BA 20μL（终浓度0.2mg/L）、2,4-D 200μL（终浓度2mg/L），混匀，放置室温自然冷却凝固备用。

2. 刷洗材料

自来水冲洗胡萝卜，使其表面干净，无泥土附着。

3. 表面消毒

用小刀切去外围组织，切成小块分别置于100mL烧杯中，用自来水加洗洁精洗净，75%酒精灭菌1min，用无菌水洗涤3次，0.1g/L升汞溶液浸泡10min，接着用无菌水漂洗3遍。

4. 切割

将木质部和韧皮部之间的形成层切成约0.5cm³的小块。

5. 接种

用无菌的镊子，将胡萝卜组织小块接种至盛胡萝卜块根愈伤组织诱导培养基的培养皿中，每瓶接种2~3块。

6. 培养

接种结束后将三角瓶封上口放置在恒温培养室内培养。

五、结果与讨论

（1）每3~5d观察一次胡萝卜组织块，记录变化情况。

（2）实验过程中应注意哪些问题？

实验八　植物原生质体的制备

一、实验目的

（1）通过本实验理解制备原生质体的实验原理。

（2）掌握制备原生质体的实验操作。

（3）通过本实验学习并能够独立设计制备某植物细胞原生质体的实验。

二、实验原理

原生质体是指植物细胞去掉细胞壁的裸露部分。它在培养条件下，①具有再生细胞壁，进行连续的细胞分裂并再生成完整植株的能力；②具有摄取外源大分子、细胞器，以及细菌、病毒的能力，因此是进行遗传操作、基因转移的好材料；③通过同种和异种植物的原生质体融合，可产生异核体，实现体细胞杂交，培育出新品种。原生质体是指植物细胞去掉细胞壁的裸露部分。

去掉植物细胞壁的方法可以是机械的人工操作，也可以利用酶解法。较早利用机械法制备原生质体的首推 Klereker（1892），直到1960年英国科学家 Cocking 才第一次用酶法大量制备原生质体。本实验以植物的叶肉组织为材料，利用纤维素酶和果胶酶来消化细胞壁，分离细胞。

由纤维素酶、果胶酶配制而成的溶液对细胞壁成分的降解作用，而使原生质体释放出来。酶液通常需要保持较高的渗透压，以使原生质体在分离前细胞处于质壁分离状态，分离后不致膨胀破裂。渗透剂常用甘露醇，山梨醇，葡萄糖或蔗糖。酶液中还应含一定量的钙离子，来稳定原生质膜。

三、实验材料、试剂和仪器

（1）材料：五味子或烟草叶片。

（2）试剂：0.16mol/L $CaCl_2 \cdot H_2O$、20% 蔗糖液、酶解液（酶解液配方：0.5% Cellulase Onozuka R10，0.1% Pectolyase Y23，0.2mol/L Mannitol，80 mmol/L $CaCl_2$）。

（3）器具：显微镜、离心机、离心管、剪刀、镊子、吸管、小培养皿、载玻片、盖玻片。

四、实验步骤

1. 取材

根据实验目的和条件选取不同的材料。

2. 分离原生质体

用镊子撕下叶片下表皮，随后将撕去下表皮的叶片剪成小块，放在盛有 5mL 酶液的小培养皿中，让去除下表皮的一面接触酶液，铺满一层，在 25～28℃下酶解 60～90min。

3. 收集纯化

（1）用吸管将酶解液吸至 5mL 离心管中，以 600r/min 离心 5min 以上，使原生质体沉降。

（2）将上清液（酶解液）回收，剩下原生质体及残渣于管底。

（3）加氯化钙液约 2mL，轻轻吹打均匀。

（4）用注射器向离心管底部缓缓注入蔗糖 2~3mL，出现下部蔗糖液，上部原生质体悬浮液。

（5）以 600r/min 离心 10min，在两液相之间出现一条绿色带，便是纯净的原生质体。

五、结果与讨论

（1）取少许原生质体于载片上，盖片观察其形态，或者将原生质体接种在培养基上进行培养，再生植株。

（2）此种分离与纯化原生质体的方法与其他方法相比有哪些优点与不足？

（3）要获得数量多、生命力强的原生质体，在实验中应注意那些问题？

实验九　原生质体分离与融合

一、实验目的

（1）理解植物原生质体分离的基本原理。

（2）了解植物原生质体融合的方法。

（3）学习并掌握植物原生质体分离与融合的实验操作。

二、实验原理

植物原生质体融合在理论和实践上都有很大的意义，在植物遗传工程和育种研究上具有广阔的应用前景。它是植物同源、异源多倍体获得的途径之一，它不仅能克服远源杂交有性不亲和障碍，也可克服传统的通过有性杂交诱导多倍体植株的麻烦，最终将野生种的远源基因导入栽培种中。原生质体融合技术有望成为作物改良的有力工具之一。

许多化学、物理学和生物学方法可诱导原生质体融合。现在被广泛采用并证明行之有效的融合方法是聚乙二醇（PEG）法、高 Ca 高 pH 值法和电融合法。PEG 作为一种高分子化合物，20%~50% 的浓度能对原生质体产生瞬间冲击效应，原生质体很快发生收缩与粘连，随和用高 Ca 高 pH 值法进行清洗，使原生质体融合得以完成。

PEG 诱导融合的机理：PEG 由于含有醚键而具负极性，与水、蛋白质和碳水化合物等一些正极化集团能形成氢键。当 PEG 分子足够长时，可作为邻近原生质表面之间的分子桥而使之粘连。PEG 也能连接 Ca^{2+} 等阳离子。Ca^{2+} 可在一些负极化基才和 PEG 之间形成桥，因而促进粘连。在洗涤过程中，连接在原生质体膜上的 PEG 分子可被洗脱，这样将引起电荷的紊乱和再分布，从而引起原生质体融合。高 Ca 高 pH 值法由于增加了质膜的流动性，因而也大大提高了融合频率。洗涤时的渗透压冲击对融合也可能起作用。

三、实验材料、试剂和仪器

（1）实验材料：五味子或烟草叶片。

（2）试剂：酶解液（同上）、PEG 融合液、13% CPW 洗液、20% 蔗糖溶液。

（3）仪器：移液器、离心机。

四、实验步骤

1. 原生质体的分离

将撕去表皮的植物叶片或花瓣置于酶液（去表皮面接触酶液），在 25℃黑暗条件下，酶解 1～2h。用 200 目网过滤除去未完全消化的叶片等残渣。在 1 000r/min 条件下离心 5min，弃上清液。加入 3～4mL 13% CPW 洗液，相同条件下离心 2min，弃去上清液，留 1mL 洗液。用滴管将混有原生质体的 1mL 洗液吸出，轻轻铺于 20% 蔗糖溶液上（5mL 离心管装 3mL 20% 蔗糖溶液），在 1 000r/min 条件下离心 5～10min，由于密度梯度离心的作用，生命力强状态好的原生质体悬浮在 20% 蔗糖溶液与 13% CPW 溶液之间，破碎的细胞残渣沉于管底。

用 200mL 的移液器轻轻将状态好的原生质体吸出（注意尽可能不要吸入下层的蔗糖溶液），放入另一干净的离心管中，加入 4mL 13% CPW 洗液，1 000r/min 离心 2min，弃去上清液，用血球计数板调整原生质体密度为 $10^5 \sim 10^6$。

2. 原生质体融合

将 1～2 滴原生质体混合物（密度为 $10^5 \sim 10^6$）滴入小培养皿（或载玻片上），静置 8～10min，相对方向加入 2 滴 40% 的 PEG 溶液，静置 10min，依次间隔 5min 加入 0.5mL、1mL 和 2mL 含 13% 甘露醇的 CPW 洗液洗涤，注意在第二、第三次洗液加入前，用移液器轻轻吸走部分溶液，但不能吸干，否则原生质体破碎死亡。最后用培养基洗 1～2 次即可进行培养。

3. 观察

两种原生质体加入 PEG 融合液后，只发生粘连，在洗涤过程中才发生膜融合，核融合通常于融合体第一次有一次分裂过程中发生。

五、结果与讨论

（1）用光学显微镜观察 2～3 个细胞靠近或融合的过程。

（2）绘制原生质体融合的基本过程。

（3）说明影响细胞融合成功的因素有哪些？

（刘博）

第八章　微生物培养

微生物的培养是指在实验室的条件下对微生物进行人工培养。微生物的培养可以用于微生物的鉴定、疾病的诊断和基因工程菌的培养。

一、细菌培养

纯培养技术是微生物的鉴定、诊断和分子生物学研究的基础。细菌的纯培养分为固体培养和液体振荡培养，一般为 37℃ 过夜培养。也可通过供氧的方式液体静置培养。

固体培养是将微生物分散在固体培养基上。琼脂为固体培养基中常用的凝固剂。琼脂为一种海藻多糖，因其无毒、不被微生物所降解、不同温度下具有不同的物理性状（高温溶解室温凝固）和廉价而被广泛使用。培养皿（petri dishes）为固体培养中常用器皿。

二、真核微生物的培养

真核微生物的培养方式与细菌相同，既可以固体培养，也可以液体振荡或静置培养。真核微生物包括，酵母、霉菌、多细胞的藻类和低等的原生动物等。涂棒涂布法和接种环的划线法为最常用的微生物分离纯化的方法。利用微生物的培养发酵可以获得细胞、蛋白及有价值次生代谢产物。

实验一　药植土壤中根际微生物的分离与计数

一、实验目的

（1）学习了解根际微生物对药用植物生长发育、抗逆性及次生代谢产物的影响。
（2）学习掌握从药用植物根际土壤分离微生物的操作过程。
（3）巩固强化无菌操作技术。

二、实验原理

土壤是微生物的大本营。土壤中分布着种类繁多、数量巨大的微生物，在较肥沃的耕作土壤中，微生物的数量和种类也更丰富一些。可以说，土壤是一个天然的微生物的菌种资源库。

药用植物根际微生物即指生活在药用植物根周围土壤中的细菌、真菌等土壤微生物。

根际微生物是对药植物有影响的微生态群体，很多根际微生物能够与植物根系发生有益的代谢交流与相互作用，促进植物生长、增加植物抗逆性或刺激药用植物提高次生代谢产物产量，甚至可能产生与植物相同或相似的药效成分。

本实验利用微生物学操作技术来分离、纯化根际土样中的微生物。土壤中的微生物是混杂地生活在一起的。通过采用稀释分离技术和选择性培养技术，可以将混杂在一起的微生物分离出来，并纯化之。

稀释分离技术是将含菌的样品，用无菌水稀释，样品稀释液单位体积中的微生物细胞数将大大降低，有利于微生物的分离。

选择性培养技术是利用微生物对营养物的偏好或对某化学物的敏感性不同，来选择性地富集培养目的菌，淘汰非目的菌。

三、实验材料、试剂和仪器

（1）土样：以无菌操作采自中医药大学的药园。

（2）培养基：LB 固体培养基（蛋白胨 10g，酵母提取物 5g，NaCl 10g，琼脂 1.5g，蒸馏水 1 000mL，pH = 7.6）。

（3）无菌水或生理盐水：250mL 锥形瓶装 90mL 蒸馏水（内放数十粒玻璃珠），18mm × 180mm 试管，装 9mL 蒸馏水，灭菌，备用。

（4）无菌培养皿，无菌移液管，玻璃涂棒。

（5）实验设备：恒温干燥箱；显微镜；恒温培养箱（37℃）；高压蒸汽灭菌锅；酒精灯；接种环；洁净工作台等。

四、实验步骤

（1）土样采集：选择肥沃土壤，去表层土，挖 5~20cm 深度的土壤数 10g，装入已灭菌的牛皮纸袋，封好袋口，带回实验室。

（2）土样的稀释：取 10g 土样，无菌地置于装有 90mL 无菌水的锥形瓶中。振荡 20min，静置 3~5min。用一无菌移液管取上层液 1mL，移至一装 9mL 无菌水的试管中，混匀，稀释成 10^{-1} 菌悬液。然后，从 10^{-1} 菌悬液中取出 1mL，移至一新的装有 9mL 无菌水的试管中，混匀，稀释成 10^{-2} 菌悬液。以此类推，制备 10^{-3}、10^{-4}、10^{-5}、10^{-6} 直至 10^{-7} 菌悬液。

（3）制备及涂布平板：按配方配置 LB 培养基，121℃高压蒸汽灭菌后，制备平板。待平板凝固后，分别取 10^{-5}，10^{-6}，10^{-7}3 个稀释浓度的菌悬液涂布于 LB 平板上（每个平板加菌悬液 0.1mL），每个稀释浓度涂布 3 个平板。

（4）培养：LB 琼脂平板倒置于恒温培养箱中 37℃培养 24h。

（5）菌落计数：培养结束后，统计各 LB 平板中细菌菌落数量，由下式计算菌落形成单位。

$$\text{cfu/g} = \frac{\text{每个稀释度 3 次重复的菌落平均数} \times \text{稀释总数} \times 10}{\text{土壤克数}}$$

五、结果与讨论

（1）将实验结果填入下表（表8-1）。

表8-1　土壤样品中细菌菌落形成单位（cfu）

稀释度	菌落数（个）		
	10^{-5}	10^{-6}	10^{-7}
平板1			
平板2			
平板3			
cfu/g			
平均 cfu/g			

（2）土壤微生物分离和纯化都有哪些方法。

（3）通过实验，对你理解和认识微生物的生态分布、生物多样性有什么帮助？

实验二　细菌生长曲线的测定

一、实验目的

（1）测定大肠杆菌的生长曲线。

（2）掌握利用细菌悬液的混浊度间接测定细菌生长的方法。

二、实验原理

生长曲线就是把一定量的单细胞微生物接种到恒定容积的液体培养基中，在合适的条件下进行培养，在此过程中，其细胞数目将随培养时间的延长而发生规律性的变化，如以细胞数目的对数值（或 OD 值）为纵坐标，以培养时间为横坐标作一条曲线，即为微生物的生长曲线，它反映了微生物群体的生长规律。依据其生长速率的不同，可把生长曲线分为延迟期、对数期、稳定期和衰亡期四个时期。这四个时期的长短因菌种的遗传性、接种量和培养条件的不同而有所改变。因此，测定微生物的生长曲线，可了解各菌的生长规律，对于科研和生产都具有重要的指导意义。

测定微生物生长曲线的方法很多，有血球计数法、平板菌落计数法、称重法、比浊法等。

本实验采用分光光度计（spectrophotometer）进行光电比浊测定，由于细菌悬浮液的浓度与混浊液成正比，因此，可利用分光光度计测定菌悬浮的光密度来推知菌液的浓度，并将所测得的光密度值（OD 值）与其对应的培养时间作图，即可绘出该菌在一定条件下的实生长曲线（本实验培养时间长短不一，可以由实验老师代为照顾菌种）。

三、实验材料、试剂和仪器

（1）菌种：培养18～20h的大肠杆菌（*Escherichia coli*）。

（2）培养基：牛肉膏蛋白胨液体培养基。

（3）仪器或其他用具：721型分光光度计，水浴振荡摇床，无菌试管，无菌吸管等。

四、实验步骤

1. 菌种的培养

将斜面培养的菌用5mL LB液体培养基洗出作为种子（取大肠杆菌斜面菌种1支，以无菌操作挑取1环，接入牛肉膏蛋白胨培养液中，静置培养18～24h。此菌液用作"种子"培养液）。

2. 分装培养基

将牛肉膏蛋白胨液体培养基液体培养基分装11支试管，每管内5mL。用记号笔标明培养时间，即0h、1.5h、3h、4h、6h、8h、10h、12h、14h、16h和20h。

3. 接种

用1mL无菌吸管，每次准确地吸取0.1～0.2mL大肠杆菌培养液分别接种到已编号的11支牛肉膏蛋白胨液体培养基，接种后振荡，使菌体混匀。

4. 培养

将已接种的试管置摇床37℃振荡培养，振荡频率250r/min（振荡频率可随需要调节）。分别在0h、1.5h、3h、4h、6h、8h、10h、12h、14h、16h和20h将标有相应时间的试管取出，立即放冰箱中贮存，最后一同比浊测定其光密度值。

5. 比浊测定

分别以未接种的牛肉膏蛋白胨液体培养基作空白对照，选用600nm波长进行光电比浊测定。从最稀浓度的菌悬液开始依次测定，对细胞密度大的菌悬液用未接种的牛肉膏蛋白胨液体培养基适当稀释后测定，使其光密度值在0.1～0.65（测定OD值前，将待测定的培养液振荡，使细胞均匀分布），记录OD值时，注意乘上所稀释的倍数。

五、结果与讨论

1. 将测定的OD_{600}值填入表8–2。

表8–2　OD_{600}值测定表

培养时间（h）		0	1.5	3	4	6	8	10	12	14	16	20
光密度值	样品1											
	样品2											

2. 绘制大肠杆菌的生长曲线。以上述表格中的时间为横坐标，大肠杆菌的OD值为纵坐标，在坐标纸上作图。所绘制成的曲线即为大肠杆菌在本实验条件下的生长曲线。

3. 次生代谢产物的大量积累在哪个时期？根据细菌生长繁殖的规律，采用哪些措施可使次生代谢产物积累更多?

实验三　酿酒酵母海藻酸钙的细胞固定化

一、实验目的

（1）通过本实验了解包埋法固化细胞的原理。

（2）通过本实验掌握包埋法固化细胞的实验操作。

二、实验原理

细胞固定化就是将完整的细胞限制在一定的空间界线内，但细胞仍保留催化活性并具有能被反复或连续使用的技术。与传统发酵技术相比固定化细胞的优点包括：固定化细胞密度大、可增殖；稳定性好，可以较长时间反复使用；反应液中菌体少，有利于产品的分离纯化；细胞本身含多酶体系，可催化一系列反应。细胞固定化技术能够极大提高微生物发酵生产活性成分的效率，是近代微生物工程的重要革新，具有广阔的应用前景。

本实验利用包埋法制备固定化细胞。将酿酒酵母与海藻酸钠混合形成细胞悬液，将制成的细胞悬液滴入氯化钙溶液中，Na^+ 与 Ca^{2+} 发生离子交换，形成海藻酸钙颗粒，同时也可以将酵母细胞固定在由海藻酸钙形成的凝胶网格内。

三、实验材料、试剂和仪器

（1）菌种：酿酒酵母。

（2）试剂：YPD 培养基、酒精发酵培养基、3%海藻酸钠溶液、0.05M $CaCl_2$ 的葡萄糖溶液。

（3）仪器：水浴锅、烧杯、一次性注射器等。

四、实验步骤

1. 酵母菌液的制备

将培养 24h 的新鲜斜面菌种，接种于三角瓶种子培养基中，在 28℃静止培养 48h 或 28℃下在转速 100r/min 的摇床振荡培养 24h。

2. 溶液配制

（1）3%海藻酸钠溶液 20mL，加热溶解，冷却至 30℃备用。

（2）0.05M $CaCl_2$ 的葡萄糖溶液。

3. 酵母细胞的固定化

在冷却至 30℃的海藻酸钠溶液中，加入 10mL 酵母培养液，混合均匀。用无菌注射器以缓慢而稳定的速度滴入 0.05M $CaCl_2$ 溶液中，边滴入菌液边摇动三角瓶，即可制得直径约为 3mm 的凝胶珠。在 $CaCl_2$ 溶液中钙化 30min，即可使用。

4. 酒精发酵培养基的配制

红糖　　　　　　　　　　　　500g

KH_2PO_4　　　　　　　　　　　1.0g

（NH_4）$_2SO_4$ 2.0g 加水定容至 1 000mL，121℃高压蒸汽灭菌 15min。

5. 待凝胶珠在溶液中浸泡 30min 后用无菌水洗涤 3 次后加入 100mL 酒精发酵培养基中，置 25℃下发酵 3~5d，观察发酵情况

五、结果与讨论

（1）观察发酵情况，描述所得实验结果。

（2）实验中海藻酸钠和氯化钙的作用是什么？

（程玉鹏）

第九章　转基因技术

转基因（transgene）是指某一基因或遗传物质通过自然的或基因工程技术从一种生物转移至另一种生物。更为准确地讲，转基因是将从一种生物中分离的 DNA 片段转移至另一种不同的生物中。构建一个转移的基因应包含以下几个部分，启动子编码序列（外显子）和终止序列。

转基因技术出现于 20 世纪 70—80 年代，将差异较大的物种间的 DNA 进行重组并转移，人们把这一过程称为转基因。转基因不仅发生在体细胞（somatic cells）的水平也可通过生殖细胞 germ cells 在世代间传递。转基因可以使宿主的基因失活、替换或加入额外的基因。转移的 DNA 片段保留了在转基因生物中转录或合成蛋白的能力，从而转变了转基因生物的遗传功能。通常外源 DNA 需整合在生殖细胞中才能保持转基因性状的稳定性。

1970 年 Morton Mandel 和 Akiko Higa 在氯化钙溶液中将 λ 噬菌体的 DNA 转移至大肠杆菌中，1972 年 Stanley Cohen、Annie Chang 和 Leslie Hsu 发现经 $CaCl_2$ 处理后，能大大提高质粒 DNA 的转移效率。1978 年酵母菌成为第一个转基因的生物，1979 年实现了小鼠细胞的基因转移，接着 1980 年实现了小鼠胚基因的转移。最初的转基因动物仅仅是为了研究某一基因的特殊功能，到了 2003 年已研究了几千个基因的功能。如今，对于转基因生物研究的目的变得更为广泛，业已进入农业生产领域，通过转基因的植物来改善食物的品质。

一、细菌转基因

细菌转基因技术已经成目前分子生物学研究的常规手段。细菌易于接受外源 DNA 的状态称为感受态。而处于对数生长末期的细菌更易于转化。细菌 DNA 的转化方式主要有热激转化和电击转化两种方式。

（一）热激转化（heat shock）

热激转化（heat shock）的感受态（competence）细胞是经二价阳离子（通常为氯化钙）溶液的处理，对于革兰阴性菌而言，由于离子共价键的比例增加使得脂多糖与蛋白的共价键减少，进而增加了膜的流动性，改善了 O-侧链与 DNA 的结合力，从而提高了转化效率。二价阳离子的另一个作用是综合了细胞表面的负电荷（磷脂和脂多糖），使同样带有负电荷的 DNA 能够吸附在细胞的表面。在冷冻条件下，二价阳离子减弱了细胞外部结构的稳定性，使 DNA 更容易进入细胞中。当把冷冻的感受态细胞暴露在热的环境中是，由于细胞内外的温度不平衡，推动 DNA 进入细胞中。

（二）电击转化（Electroporation）

电击转化（Electroporation）是在 10～20 kV/cm 电压的作用下，DNA 会从细胞膜上产生的孔洞进入细胞中，随后细胞自动修复该空洞。

二、酵母菌转基因

目前已有几种实验室酵母转基因技术：利用酶母细胞壁的原生质体（spheroplasts）可高效率地转移外源 DNA；利用铯和锂等碱性阳离子促使细胞吸收质粒 DNA，然后用醋酸锂、聚乙二醇和单链 DNA 进一步处理，由于单链 DNA 与细胞壁的结合可防止了质粒 DNA 停留使质粒能够顺利地进入细胞内部；酵母菌的电转移法，该方法与细菌的电转移的方法相同，通过电穿孔的方法将 DNA 转移至细胞内。

三、植物转基因

（一）载体介导的转化方法

根癌农杆菌介导转化法　根癌农杆菌（*Agrobacterium tumefaciens*）是普遍存在于土壤中的一种革兰氏阴性细菌。它能在自然条件下感染大多数双子叶植物的受伤部位，并诱导产生冠瘿瘤（crown gall tumor）。根癌农杆菌细胞中含有 Ti 质粒（tumor–inducing plasmid，瘤诱导质粒）。在 Ti 质粒上有一段 T-DNA（T-DNA region），即转移–DNA（transfer-DNA），又称为 T 区（T region）。根癌农杆菌通过侵染植物伤口进入细胞后，可将 T-DNA 插入到植物基因组中。因此，根癌农杆菌是一种天然的植物遗传转化体系。人们将目的基因插入到经过改造的 T-DNA 区，借助根癌农杆菌的感染实现外源基因向植物细胞的转移与整合，然后通过细胞和组织培养技术，再生出转基因植株。

（二）基因直接导入法

农杆菌侵染双子叶植物获得转基因植株是非常成功的。但自然界中的农杆菌只侵染双子叶植物，对单子叶植物不敏感。虽然通过添加乙酰丁香酮类物质可使农杆菌侵染单子叶植物，但单子叶植物的再生比较困难，因而农杆菌转化单子叶植物仍然是比较困难的。1984 年科学家发现，超螺旋结构的细菌质粒，虽然不能在植物细胞中复制，但可以重组整合到植物染色体内。重组机制并不清楚。因为细菌质粒与植物 DNA 之间没有同源性。事实上整合是随机的发生在植物染色体的任何位点。受这一现象的启发产生了基因直接转化技术。

基因枪转化法。基因枪（particle gun）介导转化法又称微弹轰击法（microprojectile bombardment，particle bombardment，biolistic），是指利用火药爆炸、高压气体和高压放电作为驱动力（这一加速设备称为基因枪），将载有目的基因的金属颗粒加速，高速射入植物组织和细胞中，然后通过细胞和组织培养技术，再生出新的植株。

美国 Cornell 大学最早研制了火药基因枪。1990 年，美国杜邦公司推出了商品基因枪 PDS–1000 系统。此后，高压放电、压缩气体驱动等各种类型的基因枪相继出现，并在实际应用中得到不断改进和发展，使基因枪转化法成为继农杆菌介导转化法之后又一广泛应用的转化技术。根据动力系统，可将基因枪分为 3 种类型。第一类是利用火药爆炸力作为加速动力；第二类是以高压气体作为动力；第三类是以高压放电作为驱动力。尽管基因枪有各种不同的类型，但基因枪转化的基本步骤如下：①受体细胞或组织的准备和预处理；②DNA 微弹的制备；③受体材料的轰击；④轰击后外植体的培养和筛选。

基因枪转化率差异很大，一般在 $10^{-3} \sim 10^{-2}$。但有的报道其转化率高达 2.0%，而有的报道仅有 10^{-4}。相对于农杆菌介导的转化率要低得多。而且基因枪转化成本高；嵌合体比率大；遗传稳定性差。此外，通过基因枪法整合进植物细胞基因组中的外源基因通常是多拷贝的，可导致植物自身的某些基因非正常表达，还可能发生共抑制现象（cosuppression）。即使这样，该方法仍然得到了广泛应用，因其具有如下优点：①无宿主限制，无论是单子叶植物和双子叶植物都可以应用；②可控度高，操作简便迅速，商品化的基因枪都可以根据实验需要调控微弹的速度和射入浓度，命中特定层次的细胞；③受体类型广泛，原生质体、叶圆片、悬浮培养细胞、茎、根以及种子的胚、分生组织、愈伤组织、花粉细胞、子房等几乎所有具有分生潜力的组织或细胞都可以用基因枪进行轰击；④可将外源基因导入植物细胞的细胞器，并可得到稳定表达。正因为基因枪这些优点，使基因枪成功地应用于植物基因转化，特别是单子叶植物的转化；外源基因导入植物细胞器等。

（三）种质系统法

以植物自身的种质细胞为媒介，特别使植物的生殖系统的细胞（花粉、卵细胞、子房和幼胚等）以及细胞的结构，将外源 DNA 导入完整植物细胞，实现遗传转化的技术称为种质转化系统（germ line transformation），该技术也称为生物媒体转化系统或整株活体转化（in planta transformation）。该技术具有下述特点：①目的 DNA 可以是裸露的 DNA，也可以是总 DNA 或重组质粒 DNA，还可以是某些 DNA 片断；②转化过程依靠植物自身的种质系统或细胞结构来实现，不需要细胞分离、组织培养和再生植株等复杂技术；③方法简便易行，并与常规育种紧密结合。它已发展成一种颇具潜力的转化体系。

花粉管通道法（pollen-tube pathway）。花粉管通道法是由中国科学院周光宇等（1983）建立，并在长期科学研究中发展起来的。该法的主要原理是：在授粉后向子房注射含目的基因的 DNA 溶液，利用植物在开花、受精过程中形成的花粉管通道，将外源 DNA 导入受精卵细胞，并进一步地被整合到受体细胞的基因组中，随着受精卵的发育而成为带转基因的新个体。花粉管通道法的基本程序包括：①外源 DNA（基因）的制备；②根据受体植物的受精过程及时间，确定导入外源 DNA（基因）的时间及方法；③将外源 DNA（基因）导入受体植物；④转基因植株目标性状鉴定及分子检测。花粉管通道法最大优点是不依赖组织培养人工再生植株，技术简单，不需要装备精良的实验室，常规育种工作者易于掌握。它的受体材料为植株整体，省略了细胞组织培养的诱导和传代过程，避免了原生质体再生以及组织培养过程中可能导致的染色体变异或优良农艺性状丧失等问题，排除了植株再生的障碍，特别适合于难以建立有效再生系统的植物。由于转化的是完整植株的卵细胞、受精卵或早期胚胎细胞，导入的 DNA 分子整合效率较高。但该法的使用在时间上受到开花季节的限制。

花粉管通道法的成株转化率一般在 1% ～10%，其影响因素主要有：①花粉管导入的关键因素在于精确掌握受体植物的受精过程及时间规律，恰当地应用花粉管途径，达到外源 DNA 导入的目的；②DNA 导入液的浓度、pH 值等均影响转化率；③DNA 的分子结构及其片段大小对转化率也有重要的影响。环状分子难以转化，片段太小或太大转化率低，因此，要使用合适的 DNA 片段。

目前花粉管通道法已应用于水稻、小麦、棉花、大豆、花生、蔬菜等作物的转基因研究。利用这一技术，我国已选育出棉花、水稻、小麦等新品种，如棉花 3118、湘棉 12 号、水稻 GER－1 等。我国目前推广面积最大的转基因抗虫棉就是用花粉管通道法培育出来的。

四、动物转基因

动物转基因的 3 个基本方法：DNA 的显微注射法、胚胎干细胞介导的转基因和逆转录病毒介导的转基因。

（一）DNA 显微注射法（DNA microinjection）

该方法是将外源 DNA 注射至受精卵的前核体（pronucleus）中。注入的 DNA 可能导致某一基因的表达量上升或下降也可能使完全新的基因表达。然而，DNA 的插入过程是随机的，在很多情况下，外源 DNA 是在没有整合到染色的情况下表达的。经显微注射的受精卵再转入与输精管阻断雄鼠交配诱导后的代孕雌鼠的输卵管中。该方法的优点是可以在不同种动物中广泛地应用。

（二）胚胎干细胞介导的基因转移（Embryonic stem cell-mediated gene transfer）

该技术是通过同源重组的方式将目的基因插入人工培养的胚胎干细胞中（ES－embryonic stem cell）。由于胚胎干细胞是没分化的细胞，并保持着发育成任何类型细胞（体细胞或生殖细胞）的潜力，所以可以用于对生物基因进行改造。转基因的胚胎干细胞随后被放入处于囊胚发育阶段的胚中，其继续发育形成嵌合体（chimeric）动物。ES 细胞介导的靶向基因失活方法也被称为基因敲除（Knock-out）。

（三）逆转录病毒介导的基因转移（Retrovirus-mediated gene transfer）

为了增加表达几率，会采用载体来进行基因转移，常用载体为病毒或质粒。由于逆转录病毒能够侵染宿主细胞，所以一般采用逆转录病毒作为动物转基因的载体。转基因的后代为嵌合体，即不是所有的细胞带有转如的外源基因。转基因是否有效还要看其是否整合在生殖细胞的基因组中。

当然，目前上述转基因技术的成功率仍然很低。为验证转入的基因是否整合在基因组中，通常要对第一代（F1）的转基因动物进行表达检测。F1 代可能是嵌合体。当转基因整合在生殖细胞，也称为嵌合体生殖系，然后将该体系继续培养 10 ～20 代至转基因纯合体，即每个细胞都获得了转入的目的基因。将转基因纯合体的胚进行冷冻储存以备后续移植操作。

目前，转基因动物被广泛地应用到如下领域：医学研究、毒理学研究、发育研究、基因表达调控研究、药物生产、生物技术改造及农畜牧业生产等领域的应用等。

体外连接的 DNA 重组分子导入合适的受体细胞才能大量增殖。为了提高受体菌摄取外源 DNA 的能力，提高转化效率以获得更多的转化子，人们摸索出了不同的方法处理细菌，使其处于感受态。目前主要采用电转化法和 $CaCl_2$ 法将外源 DNA 导入受体细胞中，并需要相应地制备电转化感受态细胞和 $CaCl_2$ 感受态细胞。

实验一　$CaCl_2$ 法制备感受态细胞

一、实验目的

（1）通过本实验，掌握大肠杆菌感受态细胞制备的基本原理。

（2）通过本实验，掌握制备大肠杆菌感受态细胞的实验方法与相关技术。

二、实验原理

受体细胞经过一些特殊方法（如电击法、$CaCl_2$、RbCl 等化学试剂法）的处理后，细胞膜的通透性发生了暂时性的改变，成为能允许外源 DNA 分子进入的感受态细胞（Competent cells）。

进入受体细胞的 DNA 分子通过复制，表达实现遗传信息的转移，使受体细胞出现新的遗传性状。将经过转化后的细胞在筛选培养基中培养，即可筛选出转化子。

三、实验材料、试剂和仪器

（1）材料：E. coli DH5α 菌（R－，M－）。

（2）试剂：LB 液体培养基、LB 固体培养基。

0.05mol/L $CaCl_2$ 溶液：称取 0.28g $CaCl_2$（无水，分析纯），溶于 50mL 重蒸水中，定容至 100mL，高压灭菌。

（3）仪器：台式高速冷冻离心机、恒温摇床、制冰机。

四、实验步骤

1. 菌体的培养

（1）受体菌的培养。从 LB 平板上挑取新活化的 E. coli DH5α 单菌落，接种于 3～5mL LB 液体培养基中，37℃下振荡培养 12h 左右，直至对数生长后期。

（2）再将该菌悬液以 1∶100～1∶50 的比例接种于 100mL LB 液体培养基中，37℃振荡培养 2～3h 至 OD_{600} 为 0.5 左右。

2. 感受态细胞的制备

（1）将培养液转入离心管中，冰上放置 10min，然后于 4℃下 4 000r/min 离心 10min。

（2）弃去上清，用预冷的 0.05mol/L 的 $CaCl_2$ 溶液 10mL 轻轻悬浮细胞，冰上放置 15～30min 后，4℃下 4 000r/min 离心 10min。

（3）弃去上清，加入 4mL 预冷含 15% 甘油的 0.05mol/L 的 $CaCl_2$ 溶液，轻轻悬浮细胞，冰上放置几分钟，即成感受态细胞悬液。

（4）感受态细胞分装成 200μL 的小份，贮存于 -70℃可保存半年。

五、结果与讨论

（1）计算你所做实验的转化效率是多少。

（2）影响感受态细胞转化效率的因素有哪些？

六、注意事项

（1）细胞生长状态和密度：不要用经过多次转接或储于 4℃ 的培养菌，最好从 -80℃ 甘油保存的菌种中直接转接用于制备感受态细胞的菌液。

（2）细胞生长密度以刚进入对数生长期时为宜，可通过监测培养液的 OD_{600} 来控制。 DH5α 菌株的 OD_{600} 为 0.5 时，细胞密度在 5×10^7 个/mL 左右，这时比较合适。密度过高或不足均会影响转化效率。

（3）实验操作时要格外小心，悬浮细胞时要轻柔，以免造成菌体破裂，影响转化。

七、思考题

影响感受态细胞转化效率的因素有哪些？

实验二　质粒 DNA 转化大肠杆菌感受态细胞

一、实验目的

通过本实验学习和掌握外源质粒 DNA 转入受体菌细胞的基本原理及方法。

二、实验原理

转化（Transformation）是指质粒 DNA 或以它为载体构建的重组子导入细菌的过程，是基因工程等研究领域的基本实验技术。转化的方法主要有两种：①化学的方法（热击法）：使用化学试剂制备的感受态细胞，通过热击处理将载体 DNA 分子导入受体细胞；②电转化法：通过高压脉冲的作用将载体 DNA 分子导入受体细胞。

1970 年 M. Mandel 和 A. Hige 发现，大肠杆菌经过氯化钙适当处理及短暂热休克之后，便能吸收 λ 噬菌体 DNA。1972 年美国斯坦福大学 S. Cohen 报道，经氯化钙处理大肠杆菌细胞也能摄取质粒 DNA。

细菌处于 0℃ 和低渗氯化钙溶液中，菌细胞壁和膜通透性增加，菌体膨胀成球形，此时转化混合物中 DNA 形成羟基 - 磷酸钙复合物黏附于细胞表面，经短暂热休克（42℃）后，细胞膜形成许多间隙，DNA 进入细胞内。

三、实验材料、试剂和仪器

（1）材料：pUC19 质粒、感受态大肠杆菌。

（2）试剂：LB 液体培养基、LB 固体培养基、Amp 母液、含 Amp 的 LB 固体培养基。

（3）仪器：恒温水浴锅、恒温培养摇床、恒温培养箱、离心机。

四、实验步骤

1. 质粒 DNA 的转化

（1）取大肠杆菌感受态细胞悬液 100μL，加入 pUC19 质粒 DNA 溶液 2μL，轻轻摇匀，冰上放置 30min。

（2）42℃ 水浴中热击 90s，热击后迅速置于冰上冷却 2min。

2. 复苏、涂平板和菌落培养

（1）向管中加入 800μL LB 液体培养基（不含 Amp），混匀后 37℃ 慢摇复苏 45min。

（2）将复苏菌液 4 000r/min 离心 1min，先吸去 800μL 上清液，再将细胞吹散成细胞悬液，取菌液涂于含氨苄青霉素的 LB 琼脂平板皿，倒置平板皿，37℃ 的过夜培养。

（3）次日，检查各培养皿中是否出现菌落。

五、结果与讨论

经 37℃ 培养过夜的、在氨苄青霉素 LB 琼脂平板上出现的菌落即为 pUC19 质粒转化的大肠杆菌。

在热激以后进行活化培养，这时的培养基中为什么不加入抗生素？

实验三　电转化法制备细菌感受态细胞

一、实验目的

（1）了解电转化法制备感受态细胞的基本原理。

（2）学习并掌握感受态细胞的制备过程。

二、实验原理

与制备用化学方法进行转化的感受态细胞相比，制备电转化的感受态细胞要容易得多。细菌简单地生长至对数中期、冷却、离心，用冰冷的水或缓冲液充分洗净以降低细胞悬液的离子强度，而后再用含 10% 甘油的冰冷缓冲液悬浮。当细菌受到短时高压电击时 DNA 可立即被导入。另一种方法是在电击前将细菌速冷并冻存在 -70℃，冻存时间可长至 6 个月并不引起转化效率的降低。

由于大肠杆菌细胞很小，因此导入 DNA 所需要的电场强度（12.5 ~ 15kV/cm）要比真核细胞高得多，将少量的高密度菌液（约 2×10^{10} 个/mL）置于紧密连接电极的特制小杯内进行电击可以实现理想的转化效率。电击转化与温度有关，最好在0~4℃进行。在室温中电击，转化效率可降低100多倍。

当DNA浓度较高（1~10μg/mL）和电脉冲的持续时间与强度使仅有30%~50%的细菌存活时，可以达到最高的转化效率（菌落数/μg摄入质粒DNA）。在此条件下，可有80%多的存活细菌被转化。

本实验所采用的方法适用于大多数大肠杆菌和小于15kb的大多数质粒。

三、实验材料、试剂和仪器

（1）实验材料：大肠杆菌菌株DH5α或DH10B，重组质粒DNA。

（2）试剂：CYT培养基（10%甘油；0.125%酵母浸粉；0.25%蛋白胨）、LB培养基、SOB琼脂板（含20mmol/L $MgSO_4$ 与适当抗生素）、甘油等。

（3）仪器：电击仪和电极间距为0.1~0.2cm的电击杯。

四、实验步骤

（1）从新鲜的琼脂板上挑取一个大肠杆菌单菌落，接种于含50mL LB培养液的锥形瓶中，于37℃振荡（250r/min的摇床）培养，过夜。

（2）接种两份25mL的过夜培养物分别到盛有500mL预热LB培养基的2L锥形瓶中，于37℃振荡（300r/min）培养，每隔20min测量一次 OD_{600} 值。

（3）当 OD_{600} 值达到0.4时，迅速将培养物置于冰浴中15~30min，不时缓慢摇匀以保证内容物充分冷却。将离心管置于冰上预冷，为下一步做准备。

（4）将细菌转移至冰冷的离心管中，4℃ 1 000g离心15min，以回收细胞。倒去培养液，用500mL冰冷的纯水重悬沉淀。

（5）4℃ 1 000g离心20min，以回收细胞。倒去培养液，用250mL冰冷的10%甘油重悬沉淀。

（6）4℃ 1 000g离心20min，以回收细胞。倒去培养液，用10mL冰冷的10%甘油重悬沉淀。

（7）4℃ 1 000g离心20min，以回收细胞。小心倒掉上清液，再用连在真空器上的巴斯德吸管吸去管壁上的残留液体。加1mL冰冷的GYT培养液重悬沉淀。

（8）100倍稀释上述悬液后测量 OD_{600} 值。用冰冷的GYT培养液将其稀释至浓度为 2×10^{10} ~ 3×10^{10} 个/mL（1.0 OD_{600} 约为 2.5×10^8 个/mL）。

（9）将40μL上述悬液转移到冰冷的电转化仪的电击杯中（约0.2cm间隙），检查电击时是否有短路现象。如果有，那么剩下的细胞悬液用冰冷的GYT培养液洗一次，使细菌悬液的电导足够低（<5mEq）。

（10）如果要立即用刚制备的电激感受态细胞，请接步骤（12）。如果要冻存在-70℃，将悬液按40μL/份分装到冷却的无菌0.5mL微量离心管中，封紧管口，没入液氮中快速冰冻感受态细胞。贮存于-70℃备用。

（11）需要用冻存的电转化感受态细胞时，从-70℃冰箱中取出适当的份数，室温下待融解后将管转移至冰上。

（12）吸取 40μL 新鲜制备（或冻融）的感受态细胞入 0.5mL 冰冷的微量无菌离心管中。与电转化仪样品池一起放在冰上冷却。

（13）以 1~2μL 的体积向每一微型离心管中加入 10pg~25ng 的待转化 DNA，置于冰上 30~60s。包括所有的阳性与阴性对照。

（14）调节电击仪，使电脉冲为 25μF，电压 2.5kV，电阻 200Ω。

（15）将细菌与 DNA 混合物加至冷的电击杯内，轻击液体以确保细菌与 DNA 悬液位于电击杯底部。擦干电击槽外的冷凝水和雾气。将电击杯放进电击仪。

（16）按上述设定的参数，启动对细胞的电脉冲。仪器应显示出 4~5ms 具有 12.5kV/cm 的电场强度。

（17）脉冲结束后，尽可能快地取出样品池，室温下加入 1mL SOC 培养液。

（18）将细胞转至 17mm×100mm 或 17mm×150mm 聚乙烯试管，于 37℃ 在轻柔振荡下培养 1h。

（19）取不同体积（每 90mm 板最多可达 200μL）的电击转化细胞，铺于含有 20mmol/L MgSO$_4$ 和适当抗生素的 SOB 琼脂板。

（20）室温下待培养板中的液体被完全吸收，倒置培养板于 37℃ 培养，转化克隆应在 12~16h 出现。

五、结果与讨论

（1）涂好的培养基放入 37℃ 进行培养过夜，第二天观察，记录转化结果。

（2）转化效率的计算：转化效率是指每微克质粒 DNA 转化细胞产生的转化子数目，请列表表示你的转化结果并算出转化率（列出计算公式）。你所做实验的转化效率是多少，如果过低（如少于 104cfu/μg DNA），请分析可能的原因。

（3）影响转化效率的因素有哪些？

实验四　基因枪法转化油菜愈伤组织

一、实验目的

（1）掌握基因枪转化的原理和方法。
（2）学习并掌握基因枪的使用方法。
（3）利用基因枪法将 GUS 基因转入玉米愈伤组织中。

二、实验原理

利用火药爆炸、高压放电或高压气体作驱动力，将载有外源 DNA 的金粉或钨粉颗粒加速，射击真空室中的靶细胞或组织，从而达到将外源 DNA 分子导入活细胞的目的。一旦进入细胞内部，DNA 就以一种目前人们还不知道的方式整合到植物的基因组 DNA 中。

最早的基因枪（biolistics，particle bombardment，microprojectile）是 1987 年美国康乃尔大学 Sanford 等研制成功的火药基因枪，1990 年杜邦公司推出其商品火药基因枪 PDS-

1 000系统。

压缩气体驱动的基因枪（PDS-1 000/He）：PDS-1 000/He基因枪是美国康乃尔大学Sanford等在原火药基因枪的基础上设计改装的。它更加清洁、安全、能更好地控制枪击动力，金属颗粒分散更加均匀，每枪之间的差异小，且转化效率高。用于基因枪的压缩气体有氦气、氢气、氮气等，其中氦气压缩后具有更大的冲力，驱动金属颗粒的速度更高。

PDS-1 000/He是利用不同厚度的聚酰亚胺薄膜做成可裂圆片（repture disk），来调节氦气压力，当压力达到可裂片的临界压力时，可裂片爆裂并释放出一阵强烈的冲击波，使微粒子弹载体携带微粒子弹高速运动至钢硬的阻拦网，微粒子弹载体变形并被阻遏，而微粒子弹继续向下高速运动，轰击靶细胞和组织。

三、实验材料、试剂和仪器

（1）材料：油菜愈伤组织、质粒pBI101（含蝎毒素基因BmKITs和几丁质酶基因chi）。

（2）仪器：PDS-1 000/He基因枪。

四、实验步骤

预处理：渗透处理微粒子弹的制备装备基因枪轰击过渡培养筛选培养。

1. 靶细胞或组织的预处理

对靶细胞或组织进行渗透调节可以提高转化效率理论基础是渗透压调节能导致细胞发生质壁分离，阻止被轰击细胞的细胞质外渗，从而减少细胞的损伤。常用的渗透剂：甘露醇、山梨醇。

方法：生长旺盛的胚性愈伤组织，接种在添加0.4M甘露醇的培养基中，4~8h后进行基因枪转化。

2. 基因枪微弹的准备

（1）金粉的处理。

①称取金粉10mg（20枪用），放入一支无菌的1.5mL离心管中，加入1mL无水乙醇，在振荡器上剧烈振荡10min，静置5min，10 000r/min离心1min，去掉上清。重复上述步骤3次。

②加入1.0mL灭菌重蒸水，高强度振荡重新悬浮，静置1min，短暂离心（3sec），去掉上清；重复3次。

③加入0.25mL灭菌的重蒸水，重新悬浮后，平均分配至5支0.5mL离心管中（每管50μL，4枪用），可以在室温下保存2周。

（2）基因枪微弹的准备。

①向装有处理好的金粉的离心管中加入5μL DNA（1mg/mL），在高强度下振荡5min；降低振荡速度至可以在不停机的情况下打开离心管的盖子而没有液体溅出，同时又可以向管中加其他试剂。

②加入5μL 2.5M $CaCl_2$，适当增大振荡速度，振荡5min。

③用同样的方法加入 20μL 0.1M 的亚精胺。静置 10min，短暂离心（3s），去掉上清。

④加入 250μL 无水 100% 乙醇，振荡至重新悬浮，短暂离心，小心去掉上清。

⑤加入 70μL 无水乙醇，低速 Vortex，保持悬浮状态。

3. 油菜愈伤的转化

（1）打开超净台，用 70% 乙醇擦拭超净台内部和基因枪的表面及内部。

（2）易裂片、微弹载体、阻拦网置于 70% 乙醇中灭菌 1.0min，放在滤纸上自然风干，固定帽（Retaining Cap）在 70% 乙醇中浸泡后取出在酒精灯上烧干。

（3）把灭好菌的微弹载体（Macroprojectile）装入固定帽，用加样器取 10μL 微弹，均匀涂在微弹载体的内圈上，动作一定要迅速，以防止金粉沉淀。在自然条件下让乙醇挥发，注意要尽量减少振动以防止金粒结团。

（4）打开气瓶，调节压力至 2 000psi（1psi 为 6 894.76Pa，全书同）。

（5）将易裂片、阻拦网和微弹载体安装进固定装置中。

（6）把培养皿放在托盘上，使愈伤都集中在托盘中间的圆圈内，将托盘插入倒数第二挡。

（7）打开基因枪的电源。

（8）打开真空泵。

（9）关闭基因枪的门，按下抽真空键（Vac），当真空表读数达到 25 inches Hg. 时，使键置于"保持（Hold）"挡。

（10）按下射击键（Fire）直到射击结束。

（11）按下放气键，使真空表读数归零。

（12）打开基因枪门，取出培养皿，盖好盖子并用封口膜封好。

射击参数为：微弹载体飞行距离（Macroprojectile flight distance）：10mm；微弹飞行距离（Particle flight distance）：7cm；压力：1 150 psi；真空度：25 inches Hg. 。

4. 过渡培养

轰击后的材料先在不含选择压力的培养基中培养一段时间，以利于受轰击细胞的恢复及充分表达外源基因（包括选择压力抗性基因），再转入加有选择压力的培养基中培养，以抑制非转化细胞的生长，而转化细胞则继续生长。

过渡培养的时间受靶细胞或组织类型等因素影响，一般 1~2 周。

五、结果与讨论

（1）描述转化细胞生长情况以及外源基因表达情况。

（2）影响基因枪转化的因素有哪些？

六、注意事项

（1）射击参数为：微弹载体飞行距离（Macroprojectile flight distance）：10mm；微弹飞行距离（Particle flight distance）：7cm；压力：1 350 psi；真空度：25 inches Hg. 。

（2）金粉和钨粉是基因枪转化中最普遍采用的金属颗粒，钨粉比较便宜，但与 DNA

结合时间过长会催化性降解 DNA，并对某些类型的细胞有毒害作用。而金粉不会引起 DNA 降解，对细胞也无毒害。但金粉在水溶液中趋向于不可逆的结块，应现配现用。

（3）DNA 的纯度和浓度是影响转化效率的重要参数之一。PDS-1 000/He 基因枪一般使用 0.5~0.75 μg/枪。DNA 的用量不宜过多，也不宜过少，过多会导致微弹结块而影响转化效率；过少则导致被轰击的靶细胞获得外源 DNA 的几率减少，也会影响转化效率。

实验五 农杆菌介导的植物遗传转化

一、实验目的

（1）以烟草叶片为材料，与对数生长期的带有外源基因的农杆菌共培养，遗传转化烟草叶片，筛选抗性再生植株。

（2）学习和掌握共培养过程关键技术环节及转基因植株的筛选。

（3）了解农杆菌介导的植物遗传转化实验的基本原理。

二、实验原理

植物转基因技术主要有农杆菌介导法、花粉管通导法、植物病毒介导法、基因枪法等。其中，农杆菌介导法的研究应用最多，具有机制清楚、技术方法成熟、易操作、高效率、转基因拷贝数低、易获得遗传稳定的转基因植株等优点，已成功应用于药用植物基因工程研究，并在薄荷、百合、藿香、枳壳和松果菊等药用植物中实现了基因转化。建立离体再生系统是进行农杆菌介导基因转化的前提条件，即针对特定的植物及外植体，筛选适宜激素组合的培养条件，实现愈伤组织的诱导及分化再生，所建立的培养条件可保证转化细胞能分化再生获得转基因植株。

农杆菌介导的转化法是以土壤农杆菌为媒介，将克隆在 Ti 质粒载体或 Ri 质粒载体上的目的基因通过农杆菌与植物之间的接合作用转移到植物细胞，并整合到植物细胞染色体基因组上。根癌农杆菌的 Ti 质粒是存在于细胞核外的一种环状双链 DNA 分子，分为四个区：①T-DNA 区，农杆菌侵染植物细胞时，从 Ti 质粒上切割下来并转移到植物细胞中的 DNA；②Vir 区，能激活 T-DNA 的转移，使农杆菌表现出毒性；③Con 区，能调控 Ti 质粒在农杆菌之间的转移；④Ori 区，可以调控 Ti 质粒的自我复制。植物细胞受伤产生的酚类物质能吸引农杆菌的附着，同时能诱导农杆菌中 Vir 区基因的表达，活化的 Vir 区基因作用于 T-DNA 区的加工及转移，进入植物细胞的 T-DNA 随机整合到核 DNA 中。

三、实验材料、试剂和仪器

（1）材料：烟草无菌苗叶片、带有外源基因的农杆菌。

（2）试剂：MS 基本培养基、MS 盐溶液、分化培养基、抗生素母液、LB 培养基、70% 乙醇、0.1% $HgCl_2$、无菌水、卡那霉素（kan）、羧苄青霉素（Cb）。

（3）仪器：超净工作台、摇床、恒温培养室、高压灭菌器、冰箱、培养瓶，培养皿、500mL 三角瓶、50mL 与 500mL 烧杯、酒精灯、枪形镊子、手术刀。

四、实验步骤

（1）取普通烟草无菌苗叶片，用锋利手术刀片切去边缘和主叶脉，叶片切成 0.5 cm 见方的小块（使四周均有伤口），备用。

（2）取培养过夜的农杆菌 LBA4404（含有卡那霉素抗性基因，Gus 基因）菌液，4 000r/min，室温离心 10min，用 MS 盐溶液（pH = 7.0）重新悬浮菌体，使用时用 MS 盐溶液稀释至原体积的 20～50 倍。

（3）将准备好的叶圆片在菌液中感染 10min 后，将叶片取出，用无菌滤纸吸去植物材料表面菌液，转移到铺有一层无菌滤纸的 MS 培养基上，28℃暗培养，共培养 3～7d。

（4）共培养后将材料转移到含有抗生素的分化培养基（筛选培养基）（MS + NAA 0.2mg/L + 6 – BA 3mg/L + Kan 100 μg/mL + Cb 500 μg/mL）培养，每 15d 继代一次。

（5）待抗性芽长到 2～3cm 时切下，转至 1/2 MS 固体培养基上，生根培养基（1/2MS + Kan 100μg/mL + Cb 500 μg/mL）诱导生根。

（6）利用生物化学和分子生物学方法检测这些转基因植株。

五、结果与讨论

（1）每组用农杆菌介导法接种烟草叶片 1 平皿，并描述转基因植株的生长状况。

（2）记录生物化学和分子生物学方法对转基因植株的检测结果。

（3）农杆菌介导的植物遗传转化有哪些优缺点？

（4）提高转化效率的措施有哪些？

实验六　逆转录病毒感染法制备转基因细胞

一、实验目的

（1）通过本实验深入理解逆转录病毒感染法的基本原理。

（2）通过本实验学习并掌握逆转录病毒感染法的基本操作。

（3）通过本实验了解 X-gal 对感染细胞的染色方法。

二、实验原理

逆转录病毒载体属 RNA 病毒，但可在受染细胞内反转录产生 DNA 互补链，此 DNA 单链可作为模板合成第二条 DNA 链，第二条 DNA 链可掺入细胞基因组 DNA 中。此病毒可利用宿主细胞的酶自行转录与复制，RNA 可合成蛋白，再包装病毒，RNA 从胞内释放，成为感染性病毒，该载体可经不同方式改变。介导过程可使病毒单拷贝基因组稳定地进入细胞。

首先，逆转录病毒的繁殖必须要有适当的包装细胞系，以利于产生高滴度的病毒，同时还具有适当的结构。如 ψ2（第一代包装细胞），PA317（第二代包装细胞），ψ1 – CRIP、PG13、DA、CFA（第三代包装细胞），包装细胞可提供逆转录病毒 gag、pol 和 env 蛋白才能使带有包装信号及目的基因的病毒载体 RNA 进行包装，包装细胞只提供 gag、pol 和 env 蛋白而不产生具有复制能力的野生型病毒（RCR），而第一代包装细胞可产生 RCR，安全性较差；第二代包装细胞，临床上已广泛应用，也未发现产生 RCR，安全性好；第三代包装细胞更加安全，第三代包装细胞中主要区别是病毒结构基因中 env 不同。

反转录病毒作为基因转移的载体有如下特点：①反转录病毒感染细胞的效率高，基因转移率在 10% ~ 100%；②病毒基因转移能将外源基因整合到宿主细胞基因组中外源基因能稳定存在而不丢失；③外源基因整合的拷贝数一般只有一个；④反转录病毒只选择感染分裂细胞；⑤病毒可容纳外源基因的 DNA 长度为 <8kb。

反转录病毒载体的结构：已切除了病毒的结构基因 gag，大部分 pol 和 env，包括两侧的 LTR，被选择（标记）基因和目的基因插入的多聚位点所取代，同时还带有包装信号 ψ。

三、实验材料、试剂和仪器

1. 细胞系及载体

包装细胞系：大多数包装细胞系为鼠源的，含有鼠"Helpe 病毒"，此病毒可帮助被去除某些功能结构基因的逆转录病毒复制，并包装于蛋白衣壳中。

载体：含有抗药基因 neo 新霉素基因的逆转录病毒质粒 DNA 载体。

目的细胞系：NIH3T3 成纤维细胞。

带有 LacZ 编码病毒的转染（或感染）的细胞。

产生病毒的细胞系。

2. 缓冲液及培养液

Hepes - 缓冲液（HeBs）；HeBs/甘油：HeBs 15% 甘油；DMSO：10% ~ 15% DMSO；肝素对抗物：800mg/L（100 × 聚凝胺）；2mol/L $CaCl_2$；病毒贮存液；G418 或其他选择性药物；固定液：0.05% 戊二醛或 2% 多聚甲醛；X-gal 染液；DMEM 培养液；丝裂霉素 C；胰酶；含血清及不含血清培养液。

3. 器皿

10cm、6cm 培养皿；24 孔、6 孔培养板；克隆环。

四、实验步骤

（一）可产生特异性逆转录病毒细胞系的建立

1. 逆转录病毒载体进入包装细胞系

从细胞质粒中产生感染性病毒包括将质粒导入包装细胞系，可从稳定感染细胞中选择病毒产生细胞或用一个包装细胞系暂时产生的病毒感染另一种有不同包装的细胞，从中选择病毒的产生细胞。

（1）转染前，10cm 培养皿中接种 10% ~ 20% 皿底面积的包装细胞。

（2）将 10μg 含抗药基因的逆转录病毒质粒 DNA 加入 0.5mL HeBs 中，加入 32μL

2mol/L CaCl₂，轻振动，加盖30min，室温下培养45min，直到小的、模糊的蓝色沉淀产生。

（3）从包装细胞中弃去旧液，轻轻滴入HeBs-DNA沉淀于细胞培养皿中心，使细胞接触DNA 20min，每10min轻轻摇动培养皿，使溶液均匀，加入10mL培养液，并于37℃放置4h。

（4）完全吸出培养液，逐滴加入2.5mL的HeBs/甘油，放回培养箱继续培养，如果使用的是ψ2/YCRE/YCRIP/PA317包装细胞系，需培养3.5min，若为Q2bn包装细胞系，需培养1.5min，或根据不同包装细胞选用不同时间。迅速弃去HeBs/甘油，用10mL培养液洗2次，加入含有血清的5mL培养液培养18~24h。

（5）取出培养液用0.45μm过滤，可获得含有短期产生病毒的培养上清，-70℃或-80℃贮存，或立即用于其他包装细胞系的感染。

（6）加入10mL培养液于上述已感染的细胞，继续培养2~3d，继续步骤（10）。

（7）另一包装细胞受感染前1:10或1:20传代。

（8）倒去包装细胞的培养液，加入步骤（5）获得的病毒。方法：对于10cm培养皿，将0.1~1.0mL病毒贮存液稀释至3~5mL的终体积，加入800mg/L聚凝胺至终浓度为8mg/L，培养1h以上。

（9）若10cm培养皿加入10mL培养液，6mL培养皿中应加入4mL培养液，培养2~3d。

（10）步骤（6）或步骤（9）得到的感染细胞，2~3d后按1:10或1:20传代，接种于选择培养液培养3d，更换培养液，继续培养3~4d，直至克隆出现。

（11）用克隆环挑出分离的克隆，每个克隆接种24孔板或6孔板中的两个孔，生长至50%~90%底部面积。

（12）倒去培养液，换入1倍体积的培养液，继续培养1~3d，收取培养液，马上滴定，或者贮存于-70℃或-80℃。

（13）继续传代克隆细胞直到能被冷冻或被鉴定，若病毒产生克隆被鉴定，10%~15%DMSO保护剂液氮冻存细胞。即产生病毒细胞系建立。

2. 病毒滴度鉴定

在分离产生病毒的克隆后，需进行病毒滴度的测定，常用的方法是用病毒感染目的细胞，可根据载体RNA或蛋白的出现粗略定量分析。

（1）目的细胞系NIH3T3细胞在感染前一天按1:10至1:20接种6cm培养皿。

（2）感染当日，弃去目的细胞培养旧液，加入含病毒的贮存液〔步骤（5）所得〕，用1~2mL稀释至相对于原贮存液浓度0.01~0.1倍的病毒液感染6cm培养皿目的细胞（或者3~5mL用于10cm培养皿中的细胞），加入800mg/L聚凝胺至终浓度为8mg/L，培养1~3h，37℃。

（3）加入培养液，稀释聚凝胺至2mg/L，再继续培养2~3个细胞周期（NIH3T3细胞周期为2~3d）。

（4）如果病毒带有组化标记基因，如LacZ，用X-gal染色感染细胞。按步骤（6）计算蓝色克隆的数量以得到病毒的滴度。

（5）如果病毒携带抗药基因，传代细胞应选择培养条件。如果抗药基因为 neo，细胞按 1∶10 ~ 1∶20 传代，接种含有 G418 的两个 10cm（或 6cm）培养皿中，培养 3d。

（6）更换培养液（含选择性 G418 药物）共培养 7 ~ 10d，此时克隆应该非常明显，计算克隆数。

（7）滴度计算公式。

G418 – RCFU（集落形成单位）/m = 克隆数/病毒体积（mL）×复制因子×接种率

若为（4）中所叙，病毒携带 LacZ，用 X-gal 染色细胞根据显示的克隆数，计算病毒的滴度，其公式为：

$$X\text{-gal CFU/mL} = X\text{-gal 阴性克隆数/病毒体积（mL）}$$

（8）其他方法再鉴定产生病毒的克隆，细胞所产生的病毒基因无重新排列或缺失。

3. X-gal 对感染细胞的染色方法（此方法可使该病毒感染细胞着色，可用于直接测量病毒滴度）

①倒去培养液，向感染细胞的皿中加入固定液（6cm 皿加 2mL，10cm 皿加 5mL），加 2% 多聚甲醛室温固定 60min，或 0.05% 戊二醛固定 5 ~ 15min。

②去除固定液，用 PBS 洗 3 次，第二次洗涤时放置 10min，首次和末次洗涤时则快速。

③加入最小体积的 X-gal 溶液，盖住细胞 37℃ 1h 或过夜，阳性细胞（病毒感染细胞）则成蓝色。

（二）原代培养正常上皮细胞的逆转录病毒转染

通过将病毒基因转染到上皮细胞中，使细胞可在体外无限生长，保持正常上皮细胞的特点。

（1）病毒产生细胞系暴露于丝裂霉素 C（4mg/L）2h，洗干净后，胰酶消化，按 5×10^6 接种 6cm 培养皿，培养液为 DMEM。

（2）待转染的原代培养正常上皮细胞接种于铺有以上细胞的培养皿中，培养 3d。

（3）更换培养液，继续培养 24h。

（4）取 50μL 培养上清，进行病毒滴度检测，方法同前，9×10^3 ~ 7×10^4 集落形成单位/mL 可用于转染。

（5）正常上皮原代培养 10d 后，取贴在饲养层细胞的上皮细胞，保留至上皮细胞数生长量足够选择。

（6）在上皮细胞生长 2 ~ 4 周，成活的克隆用克隆环挑出，再继续使用三轮有限稀释法建立单个细胞系克隆。

（三）鉴定

按病毒所带有的抗药基因进行选择培养筛选，或其他方法鉴定转染细胞。

五、结果与讨论

（1）计算病毒滴度。

（2）记录并分析鉴定结果。

六、注意事项

无论用什么方法将 DNA 导入细胞，暂时或稳定的转染率很大程度取决于细胞的类型。不同的细胞系对获取外源性 DNA 以及表达的能力相差几个数量级。此外，一种方法对一种培养细胞有效，但对另一种培养细胞可能无效。

实验七　显微注射法制备转基因小鼠

一、实验目的

（1）了解显微注射法制备转基因小鼠的基本原理。
（2）熟悉并掌握显微注射法制备转基因小鼠的相关操作。

二、实验原理

转基因小鼠制备的基本原理：是将改建后的目的基因（或基因组片段）用显微注射法注入供体小鼠的受精卵（或着床前胚胎细胞），然后将此受精卵（或着床前胚胎细胞）再植入受体动物的输卵管（或子宫）中，使其发育成携带有外源基因的转基因动物，通过分析转基因和实验小鼠表型的关系，研究揭示外源基因的功能，而且可进行工程动物的大量生产。

三、实验材料、试剂和仪器

1. 材料

受体母鼠的准备：输卵管转移的受体鼠应该为 4~6 周龄大小，体重在 20~25g，严禁用低体重以及超重母鼠，若体重较轻，其体能不足以维持妊娠，可能导致受精卵的重新吸收；若体重较重，麻醉剂被吸收入脂肪组织，降低麻醉效果，可能使手术困难，而且脂肪组织的存在意味着静脉的存在，所以手术时切掉脂肪组织可能导致不必要的出血，难以确认手术时的操作对象。出血也可能堵塞移卵管。选择输卵管转移前一天晚上与切除输精管小鼠交配的假孕母鼠，注射当天早上母鼠可见精栓。尽管像 Swiss Webster 系的哺育母鼠很容易超重，随着体重的增加，它们将表现出不同程度的感觉消失，但它们是优良的哺育母鼠。另外，它们的价格也便宜。另一个成功的鼠系是 B6D2F1，它们生命力强并有一定杂合优势。

2. 试剂

M16 溶液、M2 溶液、工作液、注射缓冲液。

3. 仪器

输精管切除术用器材：弯式有齿镊、直式有齿镊、显微镊、手术剪、自动小夹涂药器、自动小夹、带弯针 4/0 丝线及持针器、直径为 10cm 塑料 Petri 氏培养皿（内盛 70% 乙醇）。

受精卵的采集用器材：70% 乙醇、手术剪、10mL 解剖剪、手术镊、M2 溶液（Sigma）、小玻璃皿等。

离体输卵管中受精卵收集用器材：二氧化碳孵育箱、眼科镊子、5 号镊子、无菌30mm 组织培养皿、解剖显微镜、透明质酸酶、移液管、工作液、M16 溶液（Sigma）、3mL 注射器等。

DNA 显微注射用器材：

①受精卵的收集与移动用器材：巴氏移液管、酒精灯、特制吸管、玻璃刀等。

②凹玻片准备：一块标准的凹型载玻片（硅化）、矿物油（Sigma）、工作液等。

③注射设备的设置：微型水力驱动设备、Hamilton Gas-Tite™注射器（250μL）、Intramedic^T 管道系统（外径 1.27mm，内径 0.86mm）、两只玻璃管道连接头、三通管连接器、一只带接头的 60mL 塑料注射器、一只器械套管、矿物油等。

④受精卵的显微注射用器材：凹玻片（显微注射用）、倒置立体相差显微镜或倒置Nomarski 立体光学显微镜、显微操纵器、千分尺（连接添满矿物油，且耐气构造的 250μL汉密尔顿注射器）、气压装置（50mL 充满气体的注射器）、持卵管、预载 DNA 的注射针等。

输卵管转移的准备：麻醉剂（阿佛丁或可他命/甲苯噻嗪）、70% 乙醇、一副钝性齿镊、两副 5 号精细镊子、一副 10cm 手术剪、带自动小夹的金属大剪、一个小弹簧夹、外科缝线、解剖显微镜、纤维光学照明器、载针头的 1mL 注射器、kimwipe 绵纸或外科纱布、9cm 塑料皿、工作液、移液管和手动移卵管等。所有的手术器械在使用前应该彻底清洗，70% 乙醇消毒或高热灭菌处理。

麻醉剂：阿佛丁被证明是输卵管转移手术的有效麻醉剂。

四、实验步骤

1. 鼠系克隆

（1）动情期的探测：在转基因动物模型的建立中母鼠动情期的监测有很高的技巧性。小鼠的动情期主要划分为 4 个时期。

①动情后期：阴道口无扩张，周围组织为灰白色，阴道口周围无膨大。

②间情期：阴道开口小，周围组织为灰色或蓝色。

③动情前期：阴道口逐渐扩张，阴道周围组织由粉红色变为红色。

④动情期：阴道周围组织颜色由红色转为粉红色，阴道口背侧唇可见条纹，阴道口腹侧唇可见肿大，阴道有分泌液外渗。

随机选择动物，任何时间都可能有 20% ~25% 的动物处于动情期。大多鼠科动物的动情期平均持续 4~5d，所以对群居性动物的个体进行动情周期的同步化处理后可能在任一时期产生大量发情动物。动情期动物的选择需两个指标：阴道周围组织色泽和组织膨胀的程度。动情期动物阴道组织深粉红色，但并不同于炎症时的色泽。另外，阴道口周围背腹部组织肿胀而有光泽，起初其腹部可见条纹。个别阴道口组织色泽较深，但无膨胀，或阴道口稍微扩大且略带灰色者为非动情期动物，切勿误选它们用于交配。

（2）交配的确认：阴栓形成。动物合笼后，确定雄性个体是否与母鼠成功交配非常有必要。由于雄性精液可在阴道内凝固成柔软栓性物，成功交配后不久有阴道栓形成。以手的中指、小指和拇指捏住雌性尾根处，使小鼠头部向下，仔细观察阴道口部位，交配过的雌性小鼠可见有白色橡皮擦状的阴道栓，易肉眼所见，难以确定时可用小探针检查阴道深部是否有栓子存在。检查阴栓应在每天早上的时间，因为随着时间的推移，阴栓将被排出体外。

2. 输精管切除术

输精管切除小鼠用于与晶胚转移母鼠交配使母鼠假孕。小鼠 6~8 周龄进行输精管切除术，CD-1 B6D2F1（C57BL6×DBA/2）或 Swiss Webster 系是通常的实验对象。阿佛丁腹腔注射麻醉剂量为 240mg/kg。

（1）称重后麻醉小鼠，背位固定小鼠，大剪刀贴近皮肤剪毛，70% 的乙醇涂擦消毒手术切口部位，以防止毛发污染切口。

（2）于生殖器前方大约 1.3cm 处横行剪开下腹部皮肤，做约 1cm 的切口，用浸 70% 乙醇的纱布擦拭切口部位以清理毛发。

（3）切开腹膜，进行膀胱定位。每侧都可见有一条管道走行，用镊子轻轻夹持左侧管道，提起部分使手术视野清晰可见，确定其为输精管。

（4）将镊子插进输精管下方，使它们处于自然状态，其末端垂直。同时在该位置两端用缝线结扎输精管，距离 4~5mm。在两结扎点间剪断输精管，置其于纱布上确定此侧手术完毕。

（5）将输精管两个断端轻轻放回腹腔，如上处理右侧输精管。两侧手术完毕后，2~3 根单独缝线缝合腹壁切口。待用缝线须浸泡在 70% 乙醇中，保持缝线湿润，防止结扎时黏附组织。用 2 个或 3 个自动小夹夹闭皮肤。

（6）为保暖包裹小鼠于纱布中或将其放置于热垫内使其苏醒，处于麻醉状态下的小鼠应该严格监护直到其完全苏醒。手术后小鼠饲养 2 周后确定手术是否成功。

（7）实验性饲养：将 1~2 只母鼠与输精管切除小鼠合笼饲养，次晨进行阴道栓检查。有阴道栓的母鼠，用磷酸缓冲液处理后 24h，其输卵管潮红。卵细胞应该处于单细胞期或未受孕状态，若处于双细胞期，则输精管切除未完全，雄性小鼠应进行再筛选。

3. 受精卵的收集

（1）受精卵的采集：受精卵获得的方法分自然排卵和激素诱发排卵以及体外受精三种方法。

诱发排卵法：雌性小鼠生后 6~8 周达到性成熟，性周期均为 4~5d，其排卵时间可用饲养室的明亮和黑暗进行调节，所以必须对饲养室的明暗规律进行准确严格地管理。

性周期是卵泡刺激素和黄体生成素相互作用的结果，我们可以从外部给予这些激素诱发排卵。向成熟雌小鼠腹腔内注射 5IU 的孕马血清促性腺激素（PMSG）之后，在 48~54h 再将 2.5~5.0 IU 的人绒毛膜促性腺激素（HCG）注射于同一小鼠腹腔内，约 12h 后即可诱发排卵。排卵数量可达自然排卵的 2 倍，效果很好。雌小鼠给予 hCG 后应立刻与雄性合笼。成熟雄小鼠应按每笼饲养 1 只，雄性小鼠大小在 12 周龄到 1 年。合笼时，须将激素化雌性小鼠放进雄小鼠的笼中。雄小鼠释放促雌性发情的外激素，在交配过程中建议不换笼，交配过的雄小鼠，间隔一周后才进行下次交配。

显微注射的受精卵最好于交配后次晨注射前几小时收集，此时易进行注射操作。交配后过夜小鼠的阴道栓易见，可用交配指示剂指示。对超排卵的交配母鼠体内进行阴道栓计数一般正常。低比率的有栓母鼠说明促性腺激素失去效力或雄性小鼠交配过度或雄性小鼠老龄化。收获受精卵必须打开小鼠腹腔，输卵管必须仔细切开。输卵管冲洗术或输卵管壶腹部切开术都可作为收集受精卵的方法。

（2）腹腔内输卵管的切开。

①通过断颈或二氧化碳吸入快速处死小鼠。

②将动物背位固定在无菌干燥的吸水纸上，剪毛并用70%的乙醇彻底涂擦手术部位。以避免毛发污染手术视野。

③持眼科镊捏紧下腹部正中线皮肤，用外科剪作小的横切口，剪刀钝性分离充分暴露手术视野，或钝性撕开皮肤暴露腹膜。用眼科剪打开腹膜，充分暴露腹腔与子宫角部手术视野。子宫为Y形，为起自盆腔膀胱后的肌性器官，向上分支为两侧子宫角，向上横行深入腹腔。

④用镊子距输卵管卵巢6～7mm处夹持子宫角翻转后轻轻拖出腹腔，在镊子捏点下部子宫角下方附近刺破肠系膜，清除肠系膜组织远离子宫角与输卵管，并防止用力过大压破子宫角与输卵管连接处。

⑤用镊子拖出脂肪垫，卵巢，输卵管以及子宫部件。小心剪掉卵巢与输卵管之间的薄层膜，然后剪下输卵管和部分子宫角，将其盛放在盛工作液的小玻璃皿中，对另一侧输卵管重复上面操作，完毕后如上处理下一只动物。

（3）离体输卵管内受精卵的收集：解剖镜下观察近输卵管漏斗部上部明显潮红此为壶腹部。用眼科镊子撕开膨大的壶腹部即看到包绕受精卵的丘细胞团。

①转移输卵管于含工作液的小玻璃皿中。

②眼科镊子夹持壶腹部，并用另一只眼科镊子撕开膨大的输卵管，游离的受精卵慢慢流出，也可以用镊子轻轻挤压输卵管将受精卵推出裂口。

（4）透明质酸酶处理与受精卵的漂洗。

工作液中受精卵可能成团状，微注射用的受精卵必须是单个细胞，而且无细胞碎片。漂洗细胞时，首先用工作液除去细胞碎片。不成团细胞可用无菌移液管收集到盛工作液的玻璃小皿中，注意把握移液管的张力。溶解在工作液中的透明质酸酶对细胞团以及复合体进行消化时必须严密观察，一旦细胞团溶解立即将单细胞转移到新鲜工作液中，防止消化过度。

用工作液漂洗2～3次，清除碎片后，用无菌移液管将受精卵置于特殊培养基（M16），放于37℃，5% CO_2 孵箱中待注射，此培养基上层覆盖高压消毒矿物油，可防止污染同时防止培养基水分蒸发影响pH。受精卵在体外发育较体内快，在孵育过程中注意观察一些受精卵清晰可见原核形成，在此期间可先选出原核清晰的卵（形态稍不规则）用于注射，其他卵继续培养。注射后，再筛选，再注射，直至得到满意的注射卵数。

4. 显微注射

（1）导入DNA的制备：显微注射首先涉及导入DNA的制备，显微注射的转入基因通常为去除载体序列的线状 DNA，转基因所用载体是真核表达载体，即含有在哺乳动物细胞内表达的真核启动子。所谓组织特异性的实现多是通过组织特异性启动子来实现组织特异性表达的。制备转基因小鼠，必须对待导入 DNA 进行分离纯化。实验必须用经过琼脂糖电泳鉴定并确定其纯度的 DNA，对导入基因的大小没有特别的限制，长链 DNA 也可成功。实验中注意防止一些杂质堵塞注射针，如琼脂糖颗粒、纤维物质等，需尽量超速离心除去。

DNA 的注射质量是实验成功的关键。研究表明 DNA 注射的起始浓度大约在 1ng/mL，当 DNA 注射浓度超过一定上限时，实验效果不佳，而且大于 5 ng/mL 会产生明显的毒性作用。

导入 DNA 的制备程序如下。

①通过在 Tris/acetate/EDTA 缓冲液中进行琼脂糖凝胶电泳从载体中分离待插入 DNA，用 5mg/mL 溴乙锭染色。

②为防止对插入 DNA 的溴乙锭的破坏，用长波紫外光显影。

③切下目的基因所在凝胶片，电泳制备目的 DNA，或用 Qiaex 凝胶抽提试剂盒进行抽提。

④乙醇沉淀目的 DNA。在样品中加入 1/10 体积的 3M 乙酸钠，混匀，再加入 2~2.5 倍体积无菌 100% 乙醇进行沉淀。

⑤ −20℃ 孵育过夜后，超速离心机 10 000r/min，离心 5min，收集沉淀，重悬沉淀于 Elutip 缓冲液。

⑥用 Elutip-D 微型柱对目的 DNA 过柱处理。

⑦按照步骤（4）重新沉淀 DNA，用 70% 乙醇漂洗沉淀 2~3 次，真空干燥沉淀。清洗与干燥过程极其重要，因为残余的盐和乙醇对受精卵的发育是致命的。

⑧注射缓冲液（10 mmol/L Tris−HCl/0.1 mmol/L EDTA，pH = 7.5）重悬沉淀，缓冲液必须是 Milli−Q 纯化水配制。

⑨通过荧光光度计或凝胶电泳比色法评估目的 DNA 的浓度。

⑩用注射缓冲液调整目的 DNA 的浓度在 5~10ng/μL。

（2）器械准备。

①注射针的制作。注射针是内含玻璃细丝的薄壁毛细吸管，它可以通过毛细管虹吸作用进行载样。用拉针仪（SUTTER，P2000 laser based micropipette puller，具体操作程序详见产品说明书）可以把注射针水平或垂直扯下来。必须保证制备的毛细管可以进入拉针仪这样加热组件大约在毛细管的中央位置。一般用内径为 1.0mm 的微电极管为材料制作注射针，微电极管可以买到，它与拉针仪是匹配的。另外，应该对拉针仪的设置进行选择，使细丝温度和扯拉力度（主拉力和次拉力）将处于最佳状态。具体需要预实验来确定其最佳设置。待用注射针应该用蒸馏水严格清洗以除去残留炭化物颗粒。严格的实验微电极管在使用前应经过泡酸、泡蒸馏水和硅化的程序，但有人省略了此步也有较好的结果，经拉针仪拉针后就没法清洗，好的拉针仪是不会残留炭化物颗粒，若拉成后清洗其针尖很容易断掉，可用 Narishige Japan model PN−30。

②持卵管制作。为避免机械损伤，持卵管口应该是钝性末端而且其孔隙有限，使受精

卵轻轻依附在负压管道中。这种高度密实可抵抗密封系统的破损，而密封可以减少受精卵注射时的旋转运动。持卵管的口部应该光滑，平整及与其长轴垂直。具体制备操作：双手执毛细玻璃管的两端，将管的中部置酒精灯外焰烧红至变软后离开火焰，同时双手外伸，将烧软的部分拉细。用玻璃刀或细沙轮小心将细管切开，在镜下观察切口应平齐（如不平齐，应重新切割）。然后于酒精灯火焰底部的蓝焰边缘处将切口钝化处理（即将管口于蓝焰边缘处做短暂灼烧，然后于显微镜下检查管口形状，如此反复，直至满意）。如实验室配有持卵管制作仪，则可在显微镜下直接监视热灯丝对持卵管管口灼烧后的形状，及时调整二者之间的相对位置，更易得到满意的持卵管。持卵管应该做调整，用熔断仪将其打弯使其末端成 15 度（不同的显微注射仪度数可能有差异，打弯成 25 度，一般为 20~25 度）轻微弯曲以方便使用。此持卵管为不含细丝的玻璃，显微镜下用含刻度目镜确定持卵管的外径应该为 100~140μm。持卵管的内径很重要，可用铂金灯丝灼烧管口，使其内径为 30~50μm，内径要能吸住受精卵，而又不把卵吸入管内。为便于操作，持卵管可进一步调整使其末端轻微弯曲（15 度）。

③洗卵管制作。点燃酒精灯，调节火焰到最佳。捏持玻璃毛细吸管或巴氏移液管在火焰上焰旋转过火。当吸管开始变软，快速撤离火焰，向外急剧扯拉使吸管变长，形成口径大约 200μL 的吸管。注意制备过程中离开火焰的时间以及扯拉的力度，尽量保证制备吸管的一致性。

为吸管评分，轻柔地折断吸管，辨别其声音是否清脆，或扯拉吸管或只做弯曲直到两根同分数的吸管断裂为止。

解剖镜下（要在熔断仪上）检查吸管，并对其进行调整，确定其口径以及管口光滑平整。

④移卵管的制作。用于转移注射后受精卵到假孕鼠体内的吸管制作过程同上洗卵管。不同的是，这些吸管的口径稍微小一些，大约 150μm（150~160μm），直径比单受精卵的口径略大一些，将促使卵细胞精细的充满移卵管并转移到输卵管。移卵管在打磨过程中要求管口更光滑平整以减轻插入输卵管时对输卵管的损伤，同时必须注意移卵管头在火焰上时间不可太长，防止融化堵塞。管口要平且要钝化。

⑤凹玻片的准备。必须准备适合承载用于微注射的受精卵的凹玻片做微注射槽，也可用培养皿做注射槽，载玻片上的受精卵应该浸润在 pH 缓冲工作液中，如 M2 溶液，使受精卵在孵箱外保持 30~40min 能受到保护。具体凹玻片的准备程序如下。

在超净台内利用手动移液器将 M2 溶液加入凹玻片窝的基底部形成直径大约 0.6cm 液面，液滴的液面要水平平整，避免液体的折射效应。吸取胚胎实验用矿物油于 M2 溶液上，矿物油的量以刚刚达 M2 溶液最高液面为宜，将凹玻片置于倒置显微镜的载物台上，在低倍镜下调节焦距，使 M2 溶液液滴的底面清楚为止。

覆盖矿物油的作用：防止液滴脱水以及浓缩；使受精卵处于无菌状态；固定 M2 溶液液滴。

从孵箱中取出受精卵，用移卵管吸出受精卵并用 M2 溶液洗涤 2~3 次，调整实验用量，将其置于凹玻片的 M2 溶液中，调焦使在低倍镜下清楚地看到受精卵的轮廓，并且保证受精卵有足够空间自由移动，用持卵器将卵汇聚到一起，移卵时注意不要将气泡移入，影响操作视野。

⑥显微注射设备。显微注射仪的基本工作原理是运用立体倒置相差显微镜进行观察监测，显微镜两侧各置一台显微操作仪，一侧接持卵管，另一侧接注射针，可调节持卵管或注射针的空间位置。持卵管通过塑料管连接一个装满矿物油的带微调的注射器，通过调节压力控制卵的运动。注射针通过塑料管连接有压力泵的注射仪。将注射时间与压力固定后，进行注射操作。操作系统有 LEICA AS TP 基因转殖操作系统（major instruments. co. Ltd）等，具体操作程序按其说明书严格进行。

（3）注射针内 DNA 的装载。

把注射针的钝性头浸在盛待注射 DNA 的管中，溶液通过毛细吸管的虹吸作用进入注射针。注射针的末端应该一直留在 DNA 溶液中直到注射针末端有小泡形成。这说明 DNA 溶液装载完毕。仔细检查注射针针头末端，距其几毫米处可见一个小凹液面。最后可将载满 DNA 溶液的吸管装在持针器或固定在器械环中待用。

（4）受精卵的显微注射。

受精卵的显微注射过程相对简单，制作大量样品过程中，为保证显微注射量的一致性，必须通过大量反复有效的练习才可以成功。

①置凹玻片于显微镜下，低倍聚焦。

②调节持卵管，注射针与受精卵在同一视野下后，转换到高倍镜（32×）下时位置稍微低于受精卵，以便自如地操作受精卵。

③挨近注射针到工作液或油界边缘，稍微进入油界。在注射前，增加注射针的压力可见 DNA 溶液泡在油内形成囊状，以此确定 DNA 溶液流存在。

④如果未见 DNA 溶液流，则轻轻摩擦持样器钝缘，渐渐的打开注射器针头。针头重新进入油内确定 DNA 溶液流的存在。

⑤移动持卵管回到受精卵下部。通过微分驱动水压控制系统使持卵管内产生温和的负压，并使持卵管末端吸住受精卵。此操作必须确保受精卵基底部与凹玻片基底部轻轻接触。注意不宜吸得过紧，否则会使卵变形，甚至会将卵吸入持卵器内。

⑥对持卵管内真空进行缓慢调节，使持卵管内受精卵轻柔地旋转，使卵内原核位于持卵管口的远侧端。

⑦维持持卵管稳定，使注射针的针头紧靠受精卵的透明带，进行调节并使针与原核处于同一平面上。用注射针依次刺破透明带，细胞外膜，前核核膜，进入核膜内，受精卵的透明带易被针尖刺破，前核核膜相当有弹性，应用不同的方法进行尝试突破此结构。操作时避免与核接触损伤核仁。

⑧保持注射针位置固定，轻轻增加压力使 DNA 溶液流入前核中。注射过程中可能出现的现象如下。

a. 注射后原核将膨大到原来的两倍左右，表明注射成功，然后直接抽出注射针。

b. 一气泡出现在注射针尖端，透明带可能膨胀，表明受精卵的膜非常艰固，没有被刺破，此时需继续向内进针，直到尖端进入核，同时要小心注射针尖端极易破损。

c. 注射针压力较大，看不到任何现象，可能是注射针堵塞，需换针或更换 DNA 溶液。

d. 若见胞质颗粒涌出到卵黄周围空间，说明受精卵破裂。注射过程中，发现卵破裂数目较多，则需更换注射针。一支注射针一般可注射 5～10 枚卵。

⑨用持卵器移动受精卵到凹玻片凹内相对隔离的位置，以区分注射组与非注射组。重新安装持卵管并进行下一组操作。

5. 受精卵的输卵管转移

（1）受精卵的输卵管注射。

①将麻醉小鼠放置于一塑料平皿盖上，固定小鼠牙齿于皿缘以确保小鼠气道通畅。用 70% 乙醇涂擦切口部位。也可预先在手术部位剔除毛发。

②将受精卵从培养液转移至工作液内。因受精卵在转移过程中在孵箱外操作，所以应该将其从培养基中移到工作液中。

③用移卵管装载受精卵。移卵管的正确装载对输卵管转移的成功非常重要。吸取一定量的工作液在移卵管尖端，然后吸取些气制成一个小气泡。再吸取与气泡体积大约相当的工作液，紧接着在吸取另外一个小气泡。收集受精卵于尽可能小容积的工作液中，将其线形排列于移卵管中。当所有的卵被负载后，再吸取小量气体制成小气泡，接着吸取最终容量的工作液。气泡将有利于对压力进行调节，更容易使卵移动。

④手术暴露输卵管复合体。在离中线约 0.5cm、背驼峰与后腿髋关节之间做横行切口。仔细用浸 70% 乙醇涂擦切口部位，并擦去毛发。捏住一侧切口皮肤，钝性分离皮下组织。移动皮肤直到腹壁神经走向清晰可见。这时可看到腹壁下红色卵巢或浅色卵巢脂肪垫。用眼科镊捏住腹壁，并作约 0.5cm 横行切口，钝性分离组织，轻轻移出脂肪垫、卵巢、输卵管以及子宫。用弹簧夹夹住脂肪垫并保持子宫在适当位置。若子宫及子宫角频繁滑回腹腔，在保证气道通畅的前提下，可适当重新布置其位置。

⑤轻轻移动塑料平皿，使小鼠位于解剖显微镜下，适当调节显微镜及小鼠位置使其输卵管卷曲部清晰可见。

⑥用眼科镊于漏斗部透明囊膜处钝性撕开小口，并防止撕裂血管，引起出血。必要是撕裂口部位局部应用肾上腺素以减少出血，并用纱布擦拭保持操作视野干净。

⑦一旦漏斗部清晰可见，用镊子夹持其边缘并充分暴露漏斗管口。在避免壶腹损伤的前提下，尽可能插入移卵管。

⑧在压力可调节的前提下，轻轻把卵吸吹进入漏斗部。气泡可以阻止卵回流而且很容易使卵进入输卵管漏斗管。若吹卵的压力太大，那么移卵管口可能抵在输卵管壁上，这时可稍微后撤移卵管再进行操作，也可能由于血块堵塞移卵管，若这样，则应该吹出细胞在培养皿中，重新吸卵。

⑨移卵操作完成后，撤回移卵管，去除器械，按原本位置将各器官重置于腹腔内。

⑩缝合切口，用小夹夹持皮肤。常用自动小夹代替缝线，这样可以避免小鼠啃嘶缝线，切口裂开。

⑪若进行双侧手术，则于另一侧子宫角重复上述操作。

⑫手术完成后，安置小鼠于清洁的笼中。麻醉状态下，小型哺乳动物无法有效维持机体温度。所以应该注意小鼠的保温。可以用热垫保持其温度直到动物苏醒。所有的动物在回笼前 20～30min 可苏醒。由于妊娠很容易使受体母鼠产生应激反应导致流产或食子，所以对受体母鼠必须严格监护。

（2）注射后期监护。手术后严格监护防止并发症的发生非常重要。麻醉易诱导小鼠出现血压升高，所以手术后必须严密监护至少 2h，同时推荐进行保温处理。

处于麻醉状态的小鼠应该用软纱布包裹，而且笼中加垫草垫以及软材料，并保持鼠笼温度。正常体温的维持可以缩短动物处于麻醉状态的时间。

手术后小鼠常规 4～5d 观察一次以确保小鼠处于恢复中，清醒小鼠应活动自如。腹腔手术后小鼠有发生肠疝的可能。所以手术时保持切口尽量小，缝合严密，而组织胶水的正确应用可以避免此类并发症的发生。皮肤必须用缝线或不锈钢夹夹闭，手术后 1～2 周可拔除。如果动物状态不良，表现厌食，脱水，或明显弓背，通过动物饮水可给予羟苯基乙酰胺以及同类止疼药。若发生脱水，可腹腔注射 0.9% 生理盐水或林格氏液。若仍无改善可在麻醉状态下重新打开手术切口确认是否有疝发生。若动物状态无明显好转，最终采用安乐死。

6. 转基因小鼠的鉴定

产出的鼠仔中，属转基因小鼠者，占全部仔小鼠的 20%～30%。因此，对转基因小鼠必须进行鉴定筛选。

（1）转基因整合检测。鉴定转基因小鼠最简单的方法是从小鼠尾尖提取基因组 DNA，检测其基因型。检测方法包括 PCR 和 Southern 杂交。

①基因组 DNA 的提取：将离乳期小鼠（>4 周龄）麻醉标记。用一只手抓住小鼠，另一只手持消毒剪剪下约 1cm 的鼠尾。将剪下的鼠尾放入 500μL 消化缓冲液中（50mmol/L Tris – HCl，pH = 8.0；100mmol/L EDTA；100mmol/L NaCl；1% SDS），并加入蛋白酶 K 使其终浓度为 100 μg/mL，55℃ 下震荡孵育 3～4 h 或过夜孵育。加入 5μL RNA 酶 A，370C 孵育 1～2h。

②PCR 检测：转基因的初始筛选通常采用 PCR 检测技术。该技术操作简便、快速、费用低而有效，适合大量标本的分析。由于该技术特别敏感，可能产生假阳性结果。因此，在操作过程中必须特别小心，避免质粒 DNA 或其他标本的基因组 DNA 的污染。假阳性的产生对转基因小鼠的筛选工作将是致命的。PCR 实验应采用双复管，甚至三复管。阳性结果最好用 Southern 杂交技术进一步证实。

③Southern blot 分析：该技术虽然没有 PCR 技术那样敏感，且费力费时，但是避免了因污染导致假阳性结果的麻烦，可以得到目的基因整合后的基因组、整合位点数目、转基因拷贝数等的确切信息。

（2）转基因表达检测。转基因整合检测是确定目的基因是否整合到了小鼠的基因组中，同时可确定整合的位点和拷贝数，这在遗传学上是十分重要的。而转基因表达检测是确定目的基因在转基因小鼠器官组织中表达的时空分布。其检测包括 RNA 分析技术和蛋白质检测技术。

①RNA 的分离：根据实验者的需要从转基因小鼠组织或细胞中提取总 RNA 或 mRNA。分离总 RNA 比较简单，且适合做基因转录分析。

②Northern 印迹分析：该技术用于定性检测转基因动物组织或细胞中转基因转录的相对水平。

③RT-PCR 检测：该技术可定量或半定量检测转基因小鼠组织或细胞中转基因特异表

达的 mRNA，且非常敏感，Northern 印迹未能检测到的转录子，该技术亦可检测到，甚至可测出 1 000 个细胞中的一个拷贝的转录子。

④Western 印迹分析：该技术通常用于转基因小鼠组织或细胞中转基因编码蛋白的表达水平。

⑤免疫组织化学分析：该法可检测转基因编码蛋白表达在转基因小鼠中的组织分布。有多种实验方法，可参看相关的免疫学检测技术书籍。

五、结果与讨论

（1）描述转基因小鼠生长情况。

（2）记录外源基因表达的检测结果。

（2）本实验中供受精卵雌鼠、正常雄鼠、受体（假孕）雌鼠和结扎雄鼠分别有何作用？

（高宁）

第十章　诱变技术

突变（mutation）是指遗传序列的改变。突变包括单个碱基或 DNA 序列的改变或替换。大量的突变会对整个染色体产生影响。替换、插入、缺失和重复是突变的主要形式。

发生在生殖细胞的突变可在世代间进行传递，如突变只发生在体细胞则不能遗传。突变可能是因复制的错误产生的，也可以因与化学或物理的诱变剂接触产生。利用化学或物理的诱变剂提高突变概率的方法被称为诱变（Induced mutation）。化学诱变剂主要包括：碱基类似物，如 5 溴尿嘧啶，能够引发碱基替换；氧化脱氨剂，如亚硝酸，通过碱基脱氨而引发错配；插入突变剂，如吖啶橙，该类分子的插入而引发移码突变；烷化剂，如甲基磺酸盐，通过对碱基的烷化修饰而引发的错配；错配剂，如羟胺，引发 A – C 的错配等。物理诱变剂，主要指不同波长的射线（x、α、β、γ 和 UV 等），由于射线对 DNA 造成损伤而产生的突变。实验室常用物理诱变剂为紫外线。对于操作者而言，相对于其他射线紫外线的使用相对比较安全。紫外线可以诱发 DNA 产生嘧啶二聚体而产生突变。生物体会对 DNA 的损伤进行修复，如果修复失败，这些损伤（突变）就会保留下来。有些突变没有改变编码的蛋白的氨基酸序列称为沉默突变。而另外一些突变会产生新的性状并增加群体遗传的变异。由于诱变剂具有致癌的潜在危险，所以，诱变剂应该单独储存保管。化学诱变要严格地按相应操作程序进行，物理诱变过程（如紫外诱变）应有相应的防护措施。

实验一　大肠杆菌的紫外诱变

一、实验目的

（1）了解物理的因素抑菌、杀菌的原理。
（2）掌握紫外诱变的实验方法。

二、实验原理

微生物广泛地分布在自然界的各种环境中。环境中的物理因素、化学因素和生物因素对不同类型微生物的生长发育产生不同的影响，或生存、或抑制、或死亡或变异。将能够引起突变的理化因素称为诱变剂。

本实验采用物理因素——紫外线作为诱变因素。紫外线可以引起微生物细胞核的核酸分子发生光化学反应，形成胸腺嘧啶二聚体和胞嘧啶与尿嘧啶的水合物，致使核酸变性。不同的照射剂量、照射时间、照射距离可以导致菌体死亡或发生变异。因此，紫外线可作为物理因素进行微生物菌种的诱变和选育工作。

三、实验材料、试剂和仪器

（1）菌种：大肠杆菌（*Escherichia coli*）。

（2）试剂。

①牛肉膏蛋白胨固体培养基：

牛肉膏 3g、蛋白胨 10g、NaCl 5g、pH = 7.2、琼脂 15g、1 000mL 蒸馏水。121℃，灭菌 20min。

②无氮基本培养基：

葡萄糖 2g、柠檬酸钠·$3H_2O$ 0.5g、K_2HPO_4 0.7g、KH_2PO_4 0.3g、$MgSO_4$·$7H_2O$ 0.01g、琼脂 15g、90mL 蒸馏水。110 ℃ 灭菌 20min。随后加入 10mL 经过滤除菌的 2% $(NH_4)_2SO_4$。

（3）仪器或其他用具：无菌培养皿、接种环、无菌吸管、涂布棒、黑纸、圆滤纸片、紫外光灯等。

四、实验步骤

（1）菌种活化：将保存的大肠杆菌斜面菌种移接新鲜斜面，37℃培养 18 ~ 20h，活化 1 ~ 2 代，使菌体恢复生理活性。

（2）制备细菌悬液：取培养 18 ~ 20h 的大肠杆菌活化斜面菌种一支，用 5mL 无菌生理盐水将斜面菌苔轻轻刮下、振荡，制成均匀的细菌悬液。取 1mL 留作对照。

（3）制备供试平板：将牛肉膏蛋白胨培养基（每组 9 个）和无氮培养基（每组 3 个）制成平板。

（4）紫外灯的装配：使紫外灯距磁力搅拌平台 25 ~ 30cm。

（5）诱变：将菌悬液倒入培养皿中约 0.5cm，紫外照射 30s、60s、90s、120s。

（6）致死率计算：取 1mL 经照射过的菌悬液，做稀释涂布在固体培养基上，用黑纸包裹后在 37℃黑暗培养。通过与同样条件下培养的未照射对照菌比较，计算致死率。

$$致死率 = （对照菌落 - 照射菌落）/对照菌落$$

五、结果与讨论

（1）对平板菌落进行计数，并计算死亡率。

$$死亡率 = \frac{照射前活菌数/mL - 照射后活菌数/mL}{照射前活菌数/mL} \times 100\%$$

（2）实验中，不开皿盖就用紫外线照射是否可以？为什么？

六、注意事项

紫外线对人体皮肤细胞等均具有杀伤作用，尽量避免其直射，特别要避免裸眼灼伤事故的发生等。

实验二　氨基酸营养缺陷型突变株的筛选

一、实验目的

（1）了解营养缺陷型突变株选育的原理。

（2）学习并掌握细菌氨基酸营养缺陷型的诱变、筛选与鉴定方法。

二、实验原理

营养缺陷型是指野生型菌株由于某些物理因素或化学因素处理，使编码合成代谢途径中某些酶的基因突变，丧失了合成某些代谢产物（如氨基酸、核酸碱基、维生素）的能力，必须在基本培养基中补充该种营养成分，才能正常生长的一类突变株。这类菌株可以通过降低或消除末端产物浓度，在代谢控制中解除反馈抑制或阻遏，而使代谢途径中间产物或分支合成途径中末端产物积累。在氨基酸、核苷酸生产中已广泛使用营养缺陷型菌株。

三、实验材料、试剂和仪器

（1）菌种：实验二诱变的大肠杆菌。

（2）试剂。

①牛肉膏蛋白胨固体培养基：

牛肉膏 3g、蛋白胨 10g、NaCl 5g、pH = 7.2、琼脂 15g、1 000mL 蒸馏水。121℃，灭菌 20min。

②无氮基本培养基：

葡萄糖 2g、柠檬酸钠·$3H_2O$ 0.5g、K_2HPO_4 0.7g、KH_2PO_4 0.3g、$MgSO_4$·$7H_2O$ 0.01g、琼脂 15g、90mL 蒸馏水。110 ℃ 灭菌 20min。随后加入 10mL 经过滤除菌的 2% $(NH_4)_2SO_4$。

③无氮基本培养基 + Amp 100U/mL。

（3）仪器：恒温培养箱等。

四、实验步骤

1. 培养基制备、细菌对数期培养

2. 制备菌悬液、紫外线诱变

3. 培养基配制

（1）完全培养基 CM（牛肉膏蛋白胨培养基）（200mL）/组。

（2）无氮基本培养基 MM（200mL）/组。

（3）无氮基本培养基 MM + Amp（200mL）（灭菌后冷却至50℃以下 + Amp160U/mL）。

（4）抗生素母液：1.60×10^6U/5mL（应用 0.1mL/200mL 培养基）。

4. 灭菌

培养基、无菌水、移液管、试管、牙签。

5. 倒平板

每种培养基每组制作 2 个平板。

6. 突变株筛选

（1）倒 CM、MM（minimum medium）平板：融化 CM、MM 培养基，各制备 2 个平板。在平板下贴好画有约 40 个小格的纸。

（2）用逐个检出法检测。

用牙签挑取约 40 个长势良好的菌落，先接在 MM 培养基的一个位点上，再接 CM 培养基的相应位点上。30℃倒置培养 48h。

7. 测定生长谱

（1）制备 MM 平板在培养皿底部划分 5 个区域，做好标记。

（2）将可能是营养缺陷型的菌株，制备菌悬液，接种于平板上。

（3）在相应的区域加入不同的氨基酸组，进行培养，观察待测菌在哪个区域生长，则为相应的氨基酸营养缺陷性。

五、结果与讨论

（1）完成下表，鉴定待测菌的营养缺陷型表 10 – 1。

表 10 –1 鉴定待测菌表

待测菌编号	甘氨酸	组氨酸	赖氨酸	苏氨酸	亮氨酸	谷氨酸
1						
2						
3						

（2）结合实验讨论影印法应用的局限性。

（程玉鹏，李慧玲）

第十一章　生物活性物质的分离与检测

生物活性物质（Bioactive compounds）是指那些在生物体内产生的，具有某种特殊的生物学功能（药效、保健、催化和免疫调节等）的化合物。生物活性物质既包括蛋白质、多糖和脂类等常见的生物大分子，也包括像萜类、黄酮、皂苷、甾类和生物碱等次级代谢产物。"生物活性"在医药领域的含义是指对人有益的作用，即保健作用和对疾病的预防、治疗的作用。科学研究表明，生物体内含有大量的对健康有益的生物活性物质，如在大豆、亚麻籽油、谷物及水果中植物雌激素具有抗氧化、抗血栓和抗肿瘤等功效，大蒜和洋葱中有机硫化物也具有预防心血管疾病的功能。因此，对生物活性物质的检测和分离方法的研究具有重要的意义。

实验一　抗生素的微生物检定法

一、实验目的

（1）掌握抗生素效价测定的方法。
（2）理解琼脂扩散法的原理。

二、实验原理

琼脂扩散法，亦称管碟法。系利用抗生素在琼脂培养基内的扩散作用，比较标准品与供试品两者对接种的试验菌产生抑菌圈的大小，以测定供试品效价的一种方法。

琼脂培养基中抗生素在某一时刻的扩散浓度恰高于该抗生素对试验菌的最低抑菌浓度，试验菌的繁殖被抑制而呈现出透明的抑菌圈。在抑菌圈的边缘处，琼脂培养基中所含抗生素的浓度即为该抗生素对试验菌的最低抑菌浓度。将已知效价的抗生素标准品溶液与未知效价的供试品溶液在同样试验条件下进行培养。比较两者抑菌圈的大小。

三、实验材料、试剂和仪器

（1）菌种：大肠杆菌。
（2）试剂：氯化钠、磷酸氢二钾、蛋白胨、牛肉膏、琼脂、氨苄青霉素，待测抗生素溶液。
（3）仪器：培养皿、不锈钢小管、游标卡尺、微量移液器。

四、实验步骤

1. 培养基的配制

①营养琼脂培养基：

蛋白胨 10g，氯化钠 5g，牛肉浸膏 5g，琼脂 15～20g，蒸馏水 1 000mL。

除琼脂外，混合上述成分，调节 pH 值为 7.6，加入琼脂，加热溶化后滤过，分装，在 115℃灭菌 20min，趁热斜放使凝固成斜面。

②抗生素效价测定培养基：

蛋白胨 5g，琼脂 15～20g，牛肉浸膏 3g，磷酸氢二钾 3g，蒸馏水 1 000mL。

除琼脂外，混合上述成分，调节 pH 值为 7.6，加入琼脂，加热溶化后滤过，分装，在 115℃灭菌 20min。

2. 菌种的活化

取大肠杆菌的营养琼脂斜面培养物，接种于营养琼脂斜面上，在 35～37℃培养 20～22h。临用时，用无菌水将菌苔洗下，备用。

3. 标准品溶液的制备

氨苄青霉素标准品照标准品说明书的规定，配制为 1 600U/mL

4. 供试品溶液的制备

待测抗生素溶液按估计效价或标示量的规定稀释至与标准品相当的浓度。

5. 双碟的制备

取直径 90mm、高 16～17mm 的培养皿，分别注入加热融化的培养基 20mL，使在碟底内均匀摊布，放置水平台上使凝固，作为底层。另取培养基适量加热融化后，放冷至 48～50℃，加入大肠杆菌悬液，摇匀，在每 1 双碟中分别加入 5mL，使在底层上均匀摊布，作为菌层。放置水平台上冷却后，在每 1 双碟中以等距离均匀安置不锈钢小管 4 个备用。

6. 加样

取照上述方法制备的双碟不得少于 4 个，在每 1 双碟中对角的 2 个不锈钢小管中分别滴装高浓度及低浓度的标准品溶液。其余 2 个小管中分别滴装相应的高低两种浓度的供试品溶液；高、低浓度的剂距为 2∶1。（64U 和 32U）在规定的条件下培养 20h。

7. 抗生素效价测定

测量抑菌圈直径，按下述公式计算待测抗生素效价。

$$\theta = \lg^{-1}\left[\left(\frac{T_2 + T_1 - S_2 - S_1}{T_2 + S_2 - T_1 - S_1} \times I\right)\right]$$

式中，S_1 = 低剂量标准品所产生的抑菌圈大小；

S_2 = 高剂量标准品所产生的抑菌圈大小；

T_1 = 低剂量供试品所产生的抑菌圈大小；

T_2 = 高剂量供试品所产生的抑菌圈大小；

I = 剂间距的对数。

五、结果与讨论

（1）根据结果测量各个抑菌圈的直径（或面积），计算抗生素效价。

（2）管碟法中影响抑菌圈边缘清晰的因素有哪些？

（3）管碟法有什么优缺点？

实验二　牛乳中酪蛋白的制备

一、实验目的

（1）学习从牛奶中制备酪蛋白的原理和方法。

（2）掌握等电点沉淀法提取蛋白质的方法。

二、实验原理

牛乳中含丰富的蛋白质，其中主要是酪蛋白。酪蛋白在牛乳中约占总蛋白含量的5/6。酪蛋白在乳中是以酪蛋白酸钙-磷酸钙复合体胶粒存在，胶粒直径为 20～800nm，平均为 100nm。在酸或凝乳酶的作用下酪蛋白会沉淀，本实验利用加酸，当达到酪蛋白等电点 pH =4.8 时，酪蛋白沉淀。用乙醇、乙醚除去酪蛋白沉淀中不溶于水的脂肪，即得到纯的酪蛋白。

三、实验材料、试剂和仪器

（1）材料：新鲜牛奶。

（2）试剂：乙酸-乙酸钠缓冲液（0.2mol/L，pH =4.8）、1% NaOH、10% 乙酸、乙醇、乙醇-乙醚混合液（1:1）、乙醚。

（3）器具：离心机、抽滤装置、水浴锅、精密 pH 试纸或酸度计、量筒。

四、实验步骤

1. 酪蛋白的粗提

取 30mL 牛奶加热至 40℃。在搅拌下慢慢加入预热至 40℃的醋酸钠缓冲液 30mL，用精密 pH 试纸或酸度计调 pH 值至 4.8。将上述悬浮液冷却至室温。3 000r/min 离心 10min，弃去清液，得酪蛋白粗制品。

2. 酪蛋白的纯化

（1）用水洗涤沉淀 2 次，3 000r/min 离心 10min，弃去上清液。

（2）在沉淀中加入 20mL 乙醇，搅拌片刻，将全部悬浊液转移至布氏漏斗中抽滤。用乙醇-乙醚混合液洗沉淀 2 次。最后用乙醚洗沉淀 1 次，抽干。

（3）将沉淀摊开在表面皿上，风干；得酪蛋白纯品。

3. 准确称重，计算含量

酪蛋白 g/100mL 牛乳。

五、结果与讨论

1. 计算酪蛋白的含量及产率。
2. 用本实验方法获取的蛋白质是否具有生物活性？

六、注意事项

1. 由于本法是应用等电点沉淀法来制备蛋白质，故调节牛奶液的等电点一定要准确。
2. 精制过程用乙醚是挥发性、有毒的有机溶剂，最好在通风橱内操作。

实验三 γ-球蛋白的分离

一、实验目的

（1）熟悉 γ-球蛋白的提取过程。
（2）掌握盐析法的实验原理及操作技术。

二、实验原理

中性盐（如硫酸铵、硫酸钠、氯化钠、硫酸镁）等对球状蛋白质的溶解度有显著影响。随着中性盐浓度的增加，离子强度也增加。当溶液离子强度增加到一定数值时，溶液中蛋白质的溶解度开始下降。离子强度增加到足够高时，蛋白质可从水溶液中沉淀出来，这种现象叫做盐析。各种蛋白质在盐溶液中的溶解度不同，因而可利用不同浓度的高浓度盐溶液来沉淀分离各种蛋白质。

蛋白质作为胶体在水中的稳定存在主要由于两个因素：一个是蛋白质分子带正电荷，由于同种电荷相斥，影响了蛋白分子相互聚集沉淀；另一个因素是蛋白质能和水分子相结合，在蛋白分子周围形成一层水化膜从而将各蛋白分子隔离开，提高了蛋白质水溶液的稳定性。而中性盐能够破坏这两个稳定性因素，使蛋白质沉淀。

中性盐加入蛋白质溶液后，中性盐对水分子的亲和力大于蛋白质，于是蛋白质分子周围的水化膜层减弱乃至消失。同时，中性盐加入蛋白质溶液后，由于离子强度发生改变，蛋白质表面电荷大量被中和，更加导致蛋白溶解度降低，使蛋白质分子之间聚集而沉淀。

蛋白质是一种生物大分子，它具有不能通过半透膜的性质。透析就是利用这种性质是使之与其他小分子物质如无机盐等分开。本实验应用的是脱盐透析，即盐析后，将含大量盐类的蛋白质溶液放在半透膜的袋内，再将透析袋浸入蒸馏水中。经过一段时间，袋内的盐类浓度即逐渐降低。若经常更换袋外的液体，最后即可使袋内蛋白质溶液中所含的盐类除净，从而达到脱盐的目的。

本实验球蛋白在半饱和硫酸铵溶液中沉淀而清蛋白溶解，γ-球蛋白在33%浓度的硫酸铵溶液中沉淀。故应用不同浓度硫酸铵分段盐析法可将血清中 γ-球蛋白及 α、β 球蛋白分离，最后用透析法脱盐，即可得到纯度较高的 γ 球蛋白。

三、实验材料、试剂和仪器

（1）材料：兔血清。

（2）试剂：磷酸盐缓冲液、饱和硫酸铵溶液、纳氏试剂、双缩脲试剂、饱和蔗糖溶液。

（3）器材：透析袋、磁力搅拌器、离心机。

四、实验步骤

1. 血清的制备

血清是全血不加抗凝剂自然凝固后析出的淡黄清亮液体。制备方法是：将刚采集的血液直接注入试管或离心管中。将试管放成斜面，让其自然凝固，一般经 3h 血块自然收缩而析出血清，分离出的血清，若不清亮或带有血细胞，应重离心，2 500r/min，离心 10min，加盖冷藏备用。

2. 盐析

（1）取离心管 1 支加入血清 2mL，再加入等量 PBS 稀释血清，摇匀后，逐渐加入 pH =7.2 饱和硫酸铵溶液 4mL，边加边摇。然后静止 15min，再离心（3 500r/min 离心 15min），倾去上清液（主要含清蛋白）。注意离心机使用时需要配平。

（2）用 1mL PBS 将离心管底部的沉淀搅拌溶解，再逐滴加饱和硫酸铵溶液 0.5mL。摇匀后放置 15min，离心（3 500r/min 离心 15min），倾去上清液（主要含 α、β 球蛋白），其沉淀即为初步纯化的 γ 球蛋白。如要得到更纯的 γ 球蛋白，可重复盐析过程 1~2 次。

（3）把提取的 γ 球蛋白用 1mL PBS 悬浮。

3. 透析脱盐

（1）将盐析得到的 γ 球蛋白放入透析袋内，用线绳缚紧上口，用玻璃棒悬在盛有半杯蒸馏水的 100mL 烧杯中，使透析袋下半部浸入水中。

（2）将烧杯放在磁力搅拌器上搅拌 1h 以上（中间换水 1~2 次），然后将透析袋取下。小心将线绳解开，吸取袋内的液体，与烧杯中的水同时用双缩脲试剂检查袋内外的蛋白质，用纳氏试剂检查袋内外液体中的铵离子（NH_4^+），观察透析法的脱盐效果。

①纳氏试剂：盐存在时，NH_4^+ 与其反应呈现黄色或橙色。

②双缩脲试剂检测：蛋白质与其呈现红色或紫红色。

4. 浓缩

脱盐后得到的 γ 球蛋白溶液可继续浓缩，即用透析袋装好悬于盛有 10mL 浓蔗糖或聚乙二醇溶液的小烧杯内 1h 以上，观察袋内液体体积的变化。

五、结果与讨论

（1）观察纳氏试剂、双缩脲试剂检测颜色变化，记录检测结果。

（2）本实验中是如何采用分级盐析获得粗品 γ 球蛋白。

实验四　大蒜 SOD 的分离提取与活力测定

一、实验目的

（1）通过 SOD 分离提取，掌握有机溶剂沉淀蛋白质的原理。

（2）了解 SOD 作用，学会测酶活力和计算酶活性。

二、实验原理

超氧化物歧化酶（SOD）是一种具有抗氧化、抗衰老、抗辐射和消炎作用的药用酶。它可催化超氧负离子进行歧化反应，生成氧和过氧化氢。大蒜蒜瓣和悬浮培养的大蒜细胞中含有较丰富的 SOD，通过组织或细胞破碎后，可用 pH = 7.8 磷酸缓冲液提取。由于 SOD 不溶于丙酮，可用丙酮将其沉淀析出。

实验各步骤作用如下。

①大蒜蒜瓣细胞破碎后，用磷酸缓冲液提取。

②氯仿-乙醇处理——杂蛋白沉淀。

③丙酮沉淀——有机溶剂沉淀纯化 SOD。

④加热沉淀——进一步去除杂蛋白。

三、实验材料、试剂和仪器

（1）新鲜蒜瓣。

（2）磷酸缓冲液。

（3）氯仿-乙醇混合试剂。

（4）丙酮（用前冷却至 4 ~ 10 ℃）。

研钵、组织匀浆机、微量移液器、台式离心机、恒温水浴锅。

四、实验步骤

1. 组织细胞破碎

称取 5g 大蒜蒜瓣，置于研钵中研磨。

2. SOD 的提取

将上述破碎后的组织中加入 2 ~ 3 倍体积的 0.05mol/L 磷酸缓冲液，继续研磨 10min，使 SOD 充分溶解到缓冲液中，然后在 5 000r/min 下离心 15min，弃沉淀，得提取液。

3. 除杂蛋白

提取液加入 0.25 倍体积的氯仿-乙醇混合液搅拌 10min，5 000r/min 离心 15min，去杂蛋白沉淀，得到的上清液为粗酶液。

4. SOD 的沉淀分离

粗酶液中加入等体积的冷丙酮，搅拌 10min，5 000r/min 离心 15min，得 SOD 沉淀。

将 SOD 沉淀溶于 0.05mol/L 磷酸缓冲液中，于 55～60℃热处理 15min，离心弃沉淀，得到 SOD 酶液。

5. SOD 活力测定

采用超氧化物歧化酶（SOD）试剂盒，由南京建成生物工程研究所提供，方法与操作完全按试剂盒说明进行

仪器：恒温水浴锅、旋涡混匀器、分光光度计、移液枪

测定原理：通过黄嘌呤和黄嘌呤氧化酶反应产生超氧阴离子自由基（O_2^-），后者氧化羟胺形成亚硝酸盐，在显色剂的作用下呈现紫红色，用可见分光光度计测其吸光度。当被测样品中含 SOD 时，则对超氧阴离子自由基有专一性的抑制作用，使形成的亚硝酸盐减少，比色时测定管的吸光度值低于对照管的吸光度值，通过公式计算可求出被测样品中的 SOD 活力。

操作方法如下。

（1）试剂盒的配制：按说明书配制。

（2）总 SOD（T-SOD）活力的测定。

向离心管中依次加入下述试剂：

试剂	测定管	对照管
试剂一（mL）	1.0	1.0
样品（mL）	a *	
蒸馏水（mL）		a *
试剂二（mL）	0.1	0.1
试剂三（mL）	0.1	0.1
试剂四（mL）	0.1	0.1

用旋涡混匀器充分混匀，置 37 恒温水浴 40min。

显色剂	2	2

混匀，室温放置 10min，于波长 550nm 处，1cm 光径比色杯，蒸馏水调零，比色。

总 SOD 活力（U/mL）=（对照管吸光度－测定管吸光度）÷对照管吸光度÷50%×反应体系的稀释倍数×样品测试前稀释倍数

五、结果与讨论

计算大蒜总 SOD 活力。

实验五　滑菇多糖的提取制备和鉴定

一、实验目的

（1）理解用水溶醇沉法提取多糖的原理。

（2）掌握提取植物多糖的方法。

二、实验原理

多糖是自然界中含量最丰富的生物聚合物,是所有生命机体的重要组成成分与维持生命所必须的结构材料。

生物界的多糖常以一定方式与蛋白质相结合,这些糖蛋白具有相当大的糖链。在提取多糖时,采用水或盐溶液进行提取分离。对于仅含一种多糖、而且又容易分离的组织,用水或盐溶液就可以提取出产品。但对于同蛋白质相结合的多糖来讲,必须首先用酶降解蛋白质部分或用碱使蛋白质同多糖之间的键断裂开以促进多糖在提取时溶解在提取液中。

根据植物多糖易溶解在热水中,而不溶于有机溶剂的性质,选用热水作为提取多糖成分的溶剂将多糖从植物组织内溶解出来。然后再浓缩,去蛋白,乙醇沉淀、洗涤干燥而得多糖。经酶提结合水提联合工艺提取的滑菇多糖(PNP)为灰褐色纤维状物质。

三、实验材料、试剂和仪器

(1)材料:滑菇。

(2)试剂:胰蛋白酶;无水乙醇;95%乙醇;sevag 试剂(氯仿:正丁醇 = 5:1);茚三酮溶液;石油醚;丙酮;碱性酒石酸铜试剂、稀盐酸、10%氢氧化钠。

(3)器材:剪刀、医用纱布、电炉、恒温水浴锅、磁力搅拌器、离心机、透析袋。

四、实验步骤

1. 多糖的制备

取 20g 无腐无杂质洁净鲜滑菇,经少许石油醚洗涤脱表脂→用 8 倍水浸泡至吸水完全→取出滑菇用研钵研碎→再加 10 倍滑菇干重水(50 ~ 70mL)浸提 10min→0.04g 胰蛋白酶酶解(磁力搅拌 40min)→90℃浸提 1h→2 000r/min 离心 20min(或纱布过滤除固形物)→取上清溶液→浓缩(将上清液对饱和蔗糖溶液透析,至体积减少一半)→sevag 法去蛋白 3 次→取上清溶液→加 4 倍体积乙醇醇析沉淀多糖→沉淀依次用乙醇、丙酮洗涤→室温干燥后得滑菇多糖。

sevag 法:多糖溶液中加入 1/5 体积的 sevag 试剂(氯仿:正丁醇 = 5:1),充分振荡后 2 000r/min 离心 10min,蛋白质与 sevag 试剂形成凝胶,即可除去。

双缩脲法蛋白质检测如下。

sevag 法处理前:取减压浓缩后的多糖溶液 1mL,向其中滴加 2 ~ 3 滴双缩脲试剂,观察现象。

sevag 法处理后:取多糖溶液 1mL,向其中滴加 2 ~ 3 滴双缩脲试剂,观察现象。

双缩脲试剂检测:蛋白质与其呈现红色或紫红色。

2. 多糖的确证试验

多糖水解:取检品的水溶液 1mL,加入稀盐酸 5 滴,置沸水浴中加热 10 ~ 15min,然后用 10%氢氧化钠液中和至中性,再加新配制的碱性酒石酸铜试剂 4 滴;另取检液 1mL,不加酸水解直接加入上述碱性酒石酸铜试剂 4 滴,两管同置水浴上煮沸 5 ~ 6min,观察现象。

多糖水解后产生单糖，利用单糖的还原性，使铜离子还原成氧化亚铜。故产生棕红色或砖红色氧化亚铜沉淀，示有还原糖。

五、结果与讨论

观察实验结果，描述鉴定反应的颜色变化。

六、透析袋前处理方法

方法一（推荐）：

①把透析袋剪成适当长度（10～20cm）的小段。

②在大体积（500mL）的 2%（w/v）的碳酸氢钠和 1mmol/L Na_2EDTA（pH = 8.0）中将透析袋煮沸 10min。

③用蒸馏水彻底清洗透析袋。

④放在 500mL 的 1 mmol/L Na_2EDTA（pH = 8.0）中将之煮沸 10min。

⑤冷却后，置于 30% 或者 50% 的酒精中，放于 4℃ 冰箱，必须确保透析袋始终浸没在溶液内。从此时起取用透析袋必须戴手套。

⑥在使用前要用蒸馏水将透析袋里外加以清洗干净。

说明，透析液的配置：10g $NaHCO_3$ + 186.6mg Na_2EDTA + 500mL 蒸馏水；1 mmol/LNa_2EDTA：即 373.2mg/L。

方法二（不推荐）：

可用沸水煮 5～10min，再用蒸馏水洗净，即可使用。

方法三（太麻烦）：

可先用 50% 乙醇煮沸 1h，再依次用 50% 乙醇、0.01 mol/L 碳酸氢钠和 1 mmol/L ED-TA（pH = 8.0）溶液洗涤，最后用蒸馏水冲洗即可使用。

使用后的透析袋保存方法如下。

①用生理盐水浸泡以去掉蛋白，并用蒸馏水清洗干净，然后置于 50% 乙醇中保存即可。

②用完以后，要彻底洗干净，透析袋也可以保存在 0.1% 叠氮化钠（可防止微生物生长）里；0.05%～0.1% 叠氮钠，或者 1mM EDTA，或者 50% 甘油中 4℃ 保存。

实验六 凝血酶的制备

一、实验目的

（1）了解凝血酶的作用。

（2）通过实验掌握凝血酶的制备原理及方法。

二、实验原理

凝血酶是机体凝血系统中的天然成分之一，由两条肽链组成，两链之间借助二硫键连接。凝血酶在体内以凝血酶原的形式存在，在一定条件下凝血酶原被激活并转化为具有凝血活性的蛋白水解酶。凝血酶的分子量为 33 580Da，白色无定形粉末，溶于水，不溶有机溶剂，干粉贮存于 2 ~ 8℃很稳定，水溶液室温 8h 内失活。遇热、酸、碱、金属等活性减低。

目前国内主要从动物血浆及人血浆中制备凝血酶原，再经激活剂激活而成为凝血酶。

三、实验材料、试剂和仪器

（1）材料：新鲜血液。

（2）试剂：3.8% 柠檬酸钠抗凝剂、1% 醋酸、0.9% 氯化钠、氯化钙、丙酮、乙醇、乙醚。

（3）仪器：天平、离心机、pH 计、4℃冰箱。

四、实验步骤

1. 分离血浆，提取凝血酶原

（1）取新鲜动物血液加 3.8% 柠檬酸钠抗凝剂，4℃下，4 000r/min 离心 20min，沉降红细胞，吸出血浆。

（2）新鲜血浆 8mL 用蒸馏水稀释 10 倍，用 1% 醋酸调 pH = 5.3 使蛋白质等电沉淀。静置 1h，然后 3 000r/min 离心 15min，弃上清取沉淀，用 20mL 0.9% 氯化钠溶解，再以 3 000r/min 离心 15min，上清液即为凝血酶原粗品。

2. 凝血酶原的激活

向凝血酶原粗品中加入占凝血酶原重量 1.5% 的氯化钙，搅拌 15min，4℃下放置 1.5h，激活凝血酶原转化为凝血酶。

3. 沉淀分离凝血酶

激活后以 4 000r/min 离心 15min，取上清液加入等量预冷丙酮，搅拌均匀，4℃下放置 1h。4 000r/min 离心 15min 后收集沉淀。沉淀用丙酮洗涤并研细，过滤后经乙醇和乙醚洗涤一次，干燥后即制得凝血酶。

五、结果与讨论

（1）计算所得凝血酶的产率。

（2）影响凝血酶产量的因素有哪些？如何避免？

六、注意事项

（1）动物血液一定要新鲜，要防止血液凝固、溶血。

（2）所用器具一定要干净，以防影响产品的纯度。

（3）试剂配制及 pH 值调节一定要准确，方可保证产品产量及质量。

（4）生产温度应控制在规定的条件下，低温提取，方可保证酶不失活。

（程玉鹏，刘莉莉，林进华、陈惠杰）

第十二章　综合实验

实验一　基因组 DNA 文库的构建

一、实验目的

（1）了解基因组 DNA 文库构建的原理。

（2）学习并掌握构建基因组 DNA 文库的基本步骤。

（3）通过构建 λ 噬菌体文库熟悉各个步骤的操作。

二、实验原理

基因组 DNA 文库包括了基因组所有顺序的随机克隆片段。一个好的基因组 DNA 文库的大小应足够大，以便包括所有的基因 DNA 顺序。DNA 克隆片段也应足够大，其中包括整个基因、连接基因及它们稳定形式所要的侧翼顺序。为了获得高的克隆效率和较大的插入片段，λ 噬菌体载体和质粒经常被使用构建基因组 DNA 文库。λ 噬菌体文库易于操作，噬菌体载体上有多克隆位点。λ 噬菌体能容纳 10 ~ 50 kb 插入 DNA 段，载体类型应根据所要基因组 DNA 片段的大小和用途来选择。

构建一个基因组 DNA 文库的基本步骤主要包括：

①分离纯化基因组 DNA。

②切割 DNA 成合适大小的片段以用于克隆。

③载体 DNA 的制备。

④把基因组 DNA 片段和载 DNA 连接。

⑤包装重组分子。

⑥测定 λ 噬菌体滴度。

⑦扩增 DNA 文库。

⑧评估文库的质量。

三、实验材料、试剂和仪器

1. 培养基

LB 液体培养基；LB 琼脂平板；LB 顶层琼脂糖。

2. 缓冲液

TSP、DMSO / ATP 溶液、SMC 溶液、SM 稀释缓冲液。

3. 试剂和酶

Bam H I、Sau I、Nae I、T4 DNA 连接酶、λ 噬菌体、宿主菌、对照 λDNA。

四、实验步骤

1. 载体 λ 噬菌体的制备

λDNA 在噬菌体颗粒中呈线性双链分子，两边带有单链互补末端。大多数 λ 载体都有独特的多克隆位点。

（1）分离纯化噬菌体 DNA。噬菌体 DNA 是从单个噬菌斑的液体贮存液分离而来的。通过氯化铯平衡梯度离心中用双显带技术进行大规模噬菌体分离能得到最纯噬菌体。

（2）Cos 末端的连接（随机）。在剪切 λZap 之前，cos 末端一定要连上，保证它们不受降解，并保证 cos 末端的完整以便包装。20 μg DNA、20 μL 连接酶溶液、4 WeissU T4 DNA 连接酶、4 ℃过夜。连接完成后，65 ℃保温 15 min 灭活连接酶。

（3）λDNA 臂的消化。按照基因组 DNA 降解步骤，λDNA 可被 BamH I 完全降解。

①通过加入以下反应物建立降解反应体系，37 ℃反应 1h。

λDNA（20 μg）	200 μL
10×BM 缓冲液 A	25 μL
BamH I （10U/μL）	12.5 μL
Nae I （10U/μL）	12.5 μL

Nae I 能把填充区域降解成小片段，也可使用其他限制酶。应检查所用载体的酶切图谱以确保所用酶不会降解载体臂。

②苯酚/氯仿（1∶1）抽提一次。被降解的 DNA 臂可用琼脂糖凝胶电泳纯化。

③加入 50 μL 8 mol/L 的醋酸铵和 300 μL 异丙醇。充分混合并离心 15min。

④加入 0.5 mL 70% 乙醇冲洗沉淀，12 000rpm 离心 2min。

⑤室温下干燥沉淀 10 min。

⑥把 DNA 悬浮于 15 μL TE 缓冲液中，并在 0.5% 琼脂糖凝胶电泳上分析产品。

2. 基因组 DNA 的部分降解和分级分离

（1）将 100 μg 基因组 DNA 溶于 1×TE 缓冲液中并与 50 μL Sau3A 酶解缓冲液混合，并加无菌蒸馏水至终体积为 500 μL。

（2）取出其中 95 μL（标记试管 1），并加入 Sau3A（10U/μL）。

（3）将余下溶液分成 9 管（标记成 2~9），每管 50 μL，10 号管装余下的 5 μL。

（4）将 1 号管中溶液取出 50 μL 至 2 号管，混匀后再取出 50 μL 至 3 号管，如此类推，直至 9 号管。

（5）37 ℃，酶解反应 1h 后，于 65 ℃下恒温孵育 10 min 终止反应。

（6）用 0.5% 琼脂糖凝胶电泳分析 DNA。部分降解 DNA 的大小可通过对比 1 号管（完全水解）和 10 号管（未水解）而给出。

（7）合并部分降解物（3~8 号管）。

（8）如果需要特定大小的 DNA，所有样品都应经 0.5% 琼脂糖凝胶电泳分析，切下胶带提取而获得所要求的 DNA 片段。

（9）用苯酚/氯仿（1∶1）抽提一次。

（10）乙醇沉淀 DNA。

（11）将 DNA 沉淀悬浮于 10 μL TE 缓冲液中，并于 0.5% 琼脂糖凝胶上分析。

3. λ 噬菌臂和 DNA 片段的连接

按下述方法建立 DNA 连接反应体系：

λ 噬菌臂（0.5 μg/μL）	2 μL
基因组 DNA（0.2 μg/μL）	2 μL
10 × 连接缓冲液	1 μL
T4 DNA 连接酶（5 Weiss U/μL）	0.5 μL
去离子水	4.5 μL

轻轻使之混匀并于 16 ℃ 反应过夜。

4. 包装抽提物的制备

（1）在 2L 三角瓶中放入 200 mL LB 液体培养基和经过夜培养的 SMR10，初始 OD_{600} 为 0.02。34℃ 下充分振荡培养细胞 3h，直至达到 OD_{600} 为 0.8（此步充分振荡是指以 325 r/min 旋转摇床）。

（2）将 2L 三角瓶移至 45℃ 条件下，充分振摇 15 min。

（3）37℃ 下充分振摇三角瓶 90 min。

（4）在冰水中迅速冷却该培养物 5 min，不要让温度从这一点再升高，余下的操作均应在冷室中进行。所有需要用的溶液事先需要预冷，所有的试管和工具必须在冰上使用。

（5）4 ℃ 下 4 000g 离心 5 min。尽可能弃去上清液，余下液体用纸吸去。

（6）加入 10 mL TSP，轻轻振荡使菌体悬浮。4 ℃ 下 4 000g 离心 5 min，尽可能移去上清液。

（7）加入 150 μL TSP，用玻璃棒轻轻搅拌使菌体沉淀悬浮。

（8）分装悬浮液，每管事先加入 5 mL DMSO/ATP 溶液，每管装 20 μL 悬浮液，轻摇几下，液氮速冻。

5. 带有插入片段的 λDNA 体外包装

（1）从液氮中取出 1 管（20 μL）包装抽提物，立即加入 10 μL 连接 DNA 载体混合物。

（2）融化该抽提物，用密封的玻璃管搅匀。若有小气泡产生，稍离心一下，以保证所有成分沉于管底。

（3）28 ℃ 下恒温孵育 1.5h，随后加入 500 μL SMC 并混匀。

（4）加一滴氯仿并轻轻旋摇，离心 1 min，沉降细胞碎片并收集上清。

6. 滴定有活力噬菌体颗粒

（1）在 100 μL SM 缓冲液中对噬菌体贮存液进行 10 倍连续稀释。最终样品浓度相当于 0.1，0.01 和 0.001 包装反应。

（2）把每个样品和 200 μL 铺板细胞混合。

（3）37 ℃培养 30 min，让噬菌体颗粒吸附细菌。

（4）加 45℃的 3 μL 0.7% 顶层琼脂糖于每一管中，并立即铺在 LB 平板上。

（5）在顶层琼脂糖凝固 10 min 后，翻转平板，倒置 37℃过夜。

（6）对每一个平板上的噬菌斑计数，估计文库大小。

（7）以适当噬菌斑密度铺板用以筛选或者通过文库扩增永久保存。

五、结果与讨论

（1）对所得的平板上噬菌斑计数，评估文库质量。

（2）试述构建基因组 DNA 文库重要意义。

六、注意事项

（1）基因组 DNA 应当非常纯，以适应 DNA 的酶解，而且基因组 DNA 应足够大（超过 100 kb）以获得两个末端的消化产物。

（2）不论是载体 DNA 还是靶 DNA 不含外源片段是一个基本条件。

（3）在 λ 噬菌体臂和插入 DNA 片段连接过程中有两个重要参数：λ 噬菌臂和潜在插入片段的比例；基因组 DNA 的浓度和纯度。大约 10pg λ 噬菌臂和 4μgDNA 能产生有效的包装。对一个典型的基因组，要产生一个可表达文库，重组子数一般大于 $1 \times 10^6 \sim 6 \times 10^6$。

（4）包装抽提物贮存于液氮中，包装效率可保持 1 年多，而在 −70 ℃ 中只能保存几星期，而且包装效率还会降低。

实验二　突变细胞基因差异表达的研究

一、实验目的

（1）掌握利用抑制性消减杂交技术分析两种样品的基因表达差异。

（2）复习并学会综合运用 RNA 提取、酶切反应、PCR 等试验方法。

二、实验原理

抑制性消减杂交（suppression subtractive hybridization，SSH）技术是一种鉴定、分离组织细胞中选择性表达基因的技术。其原理是以抑制性多聚酶链反应（PCR）为基础的 cDNA 消减杂交技术。通过合成两个不同的接头，连接在测试 cDNA 片段的 5' 末端，达到选择性扩增差异性表达的 cDNA 片段，抑制非目的 cDNA 的扩增。该技术与其他消减杂交技术相比具有假阳性率低、敏感性高、效率高等优点。该方法运用了杂交二级动力学原理，即丰度高的单链 DNA 在退火时产生同源杂交的速度快于丰度低的单链 DNA，从而使原来在丰度上有差别的单链 DNA 相对含量达到基本一致。而抑制 PCR 则是利用链内退火优于链间退火的特性，使非目的序列片段两端反向重复序列在退火时产生类似发夹的互补结构，无法作为模板与引物配对，从而选择性地抑制了非目的基因片段的扩增。这样即利用了消减杂交技术的消减富集，又利用了抑制 PCR 技术进行了高效率的动力学富集（图 12 - 1）。

该技术可用于比较两个 mRNA 群体，并获得只在一个群体中过量表达或特异性表达的基因的 cDNA。

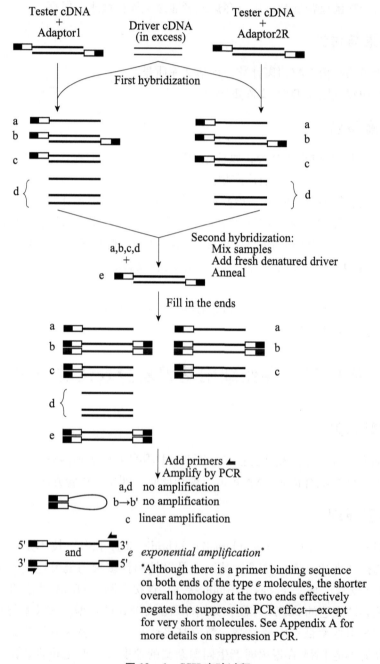

图 12 - 1　SSH 实验过程

三、实验流程

细胞培养与收集→总 RNA 的提取及 mRNA（poly A⁺ RNA）的分离与纯化→抑制性消减杂交→构建 cDNA 消减文库→测序确定差异表达序列，并与小鼠全序列比对，确定差异表达序列所对应的基因→分析基因作用。

四、实验材料、试剂和仪器

（1）实验材料：正常小鼠肝细胞，小鼠肝癌细胞系 H22。
（2）实验试剂与仪器：在实验各步骤中分别列出。

五、实验步骤

（一）细胞培养与收集

参考第七章内容，设计并培养正常小鼠肝细胞及小鼠肝癌细胞系 H22。

（二）总 RNA 的提取与 mRNA（poly A⁺ RNA）的分离纯化

1. 总 RNA 的提取

（1）试剂：Trizol，DEPC，氯仿，异戊醇，75% 乙醇，TAE，琼脂糖。
所用用品须确保无 RNase。

处理方法：在干净的玻璃烧杯中注入三蒸水，加入 DEPC 使其终浓度为 0.1%，配置为 0.1% DEPC 水溶液。将待处理的塑料制品放入一个可以高温灭菌的容器中，注入 0.1% DEPC 水溶液，使塑料制品的所有部分都浸泡到溶液中，在通风柜中 37℃ 或室温下处理过夜。将 0.1% DEPC 水溶液小心倒入干净的试剂瓶中备用。将已用 0.1% DEPC 水处理过的塑料制品的容器以牛皮纸封口，高温高压蒸汽灭菌 30min。灭菌塑料制品在 150℃ 下烘烤干燥，置洁净处备用。

玻璃制品用去污剂洗净，蒸馏水冲洗，0.1% DEPC 水溶液浸泡，37℃ 2h。双蒸灭菌水淋洗数次，单层牛皮纸扎口，121℃ 20min 高压灭菌，烘干。180℃ 烘烤 8h 以上。金属制品如镊子使用前以 70% 酒精擦拭后在火焰上烧烤。

电泳槽先用去污剂洗净，蒸馏水冲洗，无水乙醇干燥。再灌满 3% 双氧水溶液，室温放置 10min，灭菌水彻底冲洗。

（2）仪器：离心管，离心机，冷冻离心机，水平电泳仪。
Trizol 法提取细胞总 RNA。

各取两种细胞 1 管（2×10^7 个细胞/管），先加入 1mL Trizol，室温放置 5min，充分裂解。12 000r/min 离心 5min，弃沉淀。加入 200μL 氯仿，震荡混匀后室温放置 15min。4℃ 12 000r/min 离心 15min，吸取上层水相至另一离心管中。加入 0.5mL 异丙醇混匀，室温放置 5~10min，4℃ 12 000r/min 离心 10min，弃上清，RNA 沉于管底。最后加入 1mL 75% 乙醇，温和震荡离心管，悬浮沉淀，4℃ 8 000r/min 离心 5min，尽量弃上清。室温晾干 5min 后，用 50μL 无 RNase 水在 55℃ 溶解 RNA 样品 5min。1.2% 琼脂糖凝胶电泳检测，紫外测定 OD 值估算 RNA 浓度。

2. mRNA 的分离与纯化

批量层析方法筛选 poly（A）$^+$ RNA 〔《分子克隆实验指南》P529〕

注意：此方案中所有试剂应用 DEPC 处理的水。

（1）试剂。吸附/洗涤缓冲液：500mmol/L NaCl，10mmol/L Tris-Cl（pH = 7.6），1mmol/L EDTA（pH = 8.0），0.05% SDS。

注意：Tris-Cl 和 EDTA 储存液要新鲜高压灭菌，后用 DEPC 处理水稀释，最后加 DEPC 处理水配制的 SDS 储存液。

醋酸铵 1mol/L	乙醇	冰预冷的水
NaCl 5mol/L	TES	Oligo（dT）$_{18\sim30}$ -纤维素

纤维素采用Ⅲ型纤维素（结合能力 100 OD_{260}/g），处理方法：依次用 0.1mol/L NaOH，DEPC 处理的水，缓冲液洗涤纤维素，直至洗涤液 pH < 8。最后用吸附/洗涤缓冲液重悬为 100mg/mL。

（2）仪器：离心机，水浴锅。

①在一系列灭菌微量离心管中，将每份总 RNA（上限为 1mg）样品的体积用 TES 调整到 600μL。封好管口，在 65℃加热 10min，然后迅速在冰上冷却至 0℃。每份样品加 75μL（0.1 倍体积）5mol/L NaCl。

②在每管中加 50mg（500mL）平衡的 oligo（dT）-纤维素，盖好管盖，室温下旋转轮上温育 15min。

③用微量离心机在室温下离心，600 ~ 800g，2min。

④将上清移到一系列干净的离心管中，置冰上存放。

⑤在含 oligo（dT）的沉淀中加 1mL 冰预冷的吸附/洗涤缓冲液。温和漩涡震荡分散沉淀。将盖好盖子的离心管置于旋转轮上，室温下温育 2min。

⑥室温下，用微量离心机离心，600 ~ 800g，2min。弃上清。重复步骤⑤，⑥两次。

⑦在含 oligo（dT）的沉淀中加 0.4mL 冰预冷的双蒸灭菌水，温和旋涡震荡以重悬沉淀。立即在微量离心机上离心，4℃，2min。

⑧小心吸去上清。

⑨回收结合的 poly（A）+RNA：用 400μL 双蒸灭菌水重悬沉淀，在 55℃温育 5min，然后 4℃离心 2min。

⑩将上清移至一系列干净的离心管中，重复步骤⑨两次，合并所有上清。

⑪在上清中加 0.2 倍体积的 10mol/L 醋酸铵和 2.5 倍体积的乙醇，在 - 20℃存放 30min。

⑫回收沉淀的 poly（A）+RNA：4℃离心，最大速度，15min。小心弃上清，用 70% 乙醇洗沉淀，短暂离心，吸去上清，将管盖打开，倒置数分钟，使大部分残留的乙醇挥发。

⑬用小体积灭菌的 DEPC 处理的水溶解 RNA。

⑭估算 RNA 浓度，保存 RNA。

3. 总 RNA 与 poly（A）⁺ RNA 检测方法

参照第五章内容，采用甲醛变性凝胶电泳检测 RNA 提取结果。

（三）抑制性消减杂交

消减杂交一共要做 2 次，即以 H22 分别作为 Driver 和 Tester 各做一次，同时还需要有 1 个对照组。

（1）试剂。

缓冲液：First-Strand Synthesis

7μL　SMARTScribe^{TM} Reverse Transcriptase（100U/μL）

10μL　cDNA Synthesis Primer（10μm）

200μL　5 × First-Strand Buffer（RNase-free）

　　　　250 mM Tris-HCl（pH = 8.3）

　　　　30 mM MgCl$_2$

　　　　375 mM KCl

10μL　Dithiothreitol（DTT；20 mM）

Second-Strand Synthesis

28μL　20 × Second-Strand Enzyme Cocktail

　　　　DNA polymerase I, 6 U/μL

　　　　RNase H, 0.25U/μL

　　　　E. coli DNA ligase, 1.2U/μL

200μL　5 × Second-Strand Buffer

　　　　500 mM KCl

　　　　50 mM Ammonium sulfate（硫酸铵）

　　　　25 mM MgCl$_2$

　　　　0.75 mM-NAD

　　　　100 mM Tris-HCl（pH = 7.5）l

　　　　0.25 mM BSA

14μL　T4 DNA Polymerase（3 U/μL）

Endonuclease Digestion

300μL　10 × Rsa I Restriction Buffer

　　　　100 mM Bis Tris Propane-HCl（pH = 7.0）

　　　　100 mM MgCl$_2$

　　　　1 mM DTT

12μL　Rsa I（10 U/μL）

Adaptor Ligation

21μL T4 DNA Ligase（400v/μL；contains 3 mM ATP）

200μL　5 × DNA Ligation Buffer

　　　　250 mM Tris-HCl（pH = 7.8）

50 mM MgCl$_2$

10 mM DTT

0.25 mM BSA

30μL Adaptor 1 (10μM)

30μL Adaptor 2R (10μM)

Hybridization

200μL 4 × Hybridization Buffer

1.4mL Dilution buffer (pH = 8.3)

20 mM HEPES (pH = 6.6)

20 mM NaCl

0.2 mM EDTA (pH = 8.0)

PCR Amplification

50μL PCR Primer 1 (10μM)

100μL Nested PCR primer 1 (10μM)

100μL Nested PCR primer 2R (10μM)

10μL PCR Control Subtracted cDNA

50 × TAE electrophoresis buffer

242 g Tris base

57.1mL Glacial acetic acid

37.2 g Na$_2$EDTA · H$_2$O

Add H$_2$O to 1 L. For 1 × TAE buffer, dilute 50 × stock solution 1 : 49 with H$_2$O。

Control Reagents

5μL Control Poly A + RNA (1 μg/μL; from human skeletal muscle)

5μL Control DNA (3 ng/μL; Hae III-digested bacteriophage φX174 DNA)

50μL G3PDH 5′Primer (10μM) ∗

50μL G3PDH 3′ Primer (10μM) ∗

其他试剂：

20μL dNTP Mix (10 mM each dATP, dCTP, dGTP, dTTP)

100μL 20 × EDTA/glycogen Mix (0.2 M EDTA; 1 mg/mL glycogen)

480μL NH$_4$OAc (4 M)

1mL sterile H$_2$O

Hae III digest of bacteriophage φX174

0.5mL PCR reaction tubes

80% ethanol & 96% ethanol

Phenol：chloroform：isoamyl alcohol (25 : 24 : 1)

Chloroform：isoamyl alcohol (24 : 1)

50 × PCR enzyme mix We recommend our Advantage$^®$ cDNA Polymerase Mix (Cat. No. 639105), which is also provided in the Advantage cDNA PCR Kits (Cat. Nos. 639101 &

639102）．

10 × PCR buffer

dNTP Mix for PCR（10 mM each dATP, dCTP, dGTP, dTTP）

引物序列：

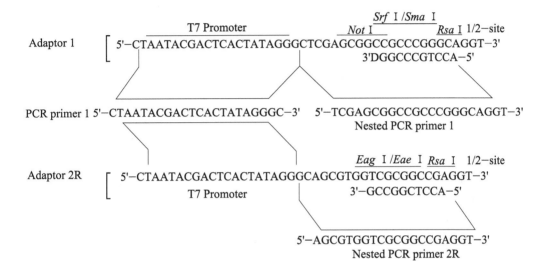

CDNA synthesis primer	*Rsa* I *Hind* Ⅲ 5'-TTTTGTACAAGCTT$_{30}$N$_1$N-3'

Control Primers: G3PDH5' Primer   5'-ACCACAGTCCATGCCATCAC-3'

G3PDH3' Primer   5'-TCCACCACCCTGTTGCTGTA-3'

（2）仪器：0.5mL PCR reaction tubes，PCR 仪，水浴锅。

1. mRNA 逆转录形成 cDNA

cDNA 的合成：

①分别取 2μg（2~3μL）样品 mRNA（tester, driver, control），加入 0.5mL 无菌离心管中（禁止使用聚苯乙烯管），加入 1μL cDNA synthesis primer（10μM），加无菌水补齐至 4μL，混匀。

②PCR 仪中（thermal cycler），70℃孵育 2min，随后置于冰上冷却 2min。

③向每个反应体系中添加下列试剂，混匀。

5 × First-Strand Buffer	2 μL	dNTP Mix（10 mM each）	1 μL
Sterile H$_2$O	1 μL	DTT（20 mM）	1 μL

SMARTScribe Reverse Transcriptase（100U/μL）   1 μL

④气浴温箱，42℃孵育 1.5h（禁止使用水浴或 PCR 仪）。

⑤孵育结束后，将离心管置于冰上结束 cDNA 第一链合成反应。

⑥向反应体系中加入下列试剂，混匀，终体积为 80μL。

Sterile H$_2$O   48.4 μL

5 × Second-Strand Buffer	16.0 μL
dNTP Mix (10 mM)	1.6 μL
20 × Second-Strand Enzyme Cocktail	4.0 μL

⑦水浴或 PCR 仪中，16℃孵育2h。

⑧向反应体系中加入 2μL（6U）T4 DNA 聚合酶，混匀，在水浴或 PCR 仪中 16℃孵育 30min。

⑨孵育结束后，加入 4μL 20 × EDTA/Glycogen Mix，结束第二联合成。

⑩加入 100μL 酚：氯仿：异戊醇（25：24：1），充分震荡，室温下，14 000r/min 离心 10min。

⑪小心收集上层溶液置于新的 0.5mL 离心管中。加入 100μL 氯仿：异戊醇（24：1），充分震荡，室温下，14 000r/min 离心 10min，收集上层溶液置于新的离心管中。

⑫加入 40μL 4M NH$_4$OAc 及 300μL 95% 乙醇。

注意：出现沉淀立即进行后续步骤，不要贮存于 -20℃，容易造成盐离子沉淀。

⑬充分震荡，随后室温下，14 000r/min，离心 20min，收集沉淀。

⑭加入 500μL 80% 乙醇洗涤沉淀，14 000r/min，离心 10min。

⑮弃上清，晾干沉淀，随后用 50μL 无菌水溶解沉淀，-20℃ 保存。

⑯取 6μL 转移至新的离心管中另外保存备用。

cDNA 的检测：0.8% 琼脂糖凝胶检测。

2. 核酸内切酶 Rsa I 消化（也可选用 Hind Ⅲ）

Rsa I 消化：

①将初始反应体系所需试剂加入离心管，混匀。

ds cNDA	43.5μL
10 × Rsa I Restriction Buffer	5.0μL
Rsa I （10v/μL）	1.5μL

②37℃孵育 1.5h。取 5μL 消化后产物检测消化效果。

③向反应体系中添加 2.5μL 20 × EDTA/Glycogen Mix 终止反应。

④加入 50μL 酚：氯仿：异戊醇（25：24：1），充分涡旋，14 000r/min 室温离心 10min，取上层溶液加入新的 0.5mL 离心管中。

⑤加入 50μL 氯仿：异戊醇（24：1），振荡，14 000r/min 室温离心 10min，取上层溶液加入新的 0.5mL 离心管中。

⑥加入 25μL 4M NH$_4$OAc 及 187.5μL 95% 乙醇。

注意：出现沉淀立即进行后续步骤，不要贮存于 -20℃，容易造成盐离子沉淀。

⑦14 000r/min 室温离心 10min，弃上清。

⑧200μL 80% 乙醇清洗沉淀，14 000r/min 离心 5min，弃上清。

⑨自然风干 5~10min，加入 5.5μL 水重新溶解沉淀，-20℃ 保存。

⑩消化效果检测：0.8% 琼脂糖凝胶检测。

3. 连接接头（制备 tester）

接头的连接：

①取 1μL 经 Rsa I 消化后的 cDNA，加入 5μL 无菌水稀释。

对照组（Control）的制备方法为：将 φX174/Hae III 用无菌水稀释至 150ng/mL。随后取 1μL 经消化后的 skeletal muscle cDNA，加入 5μL φX174/Hae III 稀释液（150ng/mL）配制而成。

②依据以下比例，按所需用量制备连接溶液（Master Mix）。

	per rxn
Sterile H₂O	3μL
5 × ligation buffer	2μL
T4 DNA ligase（400v/μL）	1μL

③按以下表格所述，配制连接反应体系（表 12 - 1）。

表 12 - 1　配制连接反应体系表

Component	Tube Number	
	1 Tester1 - 1 *	2 Tester1 - 2 *
Diluted tester cDNA	2μL	2μL
Adaptor 1（10 μM）	2μL	-
Adaptor 2R（10 μM）	-	2μL
Master Mix	6μL	6μL
Final volume	10μL	10μL

* Use the same setup for Tester 2 - 1 and 2 - 2, 3 - 1 and 3 - 2.

④另外，各取 Tester1 - 1 与 Tester1 - 2 2μL，放入新的离心管中。在连接结束以后该样品作为未杂交 Tester 对照。连接结束后约有 1/3 的该种 cDNA 分子装载有 2 种不同的接头。

⑤充分混匀，16℃ 孵育过夜。连接反应结束后，加入 1μL EDTA/Glycogen Mix 终止反应。

⑥72℃ 加热 5min 使连接酶失活。离心（溶液聚集在离心管底）。

⑦取 1μL 未杂交 Tester 对照，无菌水稀释至 1mL，用于 PCR。

⑧所有样品储存于 - 20℃。

4. 第一次杂交

杂交前，可将杂交缓冲液在室温下加热 15 ~ 20min，确保缓冲液完全融化，必要时，可在 37℃ 加热 10min 左右，以确保所有沉淀物均已溶解。

①按下表所述配制杂交体系（表 12 - 2）。

表 12 - 2　配制杂交体系表

Component	Hybridization Sample	
	1 Tester1 - 1 *	2 Tester1 - 2 *
Rsa i-digested Driver cDNA（IV. E. 18）	1.5μL	1.5μL
Adaptor 1 - ligated Tester 1 - 1 *（IV. F. 3. i）	1.5μL	-
Adaptor 2R-ligated Tester 1 - 2（IV. F. 3. i）	-	1.5μL
4x Hybridization Buffer	1.0μL	1.0μL
Final volume	10μL	10μL

Use the same setup for Tester 2 - 1 and 2 - 2, 3 - 1 and 3 - 2.

②在反应体系表面滴一滴矿物油，简单离心。

③在 PCR 仪上，98℃孵育 1.5min。

④68℃孵育 8h。

注意：样品杂交时间可以为 6～12h，但孵育时间禁止超过 12h。

5. 第二次杂交

注意：不要使第一次杂交产物变性，也不要使杂交产物长时间离开 PCR 仪。

①将下列试剂加入一个灭菌的离心管中：

	per rxn
Driver cDNA	1μL
4 × Hybridization Buffer	1μL
Sterile H₂O	2μL

②取 1μL 上述混合物加入 0.5mL 离心管中，并加入 1 滴矿物油覆盖，PCR 仪中，98℃孵育 1.5min。

③将变性的 Driver 从 PCR 仪中取出，按如下步骤混匀 Driver 与 Sample 1 与 Sample 2。

a. 将微量移液器设置为 15μL。

b. 小心将 Sample2 中的样品部分全部吸出来，附带少量矿物油没关系。

c. 吸取少量空气，随后重复步骤 b，吸取变性的 Driver。

d. 将上述混合物转移至 Sample1 中，用移液器混匀，简单离心。

④68℃孵育反应过夜。

⑤加 200μL 稀释缓冲液（Dilution buffer），用移液器混匀。

⑥PCR 仪中 68℃加热 7min。

⑦ –20℃保存。

6. PCR 扩增

注 意：一个完整的实验需要至少对 7 份样本进行 PCR 扩增。

①取 1μL 待反应样品（cDNA 或对照）加入新的 PCR 管中。

②按下表配制 PCR 反应缓冲液（Master Mix），充分混匀，简单离心（表 12 –3）。

表 12 –3　配制 PCR 反应缓冲液表

Reagent	Per Rxn	7 – Rxn Mix*
Sterile H₂O	19.5μL	156.0μL
10 × PCR reaction buffer	2.5μL	20.0μL
dNTP Mix（10 mM）	0.5μL	4.0μL
PCR Primer 1（10μL）	1.0μL	8.0μL
50 × Advantage cDNA Polymerase Mix	0.5μL	4.0μL
Total volume	24.0μL	192.0μL

For each additional experimental cDNA. prepare Master Mix for one additional reaction.

③向步骤①中所制备的各样品中分别加入 24μL 反应缓冲液，并在反应体系上覆盖 50μL 矿物油。

④在 PCR 仪中，75℃孵育 5min 用以补齐接头部分。

⑤孵育结束后立即按如下条件进行 PCR 循环（表 12 - 4）：

表 12 - 4 PCR 循环表

Cycle Parameters	
Cold Lid	Hot Lid
27 cycies： ● 94℃ for 30s ● 66℃ for 30s ● 72℃ for 1.5min	● 94℃ for 25s 27 cycies： ● 94℃ for 10s ● 66℃ for 30s ● 72℃ for 1.5min

⑥循环结束后，取 8μL PCR 产物电泳检测扩增效果。

⑦取 3μL PCR 产物，加入 27μL 无菌水稀释。并取 1μL 稀释后的 PCR 产物加入新的有标签的 PCR 管中。

⑧按顺序依次加入下表所述试剂，配制第二次 PCR 反应缓冲液（Master Mix），涡旋混匀，简单离心（表 12 - 5）。

表 12 - 5 第二次 PCR 反应缓冲液

Reagent	Per Rxn	7 - Rxn Mix*
Sterile H_2O	18.5μL	156.0μL
10 × PCR reaction buffer	2.5μL	20.0μL
Nested PCR primer 1 （10μL）	1.0μL	8.0μL
Nested PCR primer 2R （10μL）	1.0μL	8.0μL
dNTP Mix （10μL）	0.5μL	4.0μL
50 × Advantage cDNA Polymerase Mix	0.5μL	4.0μL
Total volume	24.0μL	192.0μL

For each additional experimental cDNA. prepare Master Mix for one additional reaction.

⑨向步骤⑦制备的各样品中分别加入 24μL 第二次 PCR 反应缓冲液，加 1 滴矿物油覆盖反应体系表面。立即按下述条件进行 PCR 循环（表 12 - 6）：

表 12 - 6 第二次 PCR 循环表

Cycle Parameters	
Cold Lid	Hot Lid
10 - 12 cycies： ● 94℃ for 30s ● 68℃ for 30s ● 72℃ for 1.5min	10 - 12 cycies： ● 94℃ for 10s ● 68℃ for 30s ● 72℃ for 1.5min

⑩取 8μL PCR 产物检测扩增效果。

⑪反应产物贮存于 - 20℃。

（四）构建 cDNA 消减文库及差异表达序列的筛选

1. cDNA 消减文库的构建

将 PCR 产物连接到 T 载体，转化大肠杆菌，筛选阳性克隆。构建消减文库。以 nested 1 与 nested 2 为引物，菌落 PCR 检测文库。

2. 差异表达序列的筛选

以阳性克隆的 PCR 产物制备探针，分别于 Tester 与 Driver 的总 mRNA 进行分子杂交，比较杂交结果，筛选差异表达序列。

（五）序列测定与分析

扩增差异基因，送生物公司测序。测序结果与小鼠基因组全序列进行比对，找出差异表达基因，了解功能，分析作用。

（六）实验结果

（1）两种细胞系有哪些差异表达基因，各有什么功能？

（2）对比其他差异表达的检测方法，说明抑制消减杂交实验的难点和创新点？讨论该实验是否还有改进的地方？

（3）小组讨论基因差异表达技术还可以在哪方面应用，并提供实验的思路和设计方案。

（高宁、刘博、蒋倩倩、陈惠杰）

附　录

培养基配制

1. LB 培养基

蛋白胨	10g
酵母提取物	5g
NaCl	10g

将上述成分溶于800mL蒸馏水中，用NaOH调节pH值至7.5，加蒸馏水定容至1L，分装后，121℃高压蒸汽灭菌20min，冷却备用。

注：培养基中抗生素等热敏感成分的添加。某些时候，根据实验的具体要求，需向培养基中添加抗生素、激素等物质，由于其不耐热，因此，需将抗生素配制成高浓度贮存液（母液），经无菌的0.22μm的微孔滤膜过滤除菌后，按比例加入灭菌并冷却后的培养基中。

2. 牛肉膏蛋白胨培养基

牛肉膏	5g
蛋白胨	10g
NaCl	0.5g

将上述成分溶于800mL蒸馏水中，调节pH值至7.6，随后定容至1 000mL，121℃高压蒸汽灭菌20min，冷却备用。

3. YPD 培养基

酵母浸粉	10g
蛋白胨	20g
葡萄糖	20g

将上述成分加入1 000mL蒸馏水中，自然pH，溶解，121℃高压蒸汽灭菌20min，冷却备用。

4. 马铃薯葡萄糖固体培养基（PDA）

取200g马铃薯去皮，切成块状，加入1 000mL蒸馏水煮沸15min，随后用8层纱布过滤，加入20g葡萄糖，溶解后，加水补足至1 000mL，加入15～20g琼脂粉，自然pH，121℃高压蒸汽灭菌15min。灭菌后，待培养基冷却至45～50℃，无菌条件下倒入无菌培养皿制成PDA平板。

5. 察氏培养基（Czapek-Dox Medium）

$NaNO_3$	3g
K_2HPO_3	1g
$MgSO_4 \cdot 7H_2O$	0.5g
KCl	0.5g
$FeSO_4 \cdot 7H_2O$	0.01g
蔗糖	30g

将上述成分加入 1 000mL 蒸馏水中，自然 pH，溶解，121℃高压蒸汽灭菌 20min，冷却备用。

6. 高氏一号培养基

可溶性淀粉	20g
NaCl	0.5g
KNO_3	1g
$K_2HPO_4 \cdot 3H_2O$	0.5g
$MgSO_4 \cdot 7H_2O$	0.5g
$FeSO_4 \cdot 7H_2O$	0.01g

按配方先称取可溶性淀粉，放入小烧杯中，并用少量冷水将淀粉调成糊状，再加入 900mL 沸水中，继续加热，使可溶性淀粉完全溶化。然后再称取其他各成分，并依次溶解，对微量成分 $FeSO_4 \cdot 7H_2O$ 可先配成高浓度的贮备液，按比例换算后再加入。待所有试剂完全溶解后，调节 pH 值至 7.6，并补充蒸馏水到 1 000mL。121℃高压蒸汽灭菌 20min。

7. MS 培养基

MS 培养基母液配方如下。

（1）大量元素（母液 I）：20 × 母液，500mL（附表1）。

附表1 母液 I

种类	使用浓度	每 500mL 加入质量
第一瓶		
KNO_3	1 900mg/L	19g
NH_4NO_3	1 650mg/L	16.5g
KH_2PO_4	170mg/L	1.7g
第二瓶		
$MgSO_4 \cdot 7H_2O$	370mg/L	3.7g
第三瓶		
$CaCl_2 \cdot H_2O$	440mg/L	4.4g

（2）微量元素（母液 II）：200 × 母液，500mL（附表2）。

附表2　母液Ⅱ

种类	使用浓度	每500mL加入质量
$MnSO_4 \cdot H_2O$	16.9mg/L	1.69g
$ZnSO_4 \cdot 7H_2O$	8.6mg/L	0.86g
H_3BO_3	6.2mg/L	0.62g
KI	0.83mg/L	0.083g
$Na_2MoO_4 \cdot 2H_2O$	0.25mg/L	0.025g
$CuSO_4.5H_2O$	0.025mg/L	0.002 5g
$CoCl_2.6H_2O$	0.025mg/L	0.002 5g

（3）铁盐（母液Ⅲ）：100×母液，500mL（附表3）。

附表3　母液Ⅲ

种类	使用浓度	每500mL加入质量
Na_2EDTA	37.3mg/L	1.865g
$FeSO_4.7H_2O$	27.8mg/L	1.39g
两者分别溶于200mL蒸馏水中，在搅拌下混合均匀，加NaOH调pH值至5.5，定容即可。		

（4）有机物（母液Ⅳ）：200×母液，500mL（附表4）。

附表4　母液Ⅳ

种类	使用浓度	每500mL加入质量
甘氨酸	2mg/L	0.2g
维生素B_1	0.1mg/L	0.01g
维生素B_6	0.5mg/L	0.05g
烟酸	0.5mg/L	0.05g
肌醇	100mg/L	10g

（5）其他组织培养成分及表面消毒试剂（附表5）。

附表5　其他组织培养成分及表面消毒试剂

	蔗糖		3%
	琼脂粉		0.8%
生长激素		2,4-D	2mg/L（250×）
		6-BA	0.2mg/L（2 500×）
	HCl		1mol/L
	NaOH		1mol/L

母液Ⅰ、Ⅱ、Ⅲ、Ⅳ加完定容后，在98 kPa，121.3℃下，灭菌20min。

8. White培养基

（1）无机盐类。

$Ca(NO_3)_2 \cdot 4H_2O$　　　　287mg/L　　　　KNO_3　　　　80mg/L

KCl	65mg/L	$NaH_2PO_4 \cdot H_2O$	19.1mg/L
$MgSO_4 \cdot 7H_2O$	738mg/L	$Na_2SO_4 \cdot 10H_2O$	53mg/L
$MnSO_4 \cdot 4H_2O$	6.6mg/L	H_3BO_3	1.5mg/L
$ZnSO_4 \cdot 7H_2O$	2.7mg/L	KI	0.75mg/L

（2）有机物

甘氨酸	3.0mg/L	烟酸	0.5mg/L
维生素 B_6	0.1mg/L	维生素 B_1	0.1mg/L
柠檬酸	2.0mg/L	蔗糖	20g/L

调整 pH 值至 5.7。

9. RPMI-1640 培养基

（1）配制前准备：配制培养基、调节 pH 值的应用新制备的超纯水。制备培养基的器皿清洗干净，并用超纯水润洗两次。

（2）溶解培养基：取 5% 终体积的超纯水，加入到 1L 玻璃烧杯中，将干粉培养基倒入烧杯，水洗包装袋内面两次，倒入培养液中。磁力搅拌助溶，一般不要加热助溶。

（3）补加试剂：根据包装袋说明加入 $NaHCO_3$（2.0g）、HEPES（2.383g，终浓度为 10mmol）、非必需氨基酸（可不加，10mL）。

（4）加抗生素：一般抗生素终浓度为——青霉素 100U/mL，链霉素 100U/mL。1L 加入 10mL 储备液。

（5）调 pH 值：加水到 1 000mL，然后用 HCl 或者 NaOH 调节 pH 值到 7.2。

（6）过滤除菌：采用 0.22μm 滤膜。过滤后分装于小瓶中（100mL 或 200mL）。过滤后 pH 值一般上升 0.1~0.3。

（7）加小牛血清：根据培养基配制的量将小牛血清分装，冷冻保存（-20℃）。临用前将加入小牛血清 10%。

10. DMEM 培养基

谷氨酰胺	0.02μg/mL	胰岛素	0.25μg/mL
转铁蛋白	0.12μg/mL	葡萄糖	67.5μg/mL
小牛血清	10%	聚酰胺	1μg/mL
氢化可的松	0.02μg/mL		

试剂及缓冲液配制

1. DEPC 水的处理

用量筒量取去离子水 2L，在通风橱中，加入 2mL DEPC 到 2L 去离子水中，终浓度为 0.1% 的 DEPC。迅速盖上盖子，混匀，然后放在摇床中中速摇荡至少 4h，再高压灭菌。灭菌时将瓶盖松开，15 磅灭菌 20min。

2. 磷酸盐缓冲液（Phosphate Buffered Solution，PBS）

配制时，常先配制 0.2mol/L 的 NaH_2PO_4 和 0.2mol/L 的 Na_2HPO_4，两者按一定比例混

合即成 0.2mol/L 的磷酸盐缓冲液。根据需要可配制不同 pH 值的 PBS。

（1）0.2mol/L 的 NaH_2PO_4：称取 $NaH_2PO_4 \cdot 2H_2O$ 31.2g（或 $NaH_2PO_4 \cdot H_2O$ 27.6g），加重蒸水至 1 000mL 溶解。

（2）0.2mol/L 的 Na_2HPO_4：称取 $Na_2HPO_4 \cdot 12H_2O$ 71.632g（或 $Na_2HPO_4 \cdot 2H_2O$ 35.61g），加重蒸水至 1 000mL 溶解。

（3）按比例混合上述两种溶液，配成不同 pH 的磷酸盐缓冲液附表6。

附表 6　不同 PH 的磷酸盐缓冲液

pH 值	0.2mol/L 的 NaH_2PO_4（mL）	0.2mol/L 的 Na_2HPO_4（mL）
5.7	93.5	6.5
5.8	92.0	8.0
5.9	90.0	10.0
6.0	87.7	12.3
6.1	85.0	15.0
6.2	81.5	18.5
6.3	77.5	22.5
6.4	73.5	26.5
6.5	68.5	31.5
6.6	62.5	37.5
6.7	56.5	43.5
6.8	51.0	49.0
6.9	45.0	55.0
7.0	39.0	61.0
7.1	33.0	67.0
7.2	28.0	72.0
7.3	23.0	77.0
7.4	19.0	81.0
7.5	16.0	84.0
7.6	13.0	87.0
7.7	10.5	89.5
7.8	8.5	91.5
7.9	7.0	93.0
8.0	5.3	94.7

3. 0.1% 的美蓝染色液

美蓝　　　　　　　　0.3g

95% 乙醇　　　　　　30mL

0.01% 氢氧化钾溶液　　100mL

将美蓝溶解于乙醇中，然后与氢氧化钾溶液混合。

4. 1.2% 的甲醛变性胶

琼脂糖　　　　　　　0.4g

10×FA gel buffer　　3.34mL

DEPC 水　　　　　　　　　　　　30mL

微波炉融化，肉眼观察无颗粒状悬浮物。冷却至 50～60℃，再加入 3.0mL 37% 的甲醛，倒入 7.5cm×5.0cm 的凝胶模具中。插入梳子，室温放置约 30min 后即可使用。

5. TE 缓冲液（pH = 8.0）

10mmol/L Tris-HCl（pH = 8.0）　　　　　　0.5mL

0.5mol/L EDTA（pH = 8.0）　　　　　　　　0.1mL

加入到 50mL 的容量瓶中，调 pH = 8.0 定容至 50mL 摇匀后，转到准备好的瓶中，贴上标签，高压灭菌后，降至室温，4℃保存备用。

6. 0.5mol/L EDTA（pH = 8.0）

将 9.08g 的 EDTA·Na$_2$·2H$_2$O 溶解于 40mL 双蒸水，用 1g 的 NaOH 颗粒（慢慢逐步加入）调 pH 值到 8.0，用 50mL 容量瓶定容，如果 EDTA 难溶，先加 NaOH 溶解，然后逐步加 Na$_2$EDTA·2H$_2$O。

7. RNase A 溶液

取一定量 RNase A 溶于 50mmol/L 醋酸钾（pH = 5.5）中配成 1mg/L 浓度，煮沸 10min，−20℃保存。

8. 1mol/LTris–HCl（pH = 8.0）

双蒸水　　　　　　　　　　　　　40mL
固体 Tris　　　　　　　　　　　　6.057g,

HCl 调 pH 值至 8.0，然后用双蒸水定容至 50mL，摇匀，转到准备好的输液瓶中，贴标签，高压灭菌，降至室温，4℃保存备用。

9. CTAB 抽提缓冲溶液

称取 CTAB 4g，放入 200mL 的烧杯，加入 5mL 的无水乙醇，再加入 100mL 的三蒸水，加热溶解，再依次加入 56mL 的 5mol/L NaCl、20mL 的 1 mol/L Tris-HCl 20mL（pH = 8.0）、8mL 的 0.5 mol/L EDTA 定容至 250mL 摇匀后，转到准备好的输液瓶中，贴上标签，高压灭菌后，降至室温，冷却后加入 2mL 的 1% 2−巯基乙醇（400μL），4℃保存。

10. CTAB/NaCl 溶液（5% w/v）

称取 CTAB 5g，加入 0.5M NaCl 溶液 100mL，加热到 65℃使之溶解，然后室温保存。

11. TAE 缓冲液（50×）（pH = 8.0）

Tris　242g　　冰乙酸　57.1mL　　0.5mol/LEDTA　　100mL
电泳时稀释成 1× 浓度使用。

12. 蛋白酶 K（20mg/mL）

将 200mg 的蛋白酶 K 加入到 9.5mL 水中，轻轻摇动，直至蛋白酶 K 完全溶解。不要涡旋混合。加水定容到 10mL，然后分装成小份贮存于 −20℃。

13. 溴酚蓝−甘油指示剂

0.1% 溴酚蓝水溶液与等体积的甘油混合即成。

14. 0.5μg/mL 溴化乙锭染液

称取溴化乙锭 5mg 用重蒸水溶解，定容至 10mL，取 1mL 此溶液加 1×TAE 缓冲液至 1L，最终浓度为 0.5μg/mL。

15. SSTEbuffer

NaCl	1.0mol/L	SDS	0.5%
Tris-Cl（pH = 8.0）	10mmol/L	EDTA	1mmol/L

16. 1mol/L DTT（Dithothreitol 二硫苏糖醇）

用 20mL 0.01mol/L 乙酸钠溶液（pH = 5.2）溶解 3.09g DTT，过滤除菌后分装成 1mL 小份贮存于 -20℃。

注意，DTT 或含有 DTT 的溶液不能进行高压处理。

17. 10×T4DNA 连接酶 buffer

Tris-HCl（pH = 7.6）	200mM
$MgCl_2$	50mM
二硫苏糖醇	50mM

该缓冲液应分装成小份，贮存于 -20℃。

18. Klenow buffer（250mL）

将以下试剂溶于 80mL 去离子水中

7mM Tris-HCl	0.211g	7mM $MgCl_2$	0.355g
50mM NaCl	0.730g	50% Glycerol	125mL

定容至 250mL，-20℃ 保存。

19. 溴化乙锭（EB）

取 1g 溴化乙锭加入 100mL 水中，磁力搅拌器搅拌数小时，以保证染料溶解，铝箔包裹容器或将溶液装入深色试剂瓶，室温储存。

20. DNA 琼脂糖凝胶电泳 6×加样缓冲液

溴酚蓝	25mg
二甲苯青 FF	25mg
甘油	3mL

用 6×TAE 缓冲液定溶至 10mL，分装成 1mL/管。-20℃ 保存。

21. 5×TBE 缓冲液

Tris	54g	Boric acid	27.5g
0.5M EDTA（pH = 7.9）	20mL	dH_2O	至 1 000mL

22. 苯甲基磺酰氟（PMSF）

用异丙醇溶解 PMSF 成 1.74mg/mL（10mmol/L），分装成小份贮存于 -20℃。如有必要可配成浓度高达 17.4mg/mL 的贮存液（100mmol/L）。

23. 10mg/mLBSA

将 100mg BSA 加入装有 9.5mL 水的 15mL 聚丙烯管中（为减少变性，必须将蛋白质加入一定量的溶液中，不可将一定量的溶剂加入蛋白质里）。轻轻摇晃封口的试管，至 BSA 完全溶解，不宜搅拌（否则形成气泡，提示蛋白质已经变性），加水调体积至 10mL，等份分装，于 -20℃ 贮存。

24. Tris – 甘氨酸电泳缓冲液

Tris	30.3g
甘氨酸	188g
SDS	10g

用蒸馏水溶解至 1 000mL，得 0.25mol/L Tris ~ 1.92mol/L 甘氨酸电极缓冲液。临用前稀释 10 倍。

25. TES 缓冲液（释放 DNA）

| 5mol/L NaCl | 0.5844g | 双蒸水 | 80mL |
| 0.5mol/L EDTA | 1mL | Tris-HCl（pH = 8.0） | 0.2mL |

定容至 100mL，摇匀，转到准备好的输液瓶中，贴上标签，高压灭菌后，降至室温，4℃ 保存备用。

26. RNA 酶（降解 RNA）

胰 RNA 酶溶于 10mmol/L 的 Tris – Cl（pH = 7.5）、15mmol/L NaCl 中，配成 10mg/mL 的浓度，于 100℃ 加热 15min，缓慢冷却至室温，分装成小份存于 – 20℃。

27. 1 × 层析柱加样缓冲液

| Tris-Cl（pH = 7.6） | 20mmol/L | NaCl | 0.5mol/L |
| EDTA（pH = 8.0） | 1mmol/L | SDS | 0.1% |

28. 洗脱缓冲液

Tris-Cl（pH = 7.6）	10mmol/L
EDTA（pH = 8.0）	1mmol/L
SDS	0.05%

29. ESP 缓冲液

EDTA	0.5mol/L
十二烷基肌氨酸钠	1%
蛋白酶 K	1mg/mL

30. TEN 缓冲液

Tris（pH = 7.5）	0.1mol/L
NaCl	0.15mol/L
EDTA	0.1mol/L

31. EC 缓冲液

| Tris（pH = 7.5） | 6mol/L | NaCl | 1mol/L |

| Brij58 | 0.5% | 脱氧胆酸盐 | 0.2% |
| 十二烷基肌氨酸钠 | 0.5% | | |

32. 10×MOPS

MOPS	0.4M
醋酸钠	100mM
EDTA（pH=7.0）	10mM

33. RNA 琼脂糖变性胶电泳分析加样缓冲液

| 甘油 | 50%（w/v） | EDTA（pH=8.0） | 1mM |
| 溴酚蓝 | 0.25%（w/v） | 二甲苯青 | 0.25%（w/v） |

34. 5×甲醛变性胶加样缓冲液（5×loading buffer）

10×FA buffer	4.0mL	甲酰胺	3.1mL
甘油	2.0mL	37%甲醛	720μL
0.5M EDTA（pH=8.0）	80μL	水饱和的溴酚蓝	16μL
DEPC 水	100μL		

在 15mL 灭菌离心管中，依次加入上面各种成分，混匀，分装，−20℃保存，常用放4℃保存。

35. 1×甲醛变性胶电泳缓冲液（1×running buffer）

10×FA gel buffer	20mL
37%甲醛	4.0mL
水	176mL

放入电泳槽中使用，一般在3次电泳结束后需更换此电泳缓冲液。

36. TSP

| 2mol/L Tris-HCl（pH=7.9） | 2mL | 0.1mol/L 亚精胺 | 10mL |
| 0.1mol/L 腐胺 | 10mL | 水 | 78mL |

37. DMSO/ATP 溶液

水	85μL
DMSO	100μL
0.1mol/L ATP（pH=7.0）	15mL

按顺序加入上述溶液，加 ATP 之前需冷却。

38. SMC-A 溶液

取 52.5g 无水 Na_2HPO_4 和 22.5g KH_2PO_4，加水至 300mL，在 $1.034×10^5Pa$ 高压下灭菌 15min。

39. SMC-B 溶液

取 10g NaCl、20g NH_4Cl、20mL、1mol/L $MgCl_2$ 和 2mL 1mol/L $CaCl_2$，加水至 200mL，在 15lbf/in² （$1.034×10^5Pa$）高压下灭菌 15min。

40. SMC 溶液

取 8mL SMC-A 溶液和 2mL SMC-B 溶液，加 190mL 灭菌水。SMC 溶液不要高压灭菌。

41. SM 稀释缓冲液

NaCl	0. 1mol/L
MgSO$_4$	0. 01mol/L
Tris-HCl（pH = 7. 5）	0. 1mol/L

42. 10 × PCR 缓冲液

KCl	500mmol/L
Tris-Cl（pH = 8. 3，室温下）	100mmol/L
MgCl$_2$	15mmol/L

在 15Psi（1. 05kg/cm^2）高压蒸汽灭菌 10min。分装后贮存在 -20℃。

43. real time pcr 变性液

NaCl	1. 5mol/L
NaOH	0. 5mol/L

44. Real-time PCR 中和液

Tris-HCl（pH = 7. 0）	0. 5mol/L
NaCl	1. 5mol/L

45. 20 × SSC

NaCl	175. 3g
柠檬酸钠	88. 2g

溶于 800mLH$_2$O 中，调 pH 值至 7. 0，定容至 1L。高压灭菌。试剂终浓度为 3. 0mol/L NaCl、0. 3mol/L 柠檬酸钠。

46. 5 × 甲醛凝胶电泳缓冲液

3 - ［N—吗啉代］丙磺酸 MOPS（pH = 7. 0）	0. 1mol/L
NaAc	40mmol/L
EDTA（pH = 8. 0）	5mmol/L

将 20. 6gMOPS 溶于 800mL 经 0. 1% DEPC（焦碳酸二乙酯）处理的 50mmol/L 乙酸钠溶液。用 2 mol/L NaOH 将溶液的 pH 值调至 7. 0，加 10mL 用 DEPC 处理的 0. 5 mol/L ED-TA（pH = 8. 0），用 DEPC 处理的三蒸水补足溶液总体积为 1 L。上述溶液用 0. 2μm 微孔滤膜过滤除菌，避光保存于 4℃。溶液见光变为深黄色不能再用。

47. 甲醛凝胶加样缓冲液

甘油	50%
EDTA（pH = 8. 0）	1mmol/L
溴酚蓝	0. 25%

用 0. 1% DEPC 37℃ 处理过夜，高压灭菌，保存于室温。

48. 0.2 M PB（pH = 7.2）

$Na_2HPO_4 \cdot 12H_2O$	61.6g
$NaH_2PO_4 \cdot 2H_2O$	5.6g

加 ddH_2O 至 1 000mL，高压灭菌。

49. 100 × Denhardt 试剂

2% 聚蔗糖（Ficoll，400 型）	2g
2% 聚乙烯吡咯烷酮（PVP - 40）	2g
2% BSA（组分 V）	2g

加水至总体积为 100mL。

50. 0.1 M 甘氨酸

0.75g 甘氨酸溶于 0.1M PBS，定容至 100mL，高压灭菌。

51. 固定液

（1）冰醋酸/乙醇固定液。许多简单固定液可用于染色显影或组织学实验中。其中包括水稀释（45% 或 50%）的乙酸，冰醋酸与无水乙醇（1：3）或冰醋酸与甲醇（1：1）的混合物。丙酸可用于代替乙酸。由于酯形成迅速，这些固定液必须临用前配制。

（2）Bodian's 2 号固定液。

37% 甲醛	5mL
冰醋酸	5mL
80% 乙醇	90mL

使用新配制的溶液。

52. 转移缓冲液：（48mmol/L Tris，39mmol/L 甘氨酸，0.037% SDS，20% 甲醇）

（1）半干转 1 × 电转液。

甘氨酸（MW75.07）	2.9g	Tris（MW121.14）	5.8g
SDS	0.37g	甲醇	200mL

加蒸馏水至 1 000mL，溶解后室温保存，此溶液可重复使用 3～5 次。

（2）湿转 1 × 电转液。

甘氨酸（MW75.07）	11.25g	Tris（MW121.14）	2.375g
SDS	0.375g	甲醇	200mL

加蒸馏水至 1 000mL，溶解后 4℃ 保存，此溶液可重复使用 3～5 次。

53. 封闭液

脱脂奶粉	5%	Tween - 20	0.05%
Tris - Cl（pH = 7.5～8.0）	20mM	NaCl	150mM

将膜放入封闭液室温封闭 60min 或 4℃ 封闭过夜。

54. 包被缓冲液（pH = 9.6，0.05M 碳酸盐缓冲液）

$NaHCO_3$	1.59g

NaHCO$_3$ 2.93g

加蒸馏水至 1 000mL。

55. ELISA 实验洗涤缓冲液（pH = 7.4 PBS）：0.15M

KH$_2$PO$_4$	0.2g	Na$_2$HPO$_4$·12H$_2$O	2.9g
NaCl	8.0g	KCl	0.2g
Tween-20 （0.05%）	0.5mL		

加蒸馏水至 1 000mL。

56. ELISA 实验封闭液

称取牛血清白蛋白（BSA）5g，加洗涤缓冲液至100mL。

值得一提的是有的封闭液中含有脱脂奶粉，不适合长期保存。

57. ELISA 实验稀释液

称取牛血清白蛋白（BSA）0.1g，加洗涤缓冲液至100mL；或以羊血清、兔血清等血清与洗涤液配成5% ~10%使用。

58. ELISA 底物液（可溶性底物）

磷酸-柠檬酸缓冲液 pH = 5.0

A 0.1mol/L 柠檬酸（2.1g/100mL）   24.3mL

B 0.2mol/L Na$_2$HPO$_4$.12H$_2$O（7.17g/100mL）   25.7mL

加 H$_2$O 50mL，4℃存放备用。

59. 终止液（2M H$_2$SO$_4$）

10mL 浓硫酸加 80mL 水。

60. 兔血清 IgG 抗原

选健康雄性家兔，经颈总动脉放血，取得兔血清。将兔血清用 1 次 50% 饱和硫酸铵和 2 次 33% 饱和硫酸铵沉淀盐析，得粗提兔血清 γ2 球蛋白。再将 γ2 球蛋白经葡聚糖凝胶 G2 200 凝胶过滤，得纯化的兔血清 IgG，并冻干之。部分配制成 50g/L 或 60g/L 兔 IgG。

61. 福氏完全佐剂

取羊毛脂和石蜡油按 1:2 混合后，经 54.88kPa 高压灭菌，然后按 60g/L 加入纯化的兔血清 IgG，并按 10g/L 加入卡介苗，于 2 支 5mL 无菌注射器内进行对抽，使之成为油包水的黏稠乳剂。制成含 60g/L 兔血清 IgG 抗原的佐剂 2 抗原混合物。

62. HRP 羊抗兔血清

于山羊两后腿内侧肌肉各注射加佐剂的兔血清 IgG 抗原 2mL（60g/L），每侧分 2 点注射，背部皮下分 4 点注射 1mL 加佐剂的抗原，进行第 1 次免疫。2 周后，进行第 2 次免疫，方法同第 1 次。再 2 周后，于山羊两后腿内侧肌肉各注射 2.5mL 不加佐剂的兔血清 IgG 抗原（60g/L），进行第 3 次免疫。1 周后，于山羊颈总静脉注射经加热凝聚的不加佐剂的兔血清 IgG 抗原 5mL（50g/L），进行第 4 次免疫。再 1 周后，于山羊颈总静脉加强免疫注射经加热凝聚的不加佐剂的兔血清 IgG 抗原 2mL（50g/L），进行第 5 次免疫。1 周后，抽血，做琼脂糖双扩散试验，测抗体效价，并从颈总动脉放血，收集血清抗体。

63. Hank's 液配方

Hank's 液是生物医学实验中最常用的无机盐溶液和平衡盐溶液（Balanced Salt Solutions，BSS），简称 HBSS。主要用于配制配制培养液、稀释剂和细胞清洗液，而不能单独作为细胞、组织培养液。

KH_2PO_4	0.06g
NaCl	8.0g
$NaHCO_3$	0.35g
KCl	0.4g
葡萄糖	1.0g
$Na_2HPO_4 \cdot H_2O$	0.06g

加 H_2O 至 1 000mL。

注：Hank's 液可以高压灭菌，4℃下保存。

64. 50% PEG 3350 溶液

将 50g PEG 3350 溶于 0.2mol/L 乙酸锂（pH = 4.9）50mL 中，加水将体积调至 100mL。

65. Alsever 溶液

葡萄糖	2.05g
柠檬酸钠	0.80g
柠檬酸	0.05g
氯化钠	0.42g

以上药品混合后加热溶化，加蒸馏水至 100mL。115℃ 10min 灭菌，4℃保存备用。

66. 0.4% 台盼兰

称取台盼兰（Trypan blue）粉 0.4g，溶于 100mL 生理盐水中，加热使之完全溶解，用滤纸过滤除渣，装入瓶内室温保存。

67. MTT 配制

MTT 0.5g，溶于 100mL 的磷酸缓冲液或无酚红的基础液中，4℃下保存。

68. 酸化异丙醇配制

异丙醇中加入 HCl 使最终达 0.04mol/L。

69. 13% CPW 洗液

碳酸二氢钾	27.2mg/L
硝酸钾	101.0mg/L
二水合氯化钙	1480.0mg/L
七水合硫酸镁	246.0mg/L
碘化钾	0.16mg/L
五水合硫酸铜	0.025mg/L

甘露醇	13% w/v

调 pH 值至 6.0。

70. 2×HEPES 缓冲液（HBS）

将 1.6g NaCl、0.074g KCl、0.027g $Na_2HPO_4 \cdot 2H_2O$、0.2g 葡萄糖、1g HEPES 溶于 90mL 蒸馏水中，用 0.5mol/L NaOH 将 pH 值调至 7.05，再用蒸馏水调体积至 100mL，等分为每份 5mL，-20℃贮存。

71. X-gal（X-gal 为 5-溴-4-氯-3-吲哚-β-D 半乳糖苷）

用二基甲酰胺溶解 X-gal 配制成的 20mg/mL 的贮存液。保存于一玻璃管或聚丙烯管中，装有 X-gal 溶液的试管须用铝箔封裹以防因受光照而被破坏，并应贮存于 -20℃。X-gal 溶液无须过滤除菌。

72. Sevag 试剂

分别量取三氯甲烷 500mL 和正丁醇 100mL，充分混匀，密闭保存。

73. 茚三酮溶液

称取茚三酮 0.2g，溶于 100mL 乙醇或溶于 100mL 正丁醇，加入 3mL 乙酸。

喷或浸后处理，于 110℃加热至最佳颜色出现。

74. 4% 多聚甲醛

称取多聚甲醛 40g，加入 400mL ddH_2O，加热至 70℃左右，用 1M NaOH 调 pH 值至 7.0，再用 ddH_2O 定容至 500mL，加入 500mL 0.2M PBS，使总体积为 1 000mL。

75. 原位杂交预杂交液

量取去离子甲酰胺 10mL，50% 硫酸葡聚糖 4mL，于 50℃促溶后，再依次加入：16× Denhardt 液 0.2mL、1M Tris-HCl（pH = 8.0）0.2mL、5M NaCl 1.2mL、0.5M EDTA（pH = 8.0）0.04mL、0.1M 二硫苏糖醇 2mL、ddH_2O 2.21mL，使总体积为 10mL。无菌抽滤、分装，-20℃保存备用。

临用前加入 50 mg/mL 变性鲑鱼精 DNA 75 μL/mL。

76. 抗体稀释液

Triton X-100	80μL
BSA	0.2g

以 0.05 M PBS 定容至 20mL。

77. TSM1

1M Tris-HCl（pH = 8.0）	10mL
5M NaCl	2mL
1M $MgCl_2$	1mL

加 ddH_2O 至 100mL。

78. TSM2（新鲜配制）

1M Tris-HCl（pH = 9.5）	10mL

5M NaCl	2mL
1M MgCl$_2$	1mL

加 ddH$_2$O 至 100mL。

79. 显色液（临用前现配）

量取 TSM2 5mL，显色液原液（NBT/BCIP）150μL，加适量左旋咪唑使终浓度为 0.24 μg/mL，避光保存。

80. 植物蛋白提取缓冲液

0.5mol/L Tris-HCl	2.5mL
1% SDS	1mL
100% 甘油	2mL
100% β-巯基乙醇	1mL

加双蒸水定容至 20mL。

81. TTBS

TBS	100mL
20% Tween-20	250μL

82. 封闭液及抗体稀释液

3% 脱脂奶粉-TBS。

83. 底物溶液（临用前配制）

二氨基联苯胺（DAB）	2.5mg
TBS	10mL
H$_2$O$_2$	10μL

84. 考马斯亮蓝 R250 染色液

称取 0.25g 考马斯亮蓝 R250，加入 30% 乙醇，10% 冰乙酸，使总体积为 500mL。

85. 动物组织蛋白裂解缓冲液

Tris	50mM
NaCl	150mM
EDTA	0.5mM
DTT	1mM
TritonX-100	1%
去氧胆酸钠	0.5%
SDS	0.1%

86. BCA 试剂的配制

① 试剂 A，1L：分别称取 10g BCA（1%），20g Na$_2$CO$_3$·H$_2$O（2%），1.6g Na$_2$C$_4$H$_4$O$_6$·2H$_2$O（0.16%），4g NaOH（0.4%），9.5g NaHCO$_3$（0.95%），加水至 1L，用 NaOH

或固体 NaHCO$_3$ 调节 pH 值至 11.25。

② 试剂 B，50mL：取 2g CuSO$_4$·5H$_2$O（4%），加蒸馏水至 50mL。

③ BCA 试剂：取 50 份试剂 A 与 1 份试剂 B 混合均匀。此试剂可稳定一周。

87. 标准蛋白质溶液

称取 40mg 牛血清白蛋白，溶于蒸馏水中并定容至 100mL，制成 400μg/mL 的溶液。

88. 组织裂解液（全细胞蛋白提取）

Tris-HCl（pH = 7.4）	50mmol/L	NaCl	150mmol/L
去氧胆酸钠	0.25%	NP-40 或 TritonX-100	1%
EDTA	1mmoL/L	PMSF	1mmoL/L
Aprotinin	1μg/mL	Leupeptin	1μg/mL
Pepstain	1μg/mL		

其中：Aprotinin、leupeptin、pepstain 作用不持久，要使用前加入。

89. 细胞裂解液

（1）NP-40 裂解体系。

NaCl	150mmol/L
NP-40 或 TritonX-100	1.0%
Tris（pH = 8.0）	50mmol/L

（2）RIPA 裂解体系。

NaCl	150mmol/L	NP-40 或 TritonX-100	1.0%
脱氧胆酸钠	0.5%	SDS	0.1%
Tris（pH = 8.0）	50mmol/L		

90. 1×loading Buffer 样品缓冲液（1×SDS 样品缓冲液）

Tris-HCl（pH = 8.0）	50mmol/L	DTT（二硫苏糖醇）	100mmol/L
SDS	2%	溴酚蓝	0.1%
甘油	10%		

此液可以配制成不同的储存液，根据蛋白浓度而定，40℃ 长期保存，用时临时与蛋白液按比例混合，其中 DTT 应临时加入，以防降解。

91. 漂洗液(TBS-T)，0.01M TBS-T

Tris	1.21g
NaCl	5.84g
H$_2$O	800mL

用 HCl 调节 pH 值到 7.5，加入 0.05% 或者 0.1% Tween-20，用 H$_2$O 定容至 1 000mL。

92. 转印缓冲液

同 5×SDS 电泳缓冲液，不含 SDS，如果采用 PVD 干膜或 NC 膜加 20% 甲醇，不加甲醇也可以。

Tris	15g

甘氨酸	72g

加水定容到 1 000mL，一般不需调节 pH 值，用时稀释 5 倍到 1×转印缓冲液。

93. 显影液

H$_2$O	750mL
米吐尔	3g
无水亚硫酸钠	100g
对苯二酚	3g
溴化钾	3g

先加 5g 无水碳酸钠调节 pH 值至 10.0，不够时再加 5g，最后加 H$_2$O 定容至 1 000mL。

94. 定影液

起始水温 60℃。

H$_2$O	700mL
硫代硫酸钠	240g
无水亚硫酸钠	25g
冰醋酸	48mL

加 H$_2$O 至 1 000mL。

95. 10% 羊血清

100% 羊血清	100μL
PBS	900μL

96. DAB

Diaminobenzidine 二氨基联苯胺，是辣根过氧化物酶最敏感、最常用的显色底物

取 10μL DAB 粉末，放入刻度离心管中，加入数滴 PBS 使之溶解，待 DAB 溶解后，加 PBS 液至 10mL，过滤，显色时加 3% H$_2$O$_2$ 30mL 混匀，备用。

97. 0.01M 柠檬酸盐缓冲液

柠檬酸	0.8g
柠檬酸三钠	6g

1 000mL 蒸馏水搅拌溶解，定容至 2 000mL。

98. 3% H$_2$O$_2$（避光保存）

30% H$_2$O$_2$	100μL
甲醇	900μL

99. 酶解液

纤维素酶	1%	果胶酶	1%
甘露醇	0.7M	磷酸二氢钾	0.7mM
二水合氯化钙	10mM	pH = 6.8 ~ 7.0	

100. GKN 溶液

NaCl	8g

KCl	0.4g
Na$_2$HPO$_4$·2H$_2$O	1.77g
NaH$_2$PO$_4$.H$_2$O	0.69g
葡萄糖	2g
酚红	0.01g

溶于 1 000mL 双蒸水中。

101. PEG 融合液

PEG（MW1500-6000）	40%	葡萄糖	0.3M
二水合氯化钙	3.5mM	磷酸二氢钾	0.7M

102. 0.05mol/L CaCl$_2$溶液

称取 0.28g CaCl$_2$（无水，分析纯），溶于 50mL 重蒸水中，定容至 100mL，高压灭菌。

103. 抗生素母液（植物转化）

Kan 100mg/mL	5mL
Cb 500mg/mL	5mL

过滤除菌，分装在 Ep 管中，每管 1mL，-20℃保存。

104. M16 溶液

NaCl	0.553 4g
KCl	0.035 6g
KH$_2$PO$_4$	0.016 2g
MgSO$_4$.7H$_2$O	0.029 4g
CaCl$_2$.2H$_2$O	0.025 2g
乳酸钠（60%糖浆）	0.32mL
丙酮酸钠	0.003 6g
D-葡萄糖	0.100 0g
酚红	0.001 0g
NaHCO$_3$	0.210 6g

溶于 100mL 超纯水，0.22μm 滤膜过滤除菌，分装后 4℃储存不超过 3 周，加入 4 mg/mL BSA 可立即使用。

105. M2 溶液

NaCl	0.553 4g
KCl	0.035 6g
KH$_2$PO$_4$	0.016 2g
MgSO$_4$.7H$_2$O	0.029 4g
CaCl$_2$.2H$_2$O	0.025 2g
乳酸钠（60%糖浆）	0.32mL
丙酮酸钠	0.003 6g

D-葡萄糖	0.100 0g
酚红	0.001 0g
NaHCO$_3$	0.210 6g
HEPES	0.500 0g

定容于100mL超纯水，0.22μm滤膜过滤除菌，分装后4℃储存不超过3周。M2用于孵箱外卵的操作，用HEPES调节pH值，加入4mg/mL BSA可立即使用。

106. 显微注射缓冲液

| Tris-HCl | 10mmol/L |
| EDTA | 0.1mmol/L |

调节pH值为7.5。

107. 3.8% 柠檬酸钠抗凝剂

取柠檬酸钠3.8g，加蒸馏水到100mL，溶解后过滤，装瓶，121℃高压灭菌15min。

108. 纳氏试剂

称取16g氢氧化钠，溶于50mL无氨水中，充分冷却至室温，另称取10g碘化汞和7g碘化钾溶于水，然后将该溶液在充分搅拌的条件下缓慢注入上述的氢氧化钠溶液中，并用无氨水释释至100mL，贮于聚乙烯塑料瓶中，常温避光保存。

109. 双缩脲试剂

双缩脲试剂A：0.1g/mL NaOH

双缩脲试剂B：0.01g/mL CuSO$_4$

110. 碱性酒石酸铜试剂

称取无水Na$_2$CO$_3$ 40g，溶于100mL蒸馏水中，溶后加酒石酸7.5g，若不易溶解可稍加热，冷却后移入1 000mL的容量瓶中。另取纯结晶CuSO$_4$ 4.5g溶于200mL蒸馏水中，溶后再将此溶液倾入上述容量瓶内，加蒸馏水至1 000mL刻度，放置备用。

（刘博，陈红艳，陈琦，刘丹丹，陈惠杰）

主要参考文献

［1］世界卫生组织. 实验室安全手册. 2004.

［2］张维铭. 现代分子生物学实验手册［M］.（第 2 版）. 北京：科学出版社，2007.

［3］方肇勤. 中医药研究常用分子生物学技术［M］. 北京：人民卫生出版社，2009.

［4］药立波. 医学分子生物学［M］.（第 2 版）. 北京：人民卫生出版社，2004.

［5］郜金荣. 分子生物学实验指导［M］. 武昌：武汉大学出版社，2007.

［6］黄亚东，时小艳. 微生物实验技术［M］. 北京：中国轻工业出版社，2013.

［7］C. W. 迪芬巴赫，G. S. 德弗克斯勒. PCR 技术实验指南［M］. 种康，瞿礼嘉，译. 北京：化学工业出版社，2006.

［8］J. 萨姆布鲁克，D. W. 拉塞尔. 分子克隆实验指南［M］.（第 3 版）. 黄培堂，等译. 北京：科学出版社，2002.

［9］A. J. 林克，J. 拉巴厄. 冷泉港蛋白质组学实验手册［M］. 曾明，等译. 北京：化学工业出版社，2012.

［10］R. E. 法雷尔. RNA 分离与鉴定实验指南 – RNA 研究方法［M］. 金由辛，译. 北京：化学工业出版社，2007.